AF509081

RECHERCHES

SYMÉTRIE DE STRUCTURE

DES PLANTES VASCULAIRES

PAR

M. PH. VAN TIEGHEM

PREMIER FASCICULE

INTRODUCTION. — I. LA RACINE

PARIS

VICTOR MASSON ET FILS

PLACE DE L'ÉCOLE-DE-MÉDECINE

1871

EXTRAIT DES ANNALES DES SCIENCES NATURELLES

5ᵉ SÉRIE. BOTANIQUE, T. XIII.

PARIS. — IMPRIMERIE DE E. MARTINET, RUE MIGNON, 2.

RECHERCHES

SUR LA

SYMÉTRIE DE STRUCTURE

DES PLANTES VASCULAIRES

INTRODUCTION.

Tous les organes des végétaux vasculaires se rattachent à troi
types fondamentaux : la racine, la tige et la feuille, dont ils ne
sont que des modifications plus ou moins profondes ou des combinaisons plus ou moins complexes. Il est donc nécessaire de
définir tout d'abord ces trois types par des caractères tirés de
leur structure intime, si l'on veut donner une base à l'anatomie
comparée des plantes. C'est dans cette voie et avec l'espoir d'atteindre ce but que je poursuis depuis plusieurs années mes
recherches anatomiques.

Démontrer qu'il existe dans la structure intime de chacun
des trois organes fondamentaux des caractères qui n'appartiennent qu'à cet organe, et qui, persistant au milieu de toutes les
modifications qu'il éprouve, l'accompagnant dans toutes les
combinaisons où il entre, peuvent lui servir de définition anatomique et en faire reconnaître la nature, même sur un fragment minime et isolé ; appliquer ensuite ces caractères à la

solution d'une foule de questions demeurées jusqu'aujourd'hui douteuses faute de définitions anatomiques précises, tel est le double objet que j'espère atteindre dans la série de mémoires dont je commence ici la publication (1).

Cet ensemble de recherches comprend naturellement deux parties. Dans la première, on étudie successivement dans les principaux groupes des plantes vasculaires l'organisation générale de la racine, de la tige et de la feuille, et l'on déduit de cette étude les caractères différentiels qui doivent servir à la définition anatomique de chacun de ces organes; de là trois mémoires distincts. Dans la seconde, on applique la méthode ainsi établie à la solution d'un certain nombre de questions encore controversées, en rangeant ces problèmes en divers groupes, dont l'étude forme autant de chapitres successifs.

Tel est le plan général de ce travail. Mais avant d'entrer dans le développement de chacune de ses divisions, il convient de jeter un coup d'œil préliminaire sur la marche à suivre, et de présenter un résumé succinct des principaux résultats auxquels elle conduit. C'est l'objet de cette introduction.

I

Il ne peut être question de chercher les caractères différentiels des trois organes dans la nature des éléments et des tissus qui les constituent; car ces éléments, et les tissus primaires qui résultent de leur agrégation immédiate, conservent dans la racine, dans la tige et dans la feuille les mêmes formes et les mêmes propriétés générales, et ils éprouvent dans chacun de ces organes des variations secondaires du même ordre.

Considérés avant l'apparition des productions secondaires issues du développement de la zone génératrice, les trois organes sont, en effet, formés de faisceaux longitudinaux plongés dans

---

(1) Un résumé succinct des principaux résultats de ce travail a été présenté à 'Académie des sciences dans sa séance du 18 janvier 1869, et inséré aux *Comptes rendus*, t. LXVIII, p. 151.

une gaîne conjonctive qui les réunit les uns aux autres. Ces faisceaux sont de deux espèces, essentiellement différentes par leur structure comme par leur fonction. Les premiers contiennent des vaisseaux de divers ordres; il s'y forme d'abord des vaisseaux imparfaits, étroits, annelés ou spiralés, auxquels s'adjoignent plus tard, soit d'autres vaisseaux imparfaits plus larges et rayés, soit des vaisseaux parfaits à cavité large et fusionnée; ces vaisseaux larges peuvent être accompagnés de cellules allongées, qui s'épaississent souvent en fibres ligneuses. Les seconds contiennent des cellules libériennes de diverse nature : il s'y forme d'abord des éléments étroits et longs qui tantôt s'épaississent en fibres libériennes, tantôt conservent leur paroi mince ; puis il se développe des éléments larges, munis souvent de ponctuations criblées, et qui peuvent être mélangés de cellules étroites; à ces éléments libériens s'ajoutent de chaque côté ou en dehors les troncs principaux des laticifères dans les plantes qui en possèdent. Ces faisceaux de deux ordres, les uns ligneux ou vasculaires, les autres libériens ou cribreux, offrent ainsi dans leur constitution un certain parallélisme, mais le rôle qu'ils jouent dans la vie de la plante est essentiellement différent. Les premiers conduisent jusque dans le parenchyme des feuilles les liquides puisés dans le sol par les poils radicellaires; les seconds ramènent la séve transformée par les cellules vertes des feuilles jusqu'aux extrémités végétatives des radicelles. Ajoutons enfin que ces deux espèces de faisceaux et de courants sont toujours disposés avec ordre et symétrie dans la gaîne de tissu conjonctif au sein de laquelle ils cheminent, et nous aurons esquissé les traits généraux communs aux trois organes.

Mais, faisceaux vasculaires et faisceaux libériens sont tantôt isolés, tantôt accouplés en faisceaux doubles qu'on peut appeler libéro-vasculaires. Mais la symétrie qui préside à leur arrangement et à leur orientation au sein du tissu conjonctif suit des lois différentes. Mais, enfin, ce dernier tissu n'a pas partout la même origine. C'est en puisant à ces trois sources de variation, que nous croyons avoir trouvé, comme nous allons le dire, les caractères généraux différentiels de la racine, de la tige et de la feuille.

1. *Racine.* — Partout où elle existe, c'est-à-dire chez tous les végétaux vasculaires, la racine, qu'elle soit d'ailleurs principale ou secondaire, normale ou adventive, possède la même organisation fondamentale. Toujours le cylindre central de la jeune racine contient un certain nombre de faisceaux simples de deux sortes, les uns exclusivement libériens, les autres exclusivement vasculaires, dont le développement est centripète, et dont l'alternance régulière sur une même circonférence donne à l'organe tout entier une symétrie parfaite par rapport à son axe de figure (1). Ils proviennent, les uns et les autres, de la différentiation locale d'un cylindre cambial issu lui-même de la première différentiation de la partie centrale du parenchyme primitif, et ils sont reliés les uns aux autres par la partie de ce cylindre plein qui ne s'est pas transformée ici en faisceaux libériens, là en faisceaux vasculaires. Les cellules de cette partie, que nous appellerons cellules conjonctives, tantôt demeurent parenchymateuses, tantôt se transforment en cellules fibreuses ou en fibres par les progrès de l'âge. Il arrive aussi que cette lignification du tissu conjonctif ne s'opère qu'entre les faisceaux simples alternes pour les relier latéralement en un cylindre creux à la fois libérien, vasculaire et fibreux, tandis que les cellules de la région centrale demeurées parenchymateuses forment une sorte de moelle d'origine secondaire qu'il faut bien se garder de confondre avec la moelle primaire de la tige, laquelle n'est que la partie centrale du parenchyme primordial.

Chez les Cryptogames vasculaires et les Monocotylédones, cette structure primitive de la jeune racine se conserve dans la suite sans se compliquer autrement que par la lignification plus ou moins complète des cellules conjonctives, et la racine ne s'épaissit pas. Mais chez les Dicotylédones il se forme au bord interne de chaque faisceau libérien un arc générateur qui produit, par les progrès de l'âge, à l'intérieur et de dedans en dehors des vaisseaux larges mêlés de cellules ou de fibres

---

(1) Nous verrons bientôt (p. 83 et suiv.) que l'exception, unique dans le règne végétal, que présentent à cet égard les racines des Sélaginelles, des Isoëtes et des Ophioglosses, ainsi que les dernières bifurcations radicales des Lycopodes, n'est qu'apparente.

ligneuses, à l'extérieur sous le groupe libérien et de dehors en dedans de nouveaux éléments libériens. Il se forme ainsi des faisceaux doubles libéro-vasculaires secondaires, qui continuent plus ou moins longtemps à se développer par le jeu de l'arc générateur qui en sépare les deux moitiés, pendant que les faisceaux simples primitifs demeurent stationnaires. Ils ne tardent donc pas à acquérir sur eux une prépondérance de plus en plus marquée. Ils refoulent sans cesse en dehors les groupes libériens auxquels ils sont superposés, tandis qu'au fond des rayons parenchymateux qui les séparent le plus souvent se trouvent désormais relégués les groupes vasculaires cunéiformes, lieux ordinaires d'insertion des radicelles.

Ces formations libéro-vasculaires secondaires, tantôt ne se développent, comme nous venons de le dire, que sur le bord interne des groupes libériens primitifs, en formant autant de faisceaux séparés par des rayons parenchymateux, parce que les cellules génératrices qui relient les arcs générateurs intra-libériens, en passant en dehors des faisceaux vasculaires, ne forment au-dessus de ceux-ci que des cellules de parenchyme ; mais, ailleurs, elles se produisent de la même manière sur tout le pourtour de cette zone génératrice sinueuse, c'est-à-dire aussi bien en dehors des faisceaux vasculaires primitifs qu'en dedans des libériens, et par suite elles forment un anneau libéro-ligneux secondaire continu.

Dans tous les cas, ces productions secondaires n'altèrent pas la symétrie du système primitif par rapport à son axe. Seulement, comme elles se développent exactement de la même manière dans la tige et dans la racine, et qu'elles y prédominent de plus en plus sur les formations primaires qui présentent, comme nous allons le voir, des différences essentielles dans ces deux organes, il en résulte que, sans les détruire jamais, elles masquent cependant de plus en plus profondément ces différences initiales. De là vient l'opinion généralement admise, mais entièrement erronée, suivant laquelle la tige et la racine des Dicotylédones posséderaient la même structure anatomique, tandis qu'il en serait tout autrement chez les Monocotylédones, suivant laquelle encore la racine aurait dans les plantes de ces deux embranchements une organisation essentiellement différente.

2. *Tige*. — La jeune tige possède, elle aussi, des faisceaux libériens et des faisceaux vasculaires; mais ils n'y sont plus, comme dans la racine, isolés côte à côte et alternes sur le même cercle; leur développement n'est plus parallèle; ils ne sont plus réunis par un tissu conjonctif spécial issu de la transformation partielle d'un cylindre solide de cambium. Ils sont au contraire superposés l'un à l'autre sur le rayon, le libérien en dehors, le vasculaire en dedans, et intimement accouplés en faisceaux doubles, que nous appellerons libéro-vasculaires; de plus, tandis que le faisceau libérien se trouve orienté comme dans la racine et centripète, le groupe de vaisseaux présente sa pointe, c'est-à-dire ses premiers éléments formés en dedans au lieu de la tourner en dehors, il est centrifuge au lieu d'être centripète; enfin, ces faisceaux, doubles et bipolaires, sont réunis directement par le parenchyme primordial (1).

Les faisceaux primitifs de la tige sont donc doubles, tous d'une seule espèce; leurs deux moitiés, l'extérieure centripète, l'intérieure centrifuge, sont superposées sur le même rayon; ils sont séparés par le parenchyme fondamental. Les faisceaux primitifs de la racine sont simples, de deux espèces; tous centripètes, et alternes, côte à côte, sur la même circonférence ; ils sont séparés par un tissu conjonctif spécial, différent du parenchyme extérieur.

Où s'opèrent le passage de l'alternance des faisceaux simples à leur superposition en faisceaux doubles, la demi-rotation du faisceau vasculaire par laquelle de centripète il devient centrifuge, et la cessation du tissu conjonctif spécial, qui se trouve remplacé par le parenchyme primitif, là finit la racine et commence la tige, là est la limite anatomique entre les deux parties

---

(1) Nous devons mettre à part les Lycopodiacées, dont la tige se trouve frappée, plus profondément encore que la racine, d'un caractère exceptionnel.

de l'axe végétal. Nous montrerons, dans la seconde partie de ces recherches, en traitant, comme application de la méthode générale, la question des limites organiques, que ce nœud peut être déterminé avec une extrême précision.

Les faisceaux doubles et bipolaires de la tige sont d'ailleurs toujours disposés et orientés au milieu du parenchyme primordial, comme les faisceaux simples et unipolaires de la racine le sont dans leur tissu conjonctif, avec une symétrie parfaite par rapport à une droite. Cette propriété, commune à ses deux parties constituantes, devient ainsi le caractère anatomique de l'axe végétal tout entier.

Quelques explications générales sont ici nécessaires. Pour établir que la tige possède, en effet, dans toutes ses manifestations, la symétrie de structure que nous lui assignons, il nous faudra l'étudier d'abord dans les systèmes organiques où sa nature axile se montre dans toute sa pureté, c'est-à-dire où elle ne produit pas d'appendices à sa surface. L'appendice, en effet, en enlevant à l'axe une partie des faisceaux qui le constituent, agit sur lui comme une cause perturbatrice, dont il faut tout d'abord savoir écarter l'influence. Les pédicelles floraux, les axes d'inflorescence dépourvus de bractées sont dans ce cas, et ces organes ont toujours leurs faisceaux disposés et orientés symétriquement par rapport à une ligne. On passera ensuite aux tiges qui produisent des appendices, mais des appendices tellement réduits, que la perturbation qu'ils exercent sur l'axe est négligeable et ne suffit pas à en altérer la symétrie (axes d'inflorescence pourvus de bractées, tiges munies de feuilles rudimentaires), et l'on arrivera aux tiges qui portent des feuilles bien développées. Si ces feuilles sont opposées ou verticillées, la perturbation que chacune d'elles apporte se faisant sentir symétriquement tout autour de l'axe, celui-ci conserve sa symétrie circulaire; si elles sont alternes, il s'établit une différence de phase entre les perturbations successives d'un cycle, mais comme cette différence de phase est constante, il suffit de substituer à la symétrie circulaire la symétrie spiralée, pour que le caractère général se conserve.

Ceci s'applique à tous les végétaux vasculaires; mais les Monocotylédones ont dû être, dans le second chapitre de ce travail, comme les Dicotylédones dans le premier, l'objet d'une étude plus approfondie. Il est, en effet, généralement admis que dans la tige de ces plantes les faisceaux sont disséminés dans le parenchyme, et cette dispersion est même le caractère anatomique que l'on invoque le plus volontiers pour séparer cet embranchement de celui des Dicotylédones. Au contraire, en étudiant successivement les axes purs non appendiculés, les tiges munies d'appendices peu développés, les tiges feuillées, mais dont les feuilles n'entraînent qu'un petit nombre de faisceaux, nous établissons que les faisceaux sont partout disposés et orientés par rapport à une droite avec la plus admirable symétrie. Seulement cette symétrie, toujours présente, devient de plus en plus difficile à apercevoir à mesure que le nombre des faisceaux que chaque feuille détourne est plus considérable, et que ces feuilles sont plus rapprochées. Enfin, il y a des plantes, et les Palmiers, par exemple, sont dans ce cas, où le nombre des faisceaux entraînés par la feuille est énorme, et où, par conséquent, les traces de faisceaux que contient une section transversale de la tige sont en nombre immense, et tellement rapprochées, qu'il est impossible d'y reconnaître aucun arrangement régulier, et qu'elles paraissent disséminées. Mais cette dissémination n'est qu'apparente, comme le montre la disposition symétrique des feuilles; elle tient à ce qu'au milieu de cette multiplicité d'éléments, et dans l'impuissance où nous sommes de distinguer sur cette tranche l'ensemble des faisceaux qui se rendent à une feuille de l'ensemble de ceux qui sont destinés à la feuille suivante, ou seulement d'apercevoir les nervures médianes de ces feuilles successives, nous ne pouvons saisir la symétrie réelle qui préside à l'arrangement relatif de ces ensembles de faisceaux ou de ces nervures médianes.

La disposition extérieure des appendices des Monocotylédones est d'ailleurs liée à cette symétrie intérieure de l'axe qui les porte, par des relations nécessaires qu'il fallait mettre en évidence. Amenés ainsi à étudier des arrangements de feuilles qui ne rentrent pas dans les séries connues, nous avons réussi à élargir, tout en le simplifiant, le cadre des divergences pour y introduire les dispositions nouvelles. Enfin, étendant à la structure des végétaux la loi des proportions définies et celle des combinaisons en proportions multiples, nous avons pu rendre compte de la manière dont s'engendrent ces dispositions, trouver l'équation qui les donne toutes, et détruire ainsi par sa base la théorie dite des angles limites de L. et A. Bravais.

3. *Feuille.* — Les faisceaux de la feuille sont doubles, bipolaires, et tous d'une seule espèce fondamentale, comme ceux de la tige, dont ils ne sont que les terminaisons. Ils sont, comme eux, réunis par du parenchyme primitif qui continue latéralement celui de la tige; mais c'est d'une tout autre manière qu'ils sont disposés et orientés au milieu de ce parenchyme. En effet, en analysant dans ce troisième mémoire une multitude d'exemples tirés surtout des plantes où le grand nombre des faisceaux du pétiole, joint à leur disposition presque circulaire, ou à leur apparente dissémination, exige une étude approfondie, nous montrons que dans toute la série des végétaux vasculaires la feuille n'a ses faisceaux disposés et orientés symétriquement que par rapport au plan qui contient l'axe de symétrie de la tige et le rayon d'insertion.

Ainsi, tandis que l'axe végétal, dans les deux parties, racine et tige, qui le constituent, est tout entier symétrique par rapport à une droite, l'appendice n'est symétrique que par rapport à un plan.

II

Ces caractères une fois établis dans toute leur généralité, et étant de telle nature qu'ils peuvent toujours se reconnaître sur un fragment minime et isolé d'un organe douteux quelconque, leurs réciproques étant d'ailleurs évidentes, nous les appliquons dans la seconde partie de ces recherches à la solution de plusieurs groupes de questions encore indécises, et relatives tant à la structure de l'appareil végétatif qu'à celle de l'organisation florale. Nous devons nous borner dans cette introduction à passer en revue ces principales applications qui forment autant de chapitres distincts dans la seconde partie de ce travail.

1. — En ce qui concerne l'appareil végétatif, la première question qui se présente, c'est l'étude des limites anatomiques qui séparent les trois organes, c'est-à-dire la recherche de leur insertion vraie l'un sur l'autre. On y détermine, d'une part la limite entre la racine et la tige, entre la tige et la feuille, entre la racine et la feuille, dans les organismes hétérogènes où elles entrent, et d'autre part le mode d'insertion mutuelle des organes de même nom, racine sur racine, tige sur tige, feuille sur feuille, dans les combinaisons homogènes qu'ils constituent.

2. — Il faut trouver ensuite la véritable nature, radicale, caulinaire ou foliaire, des organes douteux simples : tubercules de divers ordres, épines et vrilles de diverses espèces, flotteurs, écusson des Graminées et des Cypéracées, etc.

3. — Il faut analyser enfin, c'est-à-dire déterminer leur composition en organes fondamentaux, les systèmes complexes de nature controversée, que ces systèmes soient homogènes ou hétérogènes, en d'autres termes qu'ils soient formés d'organes simples de même espèce ou d'espèces différentes : organes aplatis des *Phyllocladus*, *Xylophylla*, *Ruscus*, des Cactées, etc.; bractées florifères des Tilleuls, des *Hypophyllanthus*, etc.; rameaux dits soudés avec la feuille-mère ; cotylédons des Conifères et des Cycadées, tubercules des Orchidées, racines digitées des Aroïdées, etc., etc.

4. — Après avoir éprouvé notre méthode par les applications qui précèdent et qui toutes ont trait à l'appareil végétatif, nous pénétrons dans l'organisation florale, et nous déterminons dans un grand nombre de familles naturelles, une centaine environ, la part qui revient à l'axe et aux divers appendices dans la constitution de la fleur ; nous analysons en même temps la compo-

sition anatomique de chaque verticille, ainsi que les rapports de ces verticilles entre eux et avec le pédicelle.

Chaque sépale reçoit de l'axe un nombre déterminé de faisceaux libéro-vasculaires. Tantôt ceux-ci sont dans tout leur parcours indépendants de ceux des sépales voisins, et alors de deux choses l'une : ou bien chaque système a, dès son insertion, une gaîne propre de parenchyme et les pièces du calice sont entièrement libres, ou bien une gaîne commune de tissu cellulaire, prolongation du parenchyme cortical du pédicelle, continue à envelopper plus ou moins haut les divers systèmes vasculaires, et le calice est gamosépale. Tantôt, au contraire, les faisceaux latéraux de deux sépales voisins demeurent réunis en un seul depuis leur insertion sur l'axe jusqu'à une certaine hauteur, et le calice est alors forcément gamosépale dans toute cette étendue ; après quoi chaque faisceau intercalaire se dédouble en Y, et les branches se rendent dans les sépales auxquels elles appartiennent ; ceux-ci se séparent tout de suite, ou bien se conservent encore quelque temps unis par le parenchyme.

A cette étude anatomique du calice se rattache celle du calicule, dont les pièces sont tantôt des productions directes de l'axe, des feuilles autonomes au même titre que les sépales, tantôt de simples émanations extérieures et latérales de ces sépales.

L'étude de la corolle n'en est pas non plus toujours indépendante. En effet, s'il est vrai que dans un certain nombre de cas, par exemple, chez la plupart des Gamopétales hypogynes, les pétales se montrent à nous comme des feuilles autonomes et complètes au même titre que les sépales, parce que leurs faisceaux vasculaires s'insèrent sur l'axe au-dessus de ceux du calice, il n'en est pas moins certain que chez un grand nombre d'autres plantes, les faisceaux de la corolle n'ont aucun rapport direct avec le pédicelle. Ils s'implantent alors sur les faisceaux des sépales et ne sont autre chose que des branches du système calicinal. La corolle n'est dans ce cas qu'une dépendance intérieure et brillamment transformée du calice ; calice et corolle ne représentent qu'un seul verticille ou cycle spiralé de feuilles composées ou lobées. Quelquefois le pétale est un lobe médian émané de la face interne du sépale. Le plus souvent il est une dépendance géminée des bords des deux sépales avec lesquels il alterne, et son origine est double ; il équivaut, par exemple, à une foliole stipulaire et géminée du *Galium Cruciata*.

De leur côté, les étamines, ou bien représentent autant de feuilles indépendantes et complètes recevant directement de l'axe le faisceau ordinairement unique qu'elles possèdent, ou bien chacune d'elles ne vaut, ne représente qu'un lobe de feuille, et alors bien des cas se présentent. Ici les faisceaux d'un certain nombre d'étamines voisines se réunissent à leur base en un faisceau unique qui s'implante directement sur l'axe au-dessus des pétales et des sépales ; l'ensemble de ces étamines est une feuille composée, dont tous les lobes ont subi la même transformation pollinifère ; l'androcée tout éntier, malgré ses multiples éléments, ne correspond qu'à un seul verticille ou cycle spiralé de feuilles. Là, la branche externe qui s'échappe du tronc commun se rend au pétale, et l'interne ou les internes aux étamines ; alors il est indifférent de dire que le pétale est une dépendance externe des étamines, ou que les étamines sont des dépendances internes du pétale : le fait est que le pétale, joint aux étamines qui s'insèrent avec lui, ne forme qu'une seule feuille, dont les lobes ont subi deux espèces de transformation ; corolle et androcée ne constituent qu'un seul cycle foliaire. La même liaison vasculaire peut avoir lieu entre les sépales et les étamines superposées ; ces étamines ne sont alors que des dépendances des sépales. Ailleurs, enfin, le tronc commun qui a reçu les faisceaux des étamines et du pétale superposé, au lieu de s'insérer sur l'axe, vient s'implanter sur un faisceau calicinal, dont il n'est qu'une branche ; alors les étamines, le pétale et le sépale, s'insérant vasculairement les uns sur les autres, ne forment tous ensemble qu'un seul appendice, dont les divers lobes ont subi trois transformations différentes ; calice, corolle et androcée ne constituent qu'un seul cycle foliaire.

Les carpelles sont ordinairement des feuilles complètes et indépendantes, et ils tirent de l'axe, en l'épuisant, une quantité déterminée de faisceaux qui règle leur propre nombre. Toutefois il est des plantes où plusieurs carpelles collatéraux s'insèrent tous ensemble par un tronc commun sur l'axe, et forment ainsi une feuille carpellaire composée, dont chaque carpelle est un lobe transformé. Il en est d'autres où le faisceau dorsal du carpelle se trouvant confondu dans sa partie inférieure avec le faisceau staminal superposé, et même à la fois avec ce faisceau et celui du pétale ou du sépale correspondant, on doit regarder l'étamine dans le premier cas, l'étamine avec le pétale ou le sépale dans le second, comme dérivant du carpelle dont ils sont des dépendances externes.

Enfin, outre les organes principaux que nous venons de passer en revue, il entre dans la fleur de certaines plantes des organes vasculaires accessoires considérés tantôt comme des dépendances de la corolle ou comme des étamines stériles, tantôt comme des organes *sui generis* auxquels on donne le nom de *nectaires*, et dont on désigne l'ensemble sous le nom de *disque*. La valeur morphologique de ces pièces accessoires est très-diverse. Bien rarement elles constituent des appendices autonomes insérés directement sur l'axe. Presque toujours ce sont des dépendances vasculaires des organes principaux ; seulement l'organe sur lequel elles s'insèrent et la nature de la dépendance qu'elles contractent avec lui sont fort différents suivant les plantes. Ces pièces accessoires se rattachent, en effet, tantôt aux sépales, soit sur leur face interne ou externe, soit comme dépendance stipulaire et géminée de leurs bords ; tantôt aux pétales de l'une ou de l'autre de ces deux manières ; tantôt à la fois à la face interne des sépales et des pétales ; tantôt aux étamines, soit sur la face interne des étamines simples ou composées, soit sur la face externe de ces mêmes étamines simples ou composées ; tantôt enfin à la face externe des carpelles.

Ainsi donc, l'anatomie le prouve, à côté de fleurs où n'entrent que des feuilles simples, transformées chacune pour son compte, il y en a où entrent des feuilles stipulées, lobées ou composées de diverses manières, et dont les divers lobes ont subi tantôt le même genre de modification et d'emploi, tantôt plusieurs genres différents de métamorphose correspondant à autant de fonctions diverses.

Les vues synthétiques de Gœthe se trouvent donc confirmées par ces études, mais à condition d'être modifiées par l'introduction de la notion des appendices lobés ou composés, et de la métamorphose homogène ou hétérogène de leurs diverses parties. Il nous est permis de voir dans cette réduction du nombre réel des feuilles florales, et dans cette dislocation correspondante de chaque feuille, une nouvelle preuve de la marche ordinaire des phénomènes naturels, je veux dire de l'emploi du moindre nombre d'éléments distincts, joint à la transformation la plus variée de ces éléments et à leur adaptation aux fonctions les plus différentes.

Ajoutons qu'en réduisant ainsi le nombre des appendices qui constituent la fleur, notre analyse anatomique permet de retrouver la loi ordinaire de la disposition spiralée des feuilles dans un grand nombre de cas où elle est méconnue, et fait disparaître en même temps une difficulté paradoxale qui a arrêté les meilleurs auteurs. On sait, en effet, que prises pour autant de feuilles autonomes, les diverses pièces d'une fleur dite verticillée sont disposées à chaque étage en spirale, et que cependant ces étages alternent comme de vrais verticilles ; ces feuilles sont spiralées et ne suivent pas la loi des spirales ; elles ne sont pas verticillées, et elles suivent la loi des verticilles.

La véritable valeur de chaque pièce de la fleur étant ainsi fixée, ainsi que la composition totale de l'appareil que nous résumons dans une formule ou sorte de diagramme écrit, nous étudions de plus près les étamines et le pistil.

Pour les étamines, nous nous bornons à déterminer à quelle face de la feuille ou du lobe de feuille staminal appartiennent les portions de parenchyme qui se transforment en pollen. Nous nous attachons ensuite tout particulièrement au pistil, et le suivant à travers les innombrables modifications secondaires qu'il subit en lui-même et dans ses connexions avec les verticilles externes, nous en démontrons l'unité de composition.

Le pistil est toujours formé d'une ou de plusieurs feuilles, ouvertes ou closes, libres ou associées, qui produisent les ovules sur leurs bords ou sur une étendue plus ou moins grande de leur surface. Le lieu immédiat d'insertion des ovules, c'est-à-dire le placenta, est donc toujours appendiculaire, jamais axile. De plus, par la manière dont il s'y insère, c'est-à-dire dont il en reçoit ses éléments vasculaires, le corps reproducteur correspond à un simple lobe plus ou moins grand de la feuille qui le porte, ce lobe pouvant quelquefois envahir la totalité du limbe.

Nous avons développé ce sujet dans un mémoire spécial auquel l'Académie des sciences a décerné le prix Bordin dans sa séance du 18 mai 1868, et qui se trouve inséré au tome XXI du *Recueil des savants étrangers*, sous ce titre : *Recherches sur la structure du pistil et sur l'anatomie comparée de la fleur.* La première partie en a été publiée dans ces *Annales* (1). Plus récemment, l'étude anatomique de la fleur femelle et du fruit, d'abord chez les Cycadées, les Conifères et les Gnétacées (2), puis chez les Juglandées (3) et chez le Gui (4), suivie de l'anatomie florale des Primulacées, Théophrastées (5) et Santalacées (6), nous a permis de combler quelques-unes des lacunes les plus importantes de notre premier mémoire. Dans le travail actuel, nous ne ferons donc que résumer cette application de la méthode pour en marquer la place dans le plan général et pour la compléter et la rectifier en plusieurs points.

5. — Dans le mémoire précédent, nous n'avons suivi la course des faisceaux libéro-vasculaires du pistil que jusqu'aux points où ils pénètrent dans les ovules, et la nature foliaire du corps reproducteur s'est trouvée déduite indirectement de la nature appendiculaire de son support et de la façon dont il s'insère sur ce sup-

(1) *Recherches sur la structure du pistil* (*Ann. des sc. nat.*, Bot., 5ᵉ série, 1868, t. IX, p. 127).

(2) *Anatomie comparée de la fleur femelle et du fruit des Cycadées, des Conifères et des Gnétacées* (*Comptes rendus*, t. LXVIII, p. 830 et 870 (1869), et *Ann. des sc. nat.*, 5ᵉ série, 1869, t. X, p. 269).

(3) *Anatomie de la fleur femelle et du fruit du Noyer* (*Bull. de la Soc. bot.*, t. XVI, p. 412, 1869).

(4) *Anatomie des fleurs et du fruit du Gui* (*Ann. des sc. nat.*, 5ᵉ série, 1870, t. XII, p. 101).

(5) *Structure du pistil des Primulacées et des Théophrastées* (*ibid.*, t. XII, p. 329).

(6) *Anatomie de la fleur des Santalacées* (*ibid.*, t. XII, p. 340).

port. Il nous faut maintenant, nous adressant directement à l'ovule et à la graine isolés, leur appliquer notre méthode et chercher, en dehors de toute autre considération, à en déterminer la nature morphologique supposée inconnue. Pour cela, nous suivons la marche des faisceaux vasculaires à l'intérieur même du corps reproducteur, et jusque dans leurs ramifications les plus déliées; nous cherchons d'abord celle des parties constitutives de l'ovule où ils se rendent, et ensuite la manière dont ils se ramifient dans cette partie; nous étudions, en un mot, les divers modes de nervation de l'ovule et de la graine, tant en profondeur qu'en surface.

Cette étude nous apprend d'abord que l'ovule, quelle que soit sa forme, orthotrope, anatrope ou campylotrope, possède toujours dans l'ensemble de son système libéro-vasculaire un plan de symétrie, et n'en possède qu'un seul. Il est donc toujours de nature appendiculaire, jamais axile. Comme on sait, d'ailleurs, par le chapitre précédent, que son système vasculaire ne s'implante pas directement sur l'axe, mais qu'il s'insère toujours sur un autre système également appendiculaire, dont il n'est qu'une dépendance, on voit que l'ovule n'est pas un appendice entier et autonome, mais seulement une partie de la propre substance de l'appendice qui le porte, un lobe plus ou moins grand de la feuille carpellaire, transformé pour envelopper et protéger le sac embryonnaire et pour aider à sa fécondation (1).

En général, la feuille femelle se partage également entre les deux fonctions carpellaire et ovulaire qu'elle doit remplir, et qui sont localisées dans des régions différentes de cette feuille, sans qu'il y ait aucune confusion entre elles. Mais cette structure se simplifie quelquefois et de deux manières différentes. Tantôt, comme dans certaines Conifères, c'est la partie carpellaire de la feuille femelle qui disparaît; tout y est ovule. Tantôt, au contraire, comme dans le Gui, aucune transformation ne s'opère autour du sac embryonnaire, qui demeure plongé directement dans la masse du parenchyme de la feuille femelle. Tout organisme intermédiaire entre le sac embryonnaire et le carpelle

---

(1) Voyez, sur ce point, *Comptes rendus*, 26 juillet 1869, t. LXIX, p. 289.

tout entier a disparu, et comme c'est précisément à cet organisme intermédiaire qu'on donne le nom d'*ovule*, on voit que la
feuille femelle ne forme pas d'ovule dans ce cas, tout y est carpelle (1).

Dans tous les cas, le sac embryonnaire n'est pas autre chose,
en définitive, qu'une simple cellule du parenchyme de la feuille
carpellaire, autour de laquelle cette feuille se trouve en général
modifiée localement pour former l'appareil qu'on appelle l'ovule.
Cette cellule, toujours unique dans un ovule, a son axe situé
dans le plan de symétrie du lobe transformé, et elle se dresse
perpendiculairement à la surface de ce lobe, de telle sorte que,
lorsque le limbe s'est relevé en forme d'urne autour du mamelon conique qui la contient, elle tourne une de ses extrémités
vers l'ouverture de l'urne et l'autre vers sa base. Dans la grande
majorité des plantes, c'est sur la face supérieure de la feuille
carpellaire ou du lobe transformé, c'est-à-dire sur la face vers
laquelle sont tournées les trachées de son réseau libéro-vasculaire, que s'insère le mamelon conique dans l'axe duquel est
situé le sac embryonnaire. Mais dans d'autres cas bien déterminés, chez les Conifères et les Cycadées par exemple, c'est au
parenchyme de la face inférieure ou libérienne de la feuille
femelle que le sac embryonnaire appartient.

La nature morphologique de l'ovule se trouvant ainsi directement établie, nous suivons tous les détails de sa nervation, ce
qui, en complétant la démonstration, nous permet de distinguer
dans chacune des trois formes, orthotrope, anatrope et campylotrope, plusieurs types distincts, définis par le mode de distribution du système vasculaire. Nous nous livrons ensuite à l'étude
comparée de ce nouveau caractère dans les familles naturelles (2).

6. — Après avoir ainsi isolé l'ovule pour le mieux étudier,

----

(1) Pour plus de détails sur ce point, voyez *Anatomie des fleurs et du fruit du Gui*
(*loc. cit.*, p. 115).

(2) Quelques-uns des principaux résultats de cette étude sont résumés dans la note
intitulée : *Sur les divers modes de nervation de l'ovule et de la graine* (*Comptes rendus*, 1871, t. LXXIII, p. 467).

rattachons-le maintenant au pistil, et faisons-lui reprendre sa position normale sur le placenta. Le plan de symétrie de l'ovule et de la graine dont nous venons de montrer l'existence et de donner la définition a, dans un grand nombre de cas particuliers, une position déterminée par rapport au plan de symétrie du carpelle qui le porte, et celui-ci possède à son tour une direction fixe dans la fleur, et par suite dans l'ensemble de l'organisme végétal. L'étude des divers modes d'orientation de ce plan dans un certain nombre de cas particuliers fait l'objet de ce sixième mémoire.

7. — Les trois chapitres précédents comprennent l'anatomie complète de la fleur, depuis l'involucre et le calicule jusqu'au sac embryonnaire. Mais il y a des plantes vasculaires qui ne fleurissent pas; comment y sont produits les corps reproducteurs? On sait que dans les Prêles, ce sont des feuilles transformées, disposées en verticilles, qui développent sur leur face inférieure des poils celluleux où se forment les spores. Ces spores correspondent ainsi au pollen des Gymnospermes. Chez les Fougères, c'est de même sur la surface inférieure des feuilles que naissent les sporanges pédicellés, qui sont des poils transformés. Dans les Lycopodiacées, c'est sur la face supérieure de la feuille que les sporanges sont insérés, et ils ont la même valeur : les spores y correspondent au pollen du Gui, par exemple. Mais dans les Ophioglossées et les Marsiléacées, la chose est moins simple, et c'est à l'anatomie de déterminer le sens exact de l'organe producteur de spores dans les unes, et du sac fermé qui les enveloppe dans sa cavité chez les autres. C'est à quoi nous nous sommes appliqués dans ce chapitre, par une étude qui n'est pas sans analogie avec celle du pistil chez les Phanérogames.

L'organe qui naît du développement de la spore, le prothalle, ne possède d'ailleurs, comme l'ovule des Phanérogames, qu'un seul plan de symétrie, et il se montre ainsi de nature foliaire.

8. — Nous voici parvenus, pour toutes les plantes vasculaires, au sac embryonnaire ou à l'archégone, c'est-à-dire à l'extrême limite de l'organisme maternel; franchissons cette limite, et

considérons l'être nouveau qui se développe dans ce milieu organique doué d'un seul plan de symétrie de direction connue, qu'il soit ovule ou prothalle.

L'embryon des Phanérogames possède dans tous les cas, par rapport au plan de symétrie de l'ovule et de la graine où il prend naissance, une orientation fixe dont nous allons déterminer les conditions (1).

Rappelons-nous d'abord que le sac embryonnaire est la cellule centrale d'un mamelon conique ou d'une sorte de gros poil, inséré en général sur la face supérieure, mais quelquefois aussi sur la face inférieure du lobe carpellaire transformé; que l'axe de cette cellule, soit que le mamelon dont elle fait partie demeure droit ou qu'il s'incurve par la suite du développement, est et demeure tout entier contenu dans le plan de symétrie du lobe, et qu'enfin cet axe est dressé perpendiculairement à la surface du segment, de manière à présenter un de ses pôles vers l'ouverture du limbe replié en urne autour du mamelon, et l'autre vers le centre du cercle d'insertion du mamelon. Ceci posé :

1° Les deux vésicules embryonnaires appendues avant la fécondation à la voûte du sac embryonnaire, sous le micro yle, ont leurs points d'attache et leurs centres contenus dans le plan de symétrie de l'ovule (2). La cellule primordiale a donc aussi son centre dans ce plan. Chez les Gymnospermes, quand il y a, comme dans les *Cephalotaxus*, les *Zamia*, etc., quatre corpuscules embryonnaires, deux d'entre eux ont leurs axes dans le plan de symétrie de l'ovule et les deux autres dans le plan perpendiculaire.

2° La première section qui s'opère dans la cellule primordiale est perpendiculaire à l'axe du sac embryonnaire, c'est-à-dire parallèle à la surface du limbe transformé. Elle partage la cellule en deux moitiés, dont l'inférieure, tournée vers le limbe. est appelée à donner l'embryon tout entier, et la supérieure le suspenseur.

(1) Voyez, à ce sujet, *Comptes rendus*, 1869, t. LXIX, p. 289.

(2) Ce point n'a pu être étudié que dans un nombre assez restreint de cas particuliers. Il se pourrait donc que dans d'autres plantes les vésicules eussent leurs centres sur une ligne perpendiculaire au plan de symétrie; mais, une fois la fécondation opérée, le centre de la cellule primordiale se trouverait en tout cas ramené dans le plan de symétrie.

3° La première section qui s'opère dans cette cellule embryonnale inférieure passe par l'axe du sac embryonnaire, et par conséquent est perpendiculaire au plan du limbe. Mais tantôt elle est contenue dans le plan de symétrie de l'ovule, et les deux premières cellules de l'embryon ont leurs centres sur une ligne perpendiculaire à ce plan ; tantôt elle est perpendiculaire au plan de symétrie de l'ovule, et la ligne des centres des deux premières cellules de l'embryon est contenue dans ce plan. Tous les cas particuliers qui me sont connus jusqu'ici rentrent dans l'une ou dans l'autre de ces positions.

4° La seconde section qui partage en deux chacune des deux cellules précédentes passe encore par l'axe du sac embryonnaire, et elle est perpendiculaire à la première.

5° Passons sur les sections ultérieures, et supposons l'embryon entièrement constitué dans la graine mûre. La ligne de symétrie du système conducteur de la radicule et de la tigelle de l'embryon se développe toujours suivant l'axe droit ou courbe du sac embryonnaire ; elle est donc et demeure toujours contenue tout entière dans le plan de symétrie de la graine, et se dresse perpendiculairement à la surface du lobe carpellaire transformé, de manière que son pôle gemmulaire soit dirigé vers le limbe et son pôle radiculaire en sens opposé.

6° Appelons plan principal de l'embryon le plan de symétrie de sa première feuille, ou le plan commun de symétrie de ses deux premières feuilles opposées. Le plan principal de l'embryon, tantôt coïncide avec le plan de symétrie de la graine et tantôt lui est perpendiculaire. Tous les embryons qui me sont connus se partagent entre ces deux modes d'orientation. Seul jusqu'à présent, l'embryon des *Cathartocarpus* fait exception ; son plan principal forme avec le plan de symétrie de la graine un angle de 45 degrés.

Cette sixième condition n'est qu'une conséquence de la troisième. En effet, les deux cellules formées par la première partition de la cellule embryonale correspondent toujours aux deux cotylédons ; et s'il n'y a qu'un cotylédon, il correspond à la plus grande des deux cellules qui alors sont inégales. La ligne des centres de ces deux cellules, jointe à l'axe du sac embryonnaire, détermine donc le plan principal de l'embryon. Si cette ligne des centres est perpendiculaire au plan de symétrie de l'ovule, le plan principal de l'embryon lui sera perpendiculaire; si elle se trouve au contraire contenue dans ce plan, le plan principal de l'embryon coïncidera avec lui. La cause primordiale de l'orientation de l'embryon réside donc dans la direction où s'opère la première partition de la cellule embryonale.

7° Considérons le lobe foliaire transformé en ovule comme la feuille mère de l'embryon, et voyons, les conditions précédentes étant remplies, comment la première feuille de l'embryon est située sur la tigelle par rapport à ce lobe maternel.

Si le cotylédon est unique, il est sur la tigelle, ou bien diamétralement opposé au lobe séminal, c'est-à-dire que l'angle de divergence δ de l'organisme nouveau par rapport à l'ancien est de 180 degrés, ou bien latéral, et $\delta = 90$ degrés. Avec deux cotylédons opposés, si le plan principal de l'embryon coïncide avec le plan de symétrie de la graine, l'un des cotylédons est à 180 degrés de l'enveloppe; il est un peu plus ancien et plus développé que l'autre, qui est superposé au lobe séminal ; il est donc la première feuille de la plante nouvelle, l'autre n'en est que la seconde, et la divergence initiale des deux organismes δ est encore de 180 degrés. Si le plan principal de l'embryon est au contraire perpendiculaire au plan de symétrie de la graine, les deux cotylédons sont l'un à droite, l'autre à gauche du lobe séminal, et $\delta = 90$ degrés. Enfin, quand il y a deux cotylédons non opposés faisant entre eux un angle α, la troisième feuille est superposée au lobe maternel, et par conséquent $\delta = 180 - \frac{\alpha}{2}$.

En résumé, la plante nouvelle forme toujours avec l'ancienne un certain angle foliaire, du même ordre que la divergence initiale d'une branche par rapport à la tige qui la porte. Qu'il soit donc issu de bourgeon et dépendant, ou de graine et libre, le nouvel organisme ne se superpose pas à l'ancien, et de l'un à l'autre la spirale foliaire passe sans discontinuité.

Par les sept conditions précédentes, on voit que le système cambial ou déjà libéro-vasculaire de l'embryon, tout en n'ayant aucun lien de continuité avec le système libéro-vasculaire de l'enveloppe de la graine, et par conséquent avec celui de la plante mère, lui est intimement rattaché cependant par des relations de position fixes et nécessaires, qui déterminent entièrement dans l'espace la situation de l'être nouveau par rapport à l'ancien.

9. — Chez les Cryptogames vasculaires, on trouve, entre la plantule issue de l'oospore et le prothalle où l'archégone se développe et est fécondé, des rapports de position analogues à ceux qui lient l'embryon à l'enveloppe de la graine chez les Phanérogames. Ainsi :

1° L'axe de l'archégone, quand il ne s'en forme qu'un, et le centre de la cellule primordiale sont dans le plan de symétrie du prothalle.

2° Les deux premières sections qui s'opèrent dans la cellule primordiale sont rectangulaires l'une sur l'autre, perpendiculaires au plan de symétrie du prothalle et inclinées à 45 degrés sur l'axe de l'archégone.

3° Des quatre cellules ainsi constituées, et qui ont leurs centres dans le plan de symétrie, l'une donne le suspenseur ; son opposée la première feuille, la troisième la première racine, la quatrième la tige. Donc, si nous appelons plan principal de la plantule le plan de symétrie de sa première feuille, ce plan principal coïncide avec le plan de symétrie du prothalle, et il contient l'axe de la première racine.

4° Enfin, si nous considérons le prothalle comme la feuille mère de l'embryon, il résulte de ce qui précède que la première feuille se trouve insérée sur la tige à 180 degrés du prothalle. Il y a donc encore ici entre l'organisme nouveau et l'organe transitoire dont il provient une divergence foliaire exprimée par $\delta = 180$ degrés.

10. — Les sept conditions déterminées dans le huitième chapitre fixent entièrement, comme nous l'avons vu, la position de l'embryon des Phanérogames dans la graine, et par conséquent dans l'ensemble de l'organisme maternel. Imaginons donc maintenant que les graines germent sur place, et que les plantules se développent sur la plante mère sans être soumises aux déviations

produites par les forces extérieures. Chacune des plantes de seconde génération ainsi constituées aura une orientation fixe par rapport à la souche commune, et le système total possédera une forme régulière et constante, un port particulier pour chaque espèce. Que les choses se passent de même pour les embryons de seconde génération, et ainsi de suite, et nous obtiendrons des agrégations idéales de plus en plus complexes, où les organismes indépendants issus de graines seront disposés les uns par rapport aux autres, suivant des lois de symétrie aussi nécessaires que celles qui lient entre elles les diverses individualités dépendantes, et issues de bourgeon, d'un même organisme.

Pour arriver à déterminer exactement, à partir d'une graine primitive, la structure complète de ces agrégations de colonies, il faut connaître trois éléments :

1° Le nombre minimum n de générations gemmaires végétatives que la tige principale, issue de l'embryon, doit produire avant de former le premier rameau floral ou la première génération de rameaux floraux. Ce nombre minimum n, ainsi que la loi de disposition relative de ces n axes foliaires successifs, est donné dans chaque cas particulier par l'étude de l'appareil végétatif. Il se réduit quelquefois à zéro, lorsque la tige principale se termine directement par une fleur, auquel cas les carpelles sont de même ordre que les cotylédons. Mais dans la grande majorité des cas, il a une valeur fixe ; en d'autres termes, l'individu issu de la graine doit se reproduire un certain nombre de fois par bourgeons avant de devenir sexué. Il y a alors alternance des formes végétatives et des formes sexuées ; deux tiges principales sexuées ne se succèdent pas. Le nombre minimum des formes végétatives issues l'une de l'autre par bourgeon, mais qui peuvent être dépendantes ou libres, qui précèdent l'apparition de la forme sexuée, ou qui séparent un embryon de l'embryon suivant, le nombre d'échelons que l'être doit monter avant d'arriver à fleurir, doit être déterminé dans chaque cas particulier. Or, c'est ce nombre qui, joint à la loi de disposition relative des formes végétatives successives, détermine dans chaque cas particulier l'existence, la forme et le degré de complication de la première colonie végétative, et par conséquent la position dans l'espace de la feuille mère du premier rameau floral par rapport à la position initiale qu'a reçu le plan principal de l'embryon lors de la germination.

2° Le nombre minimum p de générations gemmaires sexuées, que le premier rameau floral doit produire avant de porter la première fleur ou la première génération de fleurs. Ce nombre p, ainsi que la loi de disposition relative de ces axes floraux successifs, est donné dans chaque cas particulier par l'étude du mode d'inflorescence ; il se réduit à zéro dans les inflorescences définies. Il détermine la forme de la première colonie sexuée, et par conséquent la position dans l'espace de la bractée mère de la première fleur, par rapport à la feuille mère de l'axe principal d'inflorescence.

3° La position du plan principal du second embryon, ou de chaque embryon de seconde génération, au sein de l'organisme floral, et par conséquent par rapport à la bractée mère de la première fleur. Ce troisième élément est donné par la combinaison des trois chapitres précédents, 4, 6 et 8, qui nous ont fait connaître successivement : le nombre réel et la disposition des divers appendices floraux, et par conséquent la direction, par rapport à la bractée mère, du plan de symétrie d'un carpelle déterminé (4) ; l'orientation du plan de symétrie de la graine, par rapport au plan de symétrie du carpelle qui la porte (6) ; et enfin la direction du plan principal de l'embryon, par rapport au plan de symétrie de la graine où il se forme (8).

Ainsi, en poursuivant notre marche progressive à travers les trois systèmes successifs dont l'assemblage constitue la première plante complète : colonie végétative, colonie sexuée et fleur, nous fixons entièrement la position du plan principal du second embryon, et par conséquent d'un embryon de degré quelconque, par rapport au plan principal du premier. Grâce à ces trois éléments, dont les deux premiers donnent la forme de chaque colonie complète végétative et sexuée, et le troisième la loi d'ajustement de ces colonies entre elles, nous nous sommes appliqué à déterminer, dans un certain nombre de cas particuliers, la forme, l'architecture de ces agrégations idéales. C'est cette étude qui fait l'objet de ce dixième mémoire.

Tels sont les principaux termes de la série de recherches anatomiques que je me propose de développer dans ce travail en autant de mémoires successifs. Les premiers, on le voit, embrassent la structure du système libéro-vasculaire de la plante dans toute la succession de formes et d'organes dépendants ou indépendants par lesquels elle passe depuis l'embryon dont elle est issue jusqu'à l'embryon qu'elle produit ; les derniers déterminent la position du système libéro-vasculaire de cette plante nouvelle par rapport à celui de sa mère, et nous ramènent à notre point de départ; tous ensemble ils forment un cercle d'études anatomiques complet et fermé.

Toutefois, si nous la réduisions ainsi à la pure anatomie du système libéro-vasculaire de la plante, notre tâche serait singulièrement aride et incomplète. Connaissant la structure de ce système conducteur, nous devons l'examiner en fonction, à l'état vivant et physiologique, et déterminer par l'expérience, en nous basant sur les faits acquis à la science et en les complétant au besoin par des faits nouveaux, le rôle que jouent dans chaque organe ou système d'organes, les principaux groupes d'éléments qui forment l'appareil libéro-vasculaire de cet organe ou de ce système d'organes. Chacun des termes de notre série de recherches sera donc double, anatomique d'abord, physiologique ensuite, et nous rapprocherons toujours dans le même mémoire, et souvent dans les chapitres successifs de chaque mémoire, ces deux ordres d'études pour les compléter et les vivifier l'un par l'autre.

J'arrête ici cette introduction en priant le lecteur de vouloir bien accepter avec indulgence ce premier travail d'ensemble, malgré ses nombreuses imperfections, et malgré les lacunes que l'auteur n'a pu s'empêcher de laisser subsister dans un cadre aussi vaste. Il ne se les dissimule pas, et il s'efforcera de les combler par des travaux ultérieurs.

PREMIÈRE PARTIE.

Démonstration des caractères différentiels de la racine, de la tige et de la feuille ; définition anatomique des trois organes fondamentaux.

PREMIER MÉMOIRE.

LA RACINE.

Son organisation générale dans les principaux groupes des plantes vasculaires.

De tout temps les botanistes ont dû chercher un caractère précis pour définir la racine par rapport à la tige, et légitimer ainsi l'emploi journalier de deux noms différents pour désigner ces deux organes.

Ce qui les a frappés tout d'abord, c'est l'absence des feuilles sur la racine, et leur présence sur la tige, où elles s'insèrent en des points plus ou moins éloignés, et où elles laissent après leur chute des marques ineffaçables. Pour la racine, ce caractère est purement négatif ; pour la tige, il ne repose que sur l'existence d'accidents superficiels provoqués par une cause étrangère à l'organe lui-même, régulièrement distribués, mais qui peuvent être fort écartés l'un de l'autre. Il s'évanouit donc et renaît tour à tour, et tandis que sa période d'apparition est toujours très-courte, la période d'extinction qui lui succède peut être et elle se trouve souvent en effet extrêmement longue. Il en résulte que ce caractère est inapplicable, si l'on ne possède que des fragments de tige compris entre deux nœuds successifs, ou bien encore si le rameau se trouve réduit à son premier entre-nœud, et par conséquent entièrement dépourvu de feuilles.

Les études anatomiques de ces vingt dernières années ont introduit dans la question un élément nouveau. La présence constante d'une coiffe protectrice à l'extrémité de la racine, tandis que le sommet de la tige est toujours nu, a été reconnue avec raison comme un signe distinctif. Mais ce nouveau caractère, outre qu'il est purement négatif pour la tige, ne réside qu'en un seul point, au sommet même du cône terminal des deux organes. On voit donc que, même en admettant qu'il jouisse d'une généralité absolue, ce qui paraît souffrir quelques rares exceptions, il se trouvera souvent inutile, puisqu'il suffira que la tige ou la racine aient perdu ou seulement transformé leur pointe délicate pour qu'il soit désormais impossible d'en retrouver par ce moyen la véritable nature.

Ainsi donc, tout décisifs qu'ils sont lorsqu'on peut les constater, ces deux caractères sont absolument insuffisants lorsqu'il s'agit de résoudre les questions douteuses : le premier, parce qu'il est périodiquement discontinu, et qu'à de très-courtes apparitions peuvent succéder de fort longues éclipses; le second, parce qu'il est exclusivement terminal ; tous deux, enfin, parce qu'ils sont purement négatifs pour l'un des deux organes qu'il s'agit de distinguer. Pour ne citer qu'un seul exemple, ils sont l'un et l'autre impuissants à nous montrer le point où la racine finit et où la tige commence, et à déterminer la limite qui sépare les deux parties de l'axe végétal.

Nous sommes donc conduits à chercher un autre caractère, indépendant, comme les précédents, de la forme et de la fonction de l'organe, mais positif à la fois pour la tige et pour la racine, et continu, c'est-à-dire persistant à toute hauteur depuis la base de l'organe jusqu'à son extrémité ; il pourra, sans inconvénient, se perdre au voisinage même de cette extrémité, puisqu'alors on retrouvera le signe distinctif tiré de la coiffe terminale. Il en résulte que nous devons nous efforcer de tirer ce caractère de la structure du système conducteur de l'organe qu'il s'agit de définir; au point où ce système conducteur n'est pas encore formé, où le parenchyme primitif ne s'est pas encore différencié, c'est-à-dire dans le cône terminal, on aura la coiffe pour se guider, et la définition se trouvera ainsi complète.

Mais avant de faire connaître la suite de nos propres observations sur ce sujet, nous devons dire comment se sont successivement acquises les principales connaissances anatomiques relatives au système conducteur de la racine.

HISTORIQUE.

Dans son *Examen de la division des végétaux en endorhizes et en exorhizes*, communiqué à l'Académie des sciences le 8 octo·bre 1810, Mirbel décrit et figure une section transversale de la racine du *Nymphæa lutea :* « Elle est organisée, dit-il, à la manière des Dicotylédones. Il y a une écorce, un tissu médullaire, un cylindre ligneux, et des rayons qui vont du centre à la circonférence (1). » Passage curieux, en ce qu'il montre combien à cette époque on connaissait peu l'anatomie des racines, et surtout des racines des Monocotylédones ; car c'est avec ces dernières que la racine des Nymphéacées présente une analogie frappante et au premier abord exclusive.

C'est en 1831, dans ses recherches sur la structure des Palmiers, que M. H. de Mohl a décrit l'organisation de la racine des végétaux de cet embranchement, en prenant pour exemple particulier le *Diplothemium maritimum* (2). « Les vaisseaux, dit-il, sont toujours situés dans le cylindre central de telle manière que les plus petits soient vers la périphérie et les plus grands vers le centre ; c'est le contraire dans la tige. Ils ne sont pas non plus, comme dans les faisceaux de la tige, disposés sans ordre et disséminés ; mais ils forment des séries radiales, et il n'est pas rare que, dans leur partie extérieure, ces séries se divisent en deux branches divergentes. Les vaisseaux les plus grands sont poreux et formés de cellules assez courtes, dont les parois transverses sont réticulées ; les plus petits vaisseaux extérieurs sont aussi poreux et scalariformes ; car, suivant la loi générale, il n'y a pas de vaisseaux spiralés dans les racines. Quant à leur évolution, les plus petits et les plus éloignés du centre, ressemblant en cela aux vaisseaux spiralés, sont déjà formés quand les vaisseaux les plus larges ont encore la forme de cellules à paroi mince et sans épaississements, et quand les autres cellules de la racine ont leur

(1) Mirbel, *Annales du Muséum*, t. XVI, p. 454, pl. 5.
(2) Mohl, *De Palmarum structura*, p. xviii.

membrane fort tendre. Les vaisseaux sont entourés de cellules allongées ayant une membrane un peu épaissie et pourvues de cloisons transverses horizontales. Cependant les cellules les plus proches des vaisseaux ont seules ces cloisons horizontales; celles qui occupent l'espace entre les vaisseaux, ainsi que la région centrale, passent aux cellules prosenchymateuses, qui, à leur tour, reviennent de nouveau, au centre même de la racine, à des cellules de parenchyme allongé, et forment ainsi comme un commencement de moelle. Tout le corps central est entouré à sa périphérie par quelques assises de cellules parenchymateuses à membranes minces qu'enveloppe une assise de cellules plus étroites à membrane épaissie. Entre deux faisceaux vasculaires se trouve un faisceau de vaisseaux propres, dont la grandeur dépend de la longueur des séries de vaisseaux adjacentes; de telle sorte qu'entre les séries courtes, le faisceau est petit et arrondi; qu'entre les longues, il se projette au contraire très-loin vers le centre de la racine. L'ordre de succession des vaisseaux propres dans ce faisceau est toujours tel, que les plus intérieurs soient les plus larges et les plus extérieurs les plus étroits, sans que les cellules larges et les étroites soient mêlées ensemble comme dans les faisceaux de la tige. Les membranes de ces vaisseaux sont d'ordinaire tendres et hyalines; on les trouve parfois finement ponctuées, comme je l'ai rencontré aussi dans les vaisseaux propres de la tige du *Tamus elephantipes*. Les tubes larges, comme les étroits, consistent en cellules closes, allongées, et munies de cloisons transverses horizontales ou obliques; ils contiennent un suc opaque et granuleux, comme les vaisseaux propres de la tige. »

Depuis le mémoire de M. H. de Mohl, on a retrouvé cette même structure dans la racine d'un nombre de plus en plus grand de végétaux monocotylédonés, et l'on a vu s'accréditer chaque jour davantage l'opinion qui, malgré les travaux récents, paraît encore aujourd'hui généralement admise, surtout en France, c'est-à-dire que la racine des Monocotylédones possède une structure essentiellement différente, et même, à de certains égards, inverse de celle qu'on attribue à la racine des Dicotylédones, cette dernière étant considérée comme identique, à quelques détails près, avec celle de la tige (1).

En 1839, Mirbel (2) a décrit à son tour, et figuré avec soin dans la racine du Dattier, les groupes rayonnants d'éléments à paroi mince nommés vaisseaux propres par M. Mohl. Mais frappé par l'analogie de forme de ces lames avec les lames vasculaires alternes, et par la manière toute semblable dont les éléments de divers calibres s'y succèdent, circonstances que M. Mohl avait déjà remarquées, Mirbel s'est gravement trompé en les considérant comme des faisceaux vasculaires très-jeunes intercalés aux primitifs, et destinés à s'épaissir et à se couvertir par les progrès de l'âge en faisceaux pareils aux primitifs, dont ils viendraient doubler le nombre : « Le nouveau tissu, dit-il, s'élargit en lame irrégulière, et de même que les lames composées de vaisseaux scalariformes, il se projette vers le centre. Les jeunes cellules qui le constituent diffèrent de forme, de grandeur et de position. Les unes sont très-petites ; elles se dessinent souvent sur la coupe transversale en polygones à cinq ou six côtés, et sont rassemblées en groupe tout contre la ceinture (3), contre laquelle aussi s'appuient, à peu de distance de là, les petits vaisseaux scalariformes. Les autres cellules grandes ou moyennes affectent des formes variées, et se rangent à la suite des petites dans la direction des rayons. Plusieurs phytologistes ont avancé que ces lames cellulaires étaient composées de laticifères ; ils n'ont cité, que je sache, aucun fait à l'appui de leur opinion. Sitôt que je

---

(1) C'est ainsi que dans le récent *Traité de Botanique* de M. Duchartre, publié en 1867, on lit encore : « La racine des Dicotylédones possède une structure semblable à celle de la tige, à quelques différences près ; ces différences sont même en général peu importantes. » (P. 211.)

(2) Mirbel, *Nouvelles Notes sur le cambium* (*Ann. des sc. nat.*, Bot., 2ᵉ série, 1839, t. II, p. 321, et *Archives du Muséum*, t. I, p. 303).

(3) Mirbel appelle ceinture l'assise circulaire que l'on désigne aujourd'hui sous le nom de gaîne ou membrane protectrice (*Schutzscheide, Kernscheide* des anatomistes allemands). Nous verrons plus tard que ce n'est pas immédiatement contre la ceinture que s'appuient les premiers vaisseaux et les premières cellules allongées, mais qu'il y a entre eux et la ceinture une ou plusieurs assises de cellules spéciales dont le rôle est fort important. Cela se voit d'ailleurs par les dessins mêmes de Mirbel (assise *p*, planches 12 et 13, fig. 9, 10, 11 et 12).

l'ai connue, je l'ai jugée peu fondée, et quand je l'ai soumise à un examen sérieux, je l'ai trouvée en contradiction manifeste avec les résultats de mes recherches. Au lieu de vaisseaux ramifiés communiquant entre eux par des anastomoses et contenant un suc coloré qui charrie des granules, je n'ai vu que de simples cellules allongées dépourvues de suc comparable au latex. J'ai pensé dès lors que la lame cellulaire, dont le tissu est si transparent et si délicat, ne pouvait être autre chose que la première ébauche d'une nouvelle lame vasculaire. Je ne me suis pas trompé ; j'ai été témoin de la transformation graduelle des utricules en petits, moyens et grands vaisseaux scalariformes. Mes dessins, exécutés avec la plus scrupuleuse exactitude, confirment cette assertion.

« Chaque nouvelle lame, venant à s'allonger, partage en deux la masse utriculaire au milieu de laquelle elle a pris naissance, et pendant que cette séparation s'opère il se forme, dans chaque moitié, un autre dépôt de cambium qui devient bientôt une lame cellulaire, laquelle, à son tour, se change en une lame vasculaire. Ces formations et ces transformations, si promptes dans la jeunesse qu'on a peine à les suivre, si lentes dans la vieillesse qu'on les cherche longtemps avant de pouvoir en constater la réalité, se répètent toujours semblables à elles-mêmes, tant que la racine a la puissance de reproduire du cambium. C'est pourquoi les lames cellulaires s'offrent presque toujours égales en nombre aux lames vasculaires, quel que soit d'ailleurs l'âge de la racine (1). »

On lit, en outre, à l'explication des figures 17 et 18 (*Arch. du Muséum*, I, pl. 22), qui représentent une coupe longitudinale de la lame : « Les parois de ces utricules sont en général molles et ondulées, et des taches grises, tantôt répandues sans ordre, tantôt distribuées avec une sorte de symétrie couvrent leur surface. » L'erreur de Mirbel est de regarder ces taches grises, qui sont les ponctuations grillagées des auteurs modernes, comme le début des ponctuations scalariformes que présentent les lames

____

(1) Mirbel, *loc. cit.*, p. 332.

vasculaires, et d'y voir la preuve de la transformation de ces
lames les unes dans les autres.

Je ferai remarquer encore, dans le mémoire de Mirbel, une
contradiction au sujet du mode de développement des éléments
de la région centrale de la racine. L'auteur les regarde comme
produits par le jeu interne de la même couche génératrice qui,
par son jeu externe, donne la zone intérieure de l'écorce. Il en
résulte que le développement en est centrifuge. « Il est de toute
évidence, dit-il, que la plupart de ces utricules sont sorties de
la grande couche de cambium, les unes plus tôt, les autres plus
tard, et que, selon leur âge plus ou moins avancé, elles se sont
cantonnées plus près ou plus loin du centre. Au centre donc
sont les utricules de première formation..... Les autres utricules composent un tissu continu d'autant plus jeune qu'il est
plus éloigné du centre (1). » Comment concilier cette formation
centrifuge de l'ensemble des cellules du corps central avec
l'épaississement centripète des vaisseaux dans les lames rayonnantes qu'ils constituent? Il est vrai que Mirbel ne parle pas
de la marche que suit l'épaississement des vaisseaux déjà démontré centripète par M. Mohl, et au sujet duquel il formule
sa fameuse théorie des germes intra-cellulaires qu'il applique
ensuite à l'épaississement de toutes les membranes végétales ;
mais les figures 9 et 11 de son mémoire indiquent clairement
que les petits vaisseaux s'épaississent avant les grands.

Après les recherches de M. Hartig sur les cellules criblées de
l'écorce des Dicotylédones, M. H. de Mohl (2), en même temps
qu'il démontrait, en 1855, l'existence générale et constante
de ces éléments dans les faisceaux de la tige des Dicotylédones
ligneux et herbacés, a assigné la même nature libérienne aux
éléments des faisceaux de la tige des Monocotylédones qu'il
avait appelés vaisseaux propres, et il a fait voir l'inexactitude
de l'opinion des auteurs qui, comme Mirbel, voulaient y voir
du cambium.

(1) Mirbel, *loc. cit.*, p. 329.

(2) H. de Mohl, *Quelques remarques sur la composition du liber* (Bot. Zeitung,
1855, col. 873, et *Ann. des sc. nat.*, 4° série, 1856, t. V, p. 141).

« Chez les Monocotylédones, dit-il, on trouve intercalé entre les cellules prosenchymateuses du liber et le bois un faisceau d'organes élémentaires d'une structure particulière, que j'ai désignés dans mon *Anatomie des Palmiers* sous le nom de *vaisseaux propres*. Je savais parfaitement bien que cette expression n'était pas juste ; aussi ne l'ai-je adoptée que pour n'être pas obligé de créer, pour un organe dont la nature m'était inconnue, une expression nouvelle, que, selon toute probabilité, il aurait fallu abandonner à son tour. En ceci j'ai suivi l'exemple de Moldenhawer, qui a bien connu l'organe dont il est question ici (*Beiträge zur Anatomie,* 126), quoiqu'il l'ait pris à tort pour un faisceau de cellules parenchymateuses ordinaires, enveloppant des vaisseaux conducteurs de la séve. Depuis nombre d'années on considère, d'après Mirbel (*Nouvelles Notes sur le cambium*, in *Arch. du Muséum*), ces vaisseaux propres, comme le tissu du cambium. Schleiden (*Grundzüge, I. Ausg. I*, 224) a reproduit la même idée, mais avec quelques modifications, en ce sens surtout que les cellules de ce tissu ne sont plus en état de se développer ni de se multiplier. Plus tard, Schacht défendit cette même opinion de l'identité des vaisseaux propres et des cellules de cambium (*Pflanzenzelle*, 177), en affirmant que, dans la transformation du cambium en faisceau vasculaire, une partie des cellules de ce cambium ne subissait aucun changement et continuait à charrier de la séve. Unger (*Anat. und Physiol.*, 217 et fig.) a pareillement considéré mes vaisseaux propres comme un cambium arrêté dans son développement (1). »

Après avoir décrit les caractères propres à ce tissu, M. Mohl conclut ainsi : « Toutes ces concordances de structure anatomique ne permettent plus de douter que ces cellules ne soient bien réellement le même organe élémentaire que nous avons vu chez les Dicotylédones constituer une partie essentielle du liber. » (P. 157.) Mais dans ce nouveau mémoire de M. Mohl, il n'est question que des faisceaux des tiges, et ce n'est qu'en attribuant à sa pensée une portée que l'illustre auteur n'a pas jugé utile

____

(1) *Ann.*, loc. cit., p. 155.

de lui donner, que l'on pouvait étendre son raisonnement aux racines des Monocotylédones, et dire que là aussi les faisceaux d'organes qu'il avait désignés, comme dans les tiges, sous le nom de vaisseaux propres, appartiennent au système libérien dont ils représentent le tissu cribreux.

En 1866, dans mes recherches sur la structure des Aroïdées (1), je trouvai l'occasion, en me fondant sur l'identité des caractères anatomiques et du rôle physiologique, d'assimiler ces groupes d'éléments qui, dans le corps central de la racine, alternent avec les faisceaux vasculaires, aux groupes de cellules grillagées qui, dans les faisceaux de la tige, forment la partie interne du liber et souvent même le liber tout entier. J'ai insisté en même temps sur le parallélisme de structure des lames libériennes et des lames vasculaires alternes, en-montrant que ces deux sortes de faisceaux ont souvent la même forme compacte ou disjointe, et que les éléments de divers calibres s'y développent et s'y succèdent dans le même ordre, analogie organique qui avait trompé Mirbel et qui est en rapport avec le parallélisme des fonctions qui leur sont dévolues. Mais j'ai fait voir aussi que les groupes libériens sont toujours moins allongés radialement que les vasculaires, que les éléments larges y manquent souvent quand les autres en possèdent, et qu'ils sont encore continus quand les autres sont déjà disjoints.

Tels sont, en mettant à part le travail de M. Nægeli, dont nous parlerons plus loin, les résultats connus au sujet de la racine des Monocotylédones. Passons aux Dicotylédones.

Dans son Mémoire sur la structure et le développement du *Nuphar luteum*, M. Trécul (2) a figuré, après Mirbel, et décrit en détail la structure de la racine de cette plante, en insistant sur ce point que cette structure ressemble à celle de la racine des Monocotylédones. Mais ce botaniste constate la même analogie dans la structure de la tige, ainsi que dans le mode de germination. La pensée dominante de son mémoire est d'ailleurs de mon-

(1) *Ann. des sc. nat.*, 5ᵉ série, 1866, t VI.
(2) Trécul. *Ann. des sc. nat.*, 3ᵉ série, 1845, t. IV, p. 286.

trer que les Nymphéacées, tout en ayant, en effet, deux cotylédons à l'embryon, possèdent néanmoins dans tous leurs organes la structure des Monocotylédones, et présentent ainsi une discordance entre les deux ordres de caractères, qui vient sinon renverser, au moins frapper d'exception les systèmes de classification basés sur le nombre des feuilles séminales (1). On ne saurait donc admettre, sans altérer sur ce point l'histoire de la science, l'assertion actuelle de M. Trécul, qui déclare, en rappelant ce mémoire dans un article récent (2), avoir « donné par là le premier exemple de la similitude que les racines présentent à leur début dans les deux embranchements des végétaux phanérogames ».

Après s'être attaché, dans un premier travail, à montrer que les radicelles des Dicotylédones naissent toujours en un certain nombre de rangées verticales à la surface du pivot, dispo-

(1) Je cite les passages : « Si l'ensemble des caractères extérieurs n'indique pas toujours la structure intime des végétaux, ne devient-il pas possible que l'absence, la présence ou le nombre des cotylédons ne nous enseigne pas toujours la place qui appartient à une plante dans les familles naturelles, puisque la disposition de ces familles est subordonnée aux caractères les plus généraux, les plus importants, et que ces caractères sont puisés dans l'organisation intime? de ceux-ci dépendent, en effet, les mœurs des plantes, leur manière de vivre. La Cuscute n'a pas de cotylédons, et cependant elle est rangée à côté des *Convolvulus*, et non près des Champignons ou des Lichens, etc. Ne serait-il pas possible aussi que la seule considération du nombre des cotylédons séparât les unes des autres quelques plantes qui, par d'autres caractères, sembleraient devoir être rapprochées? C'est, si je ne me trompe, ce qui arrive pour les Nymphéacées et ce qui a causé toutes les discussions dont ces plantes ont été l'objet. Doit-on les placer dans les Monocotylédones ou dans les Dicotylédones? Ce problème, posé depuis trois quarts de siècle, divise encore les botanistes. » (P. 293.)

« La structure du rhizome du *Nuphar luteum* est donc en tout semblable à celle des Monocotylédones. La coupe transversale ne présente pas de différence appréciable. La dissection longitudinale nous a prouvé que tous les phénomènes principaux observés par M. de Mirbel dans le Dattier sont reproduits par la plante qui fait le sujet de ces recherches. » (P. 292.)

« Cette analogie, déjà si manifeste deviendra plus frappante encore par l'étude des racines adventives, dont la structure et le mode d'accroissement sont aussi ceux des Monocotylédones. » (P. 293.)

« Rien dans les racines du *Nuphar* ne rappelle la structure des Dicotylédones. Toute leur organisation est au contraire semblable à celle des racines des Monocotylédones. » (P. 304.)

« La germination du *Nuphar luteum* rapproche encore cette plante des Monocotylédones. » (P. 331.)

(2) Trécul, *Comptes rendus*, t. LXVIII, p. 515, mars 1869.

sition que d'autres auteurs, notamment Payer, avaient déjà annoncée, M. Clos a fait voir, en 1852, dans un second mémoire (1), que : « dans les Dicotylés le nombre et la direction des rangs de radicelles sont toujours les mêmes que ceux des faisceaux fibro-vasculaires primitifs de la souche qui les porte. Nous ajoutons à dessein, continue-t-il, le mot *primitifs*, etc. » (P. 322.) Mais ce botaniste n'a pas, comme ces expressions pourraient le faire croire, aperçu la véritable constitution des racines jeunes. Ce qu'il nomme les *faisceaux primitifs* ne sont en réalité que les faisceaux secondaires de la racine issus du premier développement de la zone génératrice. La preuve en est qu'il les appelle *fibro-vasculaires* et qu'il les regarde comme étant la continuation inférieure des faisceaux fibro-vasculaires de la tige, dont le nombre se trouve réduit dans le pivot par la confluence de plusieurs en un seul ; la preuve en est encore qu'il voit les radicelles s'insérer en face des rayons médullaires qui séparent ces faisceaux. L'existence des vrais faisceaux vasculaires primitifs de la racine, je veux dire des lames rayonnantes centripètes, lieux exclusifs des vaisseaux étroits annelés et spiralés dans la racine, et sur lesquelles s'insèrent les radicelles, a totalement échappé à M. Clos.

Schacht, en 1858, a passé plus près du but, mais sans l'apercevoir. Il figure bien, en effet, (2), dans une section de la jeune racine d'*Alnus glutinosa*, les cinq faisceaux vasculaires, et dans celle du *Juglans regia*, les six faisceaux vasculaires primitifs, et il montre que les radicelles s'insèrent sur eux ; mais il continue à regarder ces faisceaux comme ayant la même constitution et le même mode de développement que ceux de la tige, dont ils ne sont, d'après lui, que les parties inférieures réunies.

Cette même année 1858 a vu faire à la question un pas décisif, et c'est à M. Nægeli qu'en revient tout l'honneur. Ce savant a le premier montré (3) que la structure de la racine telle qu'on

---

(1) Clos, *Rhizotaxie anatomique* (*Ann. des sc. nat.*, 3ᵉ série, 1852, t. XVIII).

(2) Schacht, *Lehrbuch*, II, p. 141 et 173.

(3) Nægeli, *Sur l'accroissement de la tige et de la racine dans les plantes vasculaires* (*Beiträge zur wissenschaftlichen Botanik*, Heft I, 1858).

la connaissait chez les Monocotylédones, se retrouve avec les mêmes caractères chez les jeunes racines des Dicotylédones, et qu'ainsi la racine possède, dans les deux embranchements, la même structure fondamentale, essentiellement différente de la tige. En raison de l'importance de ce travail et du peu de retentissement qu'il paraît avoir eu en France, je crois utile d'en traduire ici textuellement les principaux passages. J'appellerai ensuite l'attention du lecteur sur les points où mes observations apporteront quelques changements aux idées professées par M. Nægeli, dont j'ai le regret d'avoir ignoré le beau mémoire jusqu'au jour où mon travail était presque achevé.

« Quand elle est pérennante, la racine offre, dans son accroissement en épaisseur, une remarquable similitude avec la tige de la même plante; nous pouvons donc distinguer pour les racines des Dicotylédones le même nombre de types d'accroissement que pour les tiges. Mais, dans les premières phases de son développement, la racine présente avec la tige une différence constante et caractéristique. Cette différence consiste, en général, en ce que la formation des vaisseaux dans le cambium commence à la périphérie et progresse vers le centre, et en ce que le cambium ou le cambiforme appartenant à ces faisceaux vasculaires centripètes ne se trouve pas en dehors ou en dedans d'eux sur le même rayon, mais à côté d'eux ou entre eux sur la même circonférence; tandis que dans les tiges des Phanérogames la formation des vaisseaux est centrifuge, et que le cambium ou le cambiforme se trouve en dehors des vaisseaux, ou tout au moins des premiers d'entre eux. (P. 23.)

» *Racine des Dicotylédones.* — Le sommet de la racine, en dedans de la coiffe, consiste en un parenchyme primitif, dont la partie centrale se change en un cylindre solide de cambium. Dans ce dernier, la formation des vaisseaux commence sur deux, trois ou quatre points périphériques et progresse vers le centre. On trouve alors, sur les sections pratiquées au-dessus de la pointe, deux à quatre faisceaux vasculaires : par exemple, deux chez les Crucifères, Fumariacées, Caryophyllées, Ampélidées, dans les *Urtica, Plantago, Helianthemum, Baptisia*, etc.; trois chez la plupart des Papilionacées, dans les *Orobanche*, les *Pinus;* quatre chez les Ombellifères, les *Cucumis, Convolvulus, Cocculus, Ricinus, Euphorbia*.

» Ces faisceaux vasculaires, que je décrirai comme les primitifs de la racine, ont en dehors de petits, en dedans de gros vaisseaux qui sont, le plus souvent, disposés en une rangée radiale simple et non interrompue. Ils se rencontrent au centre et forment alors tantôt une seule bande diamétrale, quand il y en a deux rangées, tantôt une étoile à trois ou quatre rayons. L'espace compris entre les rayons de ce groupe vasculaire primordial, qui est souvent un groupe fibro-vasculaire, c'est-à-dire entre les faisceaux vasculaires primitifs, est rempli par du cambium; on distingue, en effet, entre les parties externes les premières formées des faisceaux, une place où les cellules sont les plus petites et la division cellulaire la plus active, et en dehors de cette place, alternant ainsi avec les faisceaux vasculaires, on remarque même parfois un faisceau libérien (*Lathyrus, Onobrychis, Baptisia*, etc.).

» Quand la formation vasculaire, ou la formation simultanée de vaisseaux et de fibres ligneuses, après avoir progressé de dehors en dedans, est parvenue au centre et a constitué le groupe vasculaire primordial, elle se retourne vers l'extérieur. Les premiers vaisseaux naissent dans les angles de la masse étoilée ou contre le milieu de la bande diamétrale. Peu à peu tout l'espace se remplit de l'intérieur à l'extérieur avec des vaisseaux et des cellules de prosenchyme, parmi lesquelles les vaisseaux sont tantôt disséminés, tantôt réunis en certains groupes. Dans les *Urtica*, par exemple, où la formation vasculaire commence en deux points périphériques et constitue une bande diamétrale, elle progresse ensuite dans une direction perpendiculaire à cette bande, du centre à la périphérie, et elle forme ainsi une croix.

» Au lieu du cylindre cambial primitif nous avons donc maintenant un cylindre fibro-vasculaire. On y reconnaît fréquemment le groupe vasculaire primitif inaltéré. Parfois, cependant, il est interrompu par l'accroissement du cambium situé contre le

centre, et séparé en fragments plus ou moins éloignés l'un de
l'autre. Le cambium est, en bien des cas, limité aux espaces qui
alternent avec les faisceaux vasculaires primitifs; mais ailleurs
il s'étend rapidement, s'empare aussi des espaces superposés en
dehors à chaque faisceau vasculaire, et se ferme ainsi en un
anneau complet. Souvent, cependant, la fermeture n'est pas
complète, et il reste en dehors de chaque faisceau primaire
des rayons plus ou moins larges de parenchyme.

» Jusqu'à ce moment, aussi loin du moins que portent nos
recherches, l'accroissement est le même pour toutes les racines
dicotylédonées. Elles se distinguent donc des tiges par l'absence
d'une moelle primitive, puisque le centre en est occupé par
un tissu fibro-vasculaire (1). Par ce caractère anatomique, la
racine principale, qui n'est d'ailleurs pas autre chose que la première et la plus développée des racines latérales, se laisse facilement distinguer de la partie de la tige qui se trouve sous les
cotylédons. La limite entre les deux, souvent insensible au
dehors, est très-nette en dedans, parce que le passage de la tige
pourvue de moelle à la racine qui en est privée, et de l'arrangement des faisceaux de la première à celui de la seconde,
s'opère subitement.

» Lorsque l'accroissement en épaisseur de la racine continue, il suit, après que le cylindre fibro-vasculaire primitif s'est
constitué, le type qui est propre à la tige. Dans le type ordinaire, auquel appartiennent presque toutes nos Dicotylédones
indigènes, l'anneau de cambium demeure en activité illimitée,
et forme, à l'intérieur du bois (*Xylem*), à l'extérieur du liber
(*Phloëm*). Le cambium, à mesure que sa circonférence s'élargit, se trouve interrompu à des places de plus en plus nombreuses par du parenchyme de rayons. Ces rayons médullaires, qui traversent le bois, y parviennent plus ou moins
profondément. Une distinction entre rayons médullaires complets et incomplets est ici impossible, à moins que l'on ne

(1) « Il y a aussi des racines de Dicotylédones qui contiennent en leur centre du
parenchyme. C'est à l'organogénie de décider s'il répond réellement au centre organique et s'il ne provient pas bien plutôt du cambium que du parenchyme primitif. »

veuille appeler rayons complets, grands rayons, rayons primaires, ceux qui atteignent le cylindre fibro-vasculaire primitif. Le bois (Xylem) présente dans les racines les mêmes variations que dans les tiges. Il consiste souvent en fibres ligneuses avec vaisseaux disséminés ; chez les Conifères il est formé exclusivement de fibres ; il n'est pas rare de voir les fibres remplacées par du parenchyme ligneux. Le liber (Phloëm) consiste tantôt seulement en parenchyme libérien, tantôt à la fois en parenchyme et en groupes de fibres libériennes ou en fibres libériennes isolées. En dedans de l'anneau de cambium la division des cellules cesse aussitôt quand le bois consiste en fibres ; elle ne continue que quelque temps s'il consiste en parenchyme, parce qu'il se forme encore des cloisons transverses. Dans l'écorce, au contraire, aussi bien dans la région primaire que dans la secondaire, une multiplication lente des cellules continue d'agir par le développement de cloisons longitudinales et radiales jusqu'à ce que la formation du périderme qui s'avance de dehors en dedans y mette un terme dans chaque couche à mesure qu'elle y parvient. »

Après avoir exposé en ces termes le développement général de la racine dicotylédonée, M. Nægeli décrit comme exemples particuliers d'un excessif développement du parenchyme ligneux, la structure de la racine du *Brassica Rapa* et du *Raphanus sativus*. Pour montrer que le développement ultérieur suit la même loi dans la racine et dans la tige de la même plante, il étudie ensuite la structure de la racine du *Phytolacca dioica,* où il se forme, comme dans la tige, plusieurs anneaux successifs et concentriques de cambium dans l'écorce secondaire, et celle de la racine du *Cocculus laurifolius,* où il se constitue aussi plusieurs couches génératrices successives, mais dans l'écorce primaire.

L'auteur expose ensuite dans les termes suivants, à la page 28, l'organisation de la racine monocotylédonée :

« *Racines des Monocotylédones.* — Dans leur jeunesse, ces racines présentent une plus grande diversité que celles des Dicotylédones. Le cambium se sépare du parenchyme primitif suivant trois modes différents ; il forme ici un cylindre solide, là un cylindre creux, ailleurs des faisceaux épars.

» Dans le premier cas, nous trouvons dans les racines grêles les mêmes phénomènes essentiels que chez les Dicotylédones. Dans le cylindre central de cambium, la formation des vaisseaux commence en un petit nombre de points périphériques, et s'avance vers le centre où les faisceaux vasculaires ainsi constitués convergent et se réunissent.

» Dans le second cas, il se forme, dans le parenchyme homogène qui se trouve sous la coiffe, un cylindre creux ininterrompu de cambium qui sépare le tissu en écorce et en moelle. Ensuite apparaissent sur la surface externe du cylindre, à des distances régulières, des groupes de petits vaisseaux que nous appellerons faisceaux vasculaires primitifs. La formation vasculaire progresse ensuite radialement vers le centre. D'ordinaire, les vaisseaux extérieurs d'un groupe se touchent immédiatement ; les plus internes sont plus grands et sont souvent isolés l'un de l'autre. Souvent aussi deux, trois ou quatre de ces séries radiales se réunissent en dedans en une seule ; de telle sorte qu'à deux, trois ou quatre faisceaux primitifs ne correspond à l'intérieur qu'un seul gros vaisseau.

» La lignification des cellules cambiales restantes commence au voisinage des faisceaux primitifs et marche, comme la formation vasculaire elle-même, vers l'intérieur, en même temps qu'elle s'étend de chaque côté. Elle se ferme d'abord entre les gros vaisseaux en un anneau, et progresse ensuite entre les séries vasculaires vers l'extérieur. Il subsiste cependant, au milieu de l'intervalle entre deux faisceaux vasculaires primitifs, un groupe arrondi de cellules à paroi mince : ce sont les places où le tissu se trouvait encore à l'état de cambium, et où les dernières divisions cellulaires ont eu lieu. Nous pouvons donc désigner ces groupes cellulaires sous le nom de faisceaux de cambiforme.

» Il s'est ainsi développé aux dépens de l'anneau de cambium un anneau fibro-vasculaire, dans lequel les fibres et les vaisseaux de la moitié intérieure forment une masse ininterrompue pendant que les vaisseaux extérieurs sont réunis en groupes entre lesquels se trouvent autant de faisceaux de cambiforme. Le nombre en est très-variable : chez les *Cymbidium*, par exemple, il y en a de 10 à 30; chez les *Chamœdorea*, jusqu'à 80.

» Ce type général présente des modifications diverses relatives aussi bien à l'anneau fibro-vasculaire qu'à la moelle et à l'écorce. — En ce qui concerne le premier, on trouve parfois chaque faisceau de cambiforme entouré par un anneau ligneux épais et solide, en forme de fer à cheval ouvert en dehors souvent sur une petite surface. — Les faisceaux vasculaires primitifs et les faisceaux de cambiforme n'alternent pas toujours très-régulièrement. Comme leur nombre change avec la hauteur, on observe aussi des transitions correspondantes sur les coupes transversales. Elles consistent en ce que, ou bien un faisceau vasculaire s'évanouit, et les faisceaux voisins de cambiforme se réunissent ensemble ; ou bien un faisceau de cambiforme disparaît, et les deux groupes vasculaires voisins se fond nt en un seul. La division de l'une ou de l'autre espèce de faisceaux se produit de la même manière que leur réunion.— Outre la rangée des faisceaux de cambiforme qui alternent avec les faisceaux vasculaires primitifs, il se forme, quand l'anneau fibro-vasculaire est très-puissant, encore d'autres groupes semblables de cellules à paroi mince, qui se trouvent plus à l'intérieur, entre les gros vaisseaux, à des distances inégales de la périphérie. Ils sont le plus souvent opposés aux faisceaux de cambiforme primitifs; quelquefois ils alternent avec eux ; il peut même y en avoir trois en série radiale l'un derrière l'autre. Les faisceaux de cambiforme intérieurs sont toujours en moindre nombre que les périphériques : chez un *Chamœdorea*, par exemple, je compte pour 55 de ces derniers, 35 des premiers, et une autre fois pour 68 périphériques, 43 intérieurs. Dans les faisceaux internes, la division cellulaire s'est visiblement arrêtée plus tôt que dans les externes, ce qui concorde avec cette circonstance, que le développement marche entre les faisceaux vasculaires de dedans en dehors; même quand un groupe intérieur se réunit à un périphérique, ce qui arrive parfois, on remarque encore une petite différence dans leurs cellules. Dans la moelle, on a trouvé parfois des faisceaux fibro-vasculaires épars. L'écorce est le plus souvent nettement séparée de l'anneau fibro-vasculaire par une assise de cellules limites dont les parois sont épaissies d'une manière particulière. Chez les *Chamædorea*, on trouve dans l'écorce de la racine, comme dans celle de la tige, des faisceaux de fibres libériennes et des fibres libériennes isolées.

» Entre le premier et le second type des Monocotylédones une transition nous est offerte par ces sortes de racines qui, comme celles du premier type, possèdent un cylindre solide de cambium où se forme un cylindre fibro-vasculaire, mais où, comme dans celles du second, la formation de ces vaisseaux demeure limitée à un anneau périphérique de ce cylindre. Ceci s'observe chez les *Curculigo*, par exemple. La formation des vaisseaux y commence sur 17–27 points périphériques, et souvent deux ou trois rangées se réunissent en une seule vers l'intérieur. Entre les faisceaux vasculaires primitifs subsistent autant de faisceaux de cambiforme. Tout le tissu entouré par le cylindre fibro-vasculaire se transforme en fibres ligneuses, parmi lesquelles on rencontre parfois un faisceau vasculaire central.

» La racine des *Pandanus* appartient à un troisième type. »

Ici l'auteur décrit avec détail la structure de la racine du *Pandanus odoratissimus*, mais nous ne le suivrons pas dans cette étude, car nous aurons à montrer que ce troisième type ne diffère pas essentiellement des deux premiers qui, eux-mêmes, ne sont que des modifications légères d'un seul et même type général. Mais nous citerons encore le passage où M. Nægeli traite de l'accroissement en longueur des racines, tant chez les Monocotylédones que chez les Dicotylédones.

« La racine, organe cylindrique dont ne naît, avant la formation du cambium, aucune production latérale, montre dans ses faisceaux, qui s'accroissent par leur extrémité inférieure, une course bien parallèle. Seulement, au point de départ d'une radicelle, les faisceaux de cette dernière, depuis le point où ils s'appuient sur les faisceaux longitudinaux jusqu'à celui où ils quittent la racine-mère, suivent une marche perpendiculaire, et il peut, en outre, se former entre eux pendant ce trajet, des branches d'anastomose.

» Chez les Dicotylédones, où la formation vasculaire commence par deux, trois ou quatre faisceaux primitifs, ces derniers courent sans déviation ni interruption, d'un bout de la racine à l'autre. C'est sans doute aussi le cas pour les racines des Monocotylédones qui ont un pareil nombre de faisceaux primitifs. Mais si leur nombre devient plus considérable, il varie avec la hauteur. On observe d'ordinaire que le nombre des faisceaux vasculaires périphériques et des faisceaux alternes de cambiforme croît quand la racine est plus épaisse, diminue au contraire quand elle s'amincit. Ce résultat est produit, tantôt par une division ou par une réunion des faisceaux, tantôt par une libre apparition ou disparition des deux espèces de faisceaux. Le faisceau vasculaire central de la racine des *Curculigo* s'évanouit par places pour reparaître de nouveau. C'est aussi le cas pour les faisceaux fibro-vasculaires qui sont à l'intérieur de l'anneau fibro-vasculaire du *Chamædorea;* quand ils finissent, les vaisseaux disparaissent d'abord, et il subsiste encore pendant un petit espace un pur faisceau fibreux. » (P. 35.)

Telle est la manière générale dont M. Nægeli, sans publier toutefois, à l'exception des quatre ou cinq exemples cités, les détails de ses observations, a conçu la structure de la racine dans les deux embranchements des Phanérogames. Ce travail, fort important, outre qu'il est incomplet à quelques égards, présente plusieurs points vagues ou inexacts, sur lesquels il est nécessaire que nous appelions tout de suite l'attention du lecteur, et que nos propres observations nous conduiront à préciser et à modifier.

Pour les Dicotylédones, l'auteur affirme, en effet : 1° Que le nombre des faisceaux vasculaires primitifs ne dépasse pas quatre et se trouve constant. Nous verrons qu'il est, dans bon nombre de plantes, fort considérable et variable, comme il l'est chez les Monocotylédones dans ces mêmes conditions. 2° Que ces faisceaux s'y réunissent toujours au centre, après quoi la formation des vaisseaux se réfléchit en dehors, de centripète devenant ainsi forcément centrifuge ; la production de tous les vaisseaux serait due ainsi à un seul et même développement continu. Nous montrerons que très-souvent, au contraire, la formation centripète des vaisseaux primitifs s'arrête sur le rayon en laissant au centre un très-large espace, ce qui n'empêche pas la production centrifuge des vaisseaux secondaires alternes d'avoir lieu ensuite de la même manière. Il ne s'agit donc pas ici d'un seul développement continu qui, d'abord centripète, deviendrait nécessairement centrifuge, faute d'espace pour se continuer dans le même sens, mais de deux développements essentiellement distincts et indépendants, l'un donnant le système primitif, l'autre les formations secondaires. Ce point important de la question, cette séparation absolue entre les deux systèmes sera, de notre part, l'objet d'une étude attentive, et l'identité de structure du système primitif avec l'unique système des Monocotylédones en apparaîtra plus évidente. 3° En ce qui concerne les groupes de cellules minces alternes avec les faisceaux vasculaires, l'auteur les considère simplement comme le cambium, dont le développement ultérieur produira tout entiers les faisceaux secondaires. Il ne distingue pas les deux espèces d'éléments qui constituent ce groupe : les cellules extérieures, qui sont des éléments libériens définitifs, des intérieures, qui seules forment l'arc générateur ; ou du moins il n'établit une pareille distinction, et encore fort incomplète, que dans les cas peu nombreux où les éléments les plus extérieurs sont de vraies fibres libériennes. 4° Enfin, il laisse indécise la nature du tissu cellulaire central, quand il en subsiste un, ce qui est beaucoup plus fréquent que l'auteur ne semble le croire.

Pour les Monocotylédones : 1° Il considère les groupes de cellules qui alternent avec les vaisseaux comme du cambium, arrêté, il est vrai, dans son développement, et qu'il appelle cambiforme ; il regarde ce cambium comme appartenant aux faisceaux vasculaires. Sur ce point, l'opinion de M. Nægeli, dérivée de celle de Mirbel, concorde avec la manière de voir de Schleiden, de Schacht, de Unger, etc., déjà combattue, comme nous l'avons vu, pour les faisceaux de la tige, par M. Mohl, en 1855 ; la nature

définitive, indépendante, et libérienne de ces éléments a été méconnue par M. Nægeli. 2° Il leur attribue d'ailleurs un développement centrifuge, tandis qu'il est centripète. 3° Les cellules qui
séparent les faisceaux vasculaires des faisceaux dits de cambiforme, ne sont pas suffisamment distinguées et sont regardées
comme appartenant aux faisceaux vasculaires avec lesquels elles
constitueraient des faisceaux fibro-vasculaires comparables à
ceux de la tige. 4° Enfin, l'auteur croit devoir séparer dans la
structure des racines de cet embranchement plusieurs types différents, tandis qu'il n'en reconnaît qu'un chez les Dicotylédones;
nous verrons que ces types se réduisent à un seul, identique avec
celui des Dicotylédones, et qui présente des variations secondaires du même ordre dans les deux embranchements.

Aux faits généraux signalés dans le mémoire de M. Nægeli et
qui paraissent avoir été longtemps ignorés en France, il n'a depuis
été rien ajouté d'essentiel. Les termes dans lesquels M. Trécul a
décrit, en 1867, la structure de la racine de l'*Aralia edulis* (1),
bien que ce passage ait été invoqué récemment par l'auteur
comme ayant marqué un progrès dans la question (2), sont en
effet très-vagues, et, loin d'apporter un fait nouveau ou même
seulement une preuve à l'appui des assertions de l'illustre pro-
fesseur de Munich, ils donnent à croire que M. Trécul n'avait
pas encore pris connaissance de son travail; en tout cas, il est
impossible d'en déduire la véritable structure de la jeune racine;
le lecteur en jugera par les passages suivants :

« Dans les très-jeunes racines adventives de l'*Aralia edulis*,
par exemple, les premiers vaisseaux, dits lymphatiques, qui se
développent *au centre* de l'organe sont disposés suivant un
triangle à peu près équilatéral. Aux trois angles de ce triangle
correspondent bientôt les trois premiers rayons médullaires, et
dans l'écorce externe, en opposition avec chacun de ces rayons,
naît un vaisseau propre... Durant l'apparition de ces organes,
des faisceaux secondaires se développent sur les trois faces du
triangle primitif...

(1) *Comptes rendus*, 1867, t. LXIV, p. 887.
(2) *Ibid.*, 1869, t. LXVIII, p. 516.

» Dans les ramifications de ces racines, les premiers vaisseaux lymphatiques (c'est-à-dire rayés ou ponctués), ne figurent point un triangle sur la coupe transversale, mais une ellipse. C'est aux extrémités du grand axe de celle-ci que correspondent les deux premiers rayons médullaires, et c'est en opposition avec ces rayons sous le jeune périderme que sont produits les deux premiers vaisseaux propres... En même temps un faisceau fibro-vasculaire s'est développé sur chaque grand côté de l'ellipse...

» Les racines de plusieurs autres Araliacées me semblent avoir un développement analogue ; seulement quatre, cinq ou six faisceaux fibro-vasculaires se forment tout d'abord autour d'un axe fibreux ; il se fait autant de rayons médullaires vis-à-vis desquels naissent les premiers vaisseaux propres. » (P. 887.)

Il est évident qu'un lecteur qui ne serait pas déjà mis au courant de l'état réel des choses, ne trouverait dans cette description rien qui pût l'éclairer sur la vraie structure primitive de la racine des Dicotylédones.

Tout récemment enfin, M. Nægeli a publié en commun avec M. Leitgeb (1) une nouvelle série de recherches anatomiques sur la racine, dont l'objet essentiel a été l'étude de cet organe chez les Cryptogames vasculaires. Les auteurs se sont principalement attachés, dans ce travail, à montrer comment le corps tout entier de la racine, ainsi que la coiffe qui en revêt le sommet, proviennent des partitions successives de la cellule terminale. Pour ne pas sortir de notre sujet, nous devons nous borner ici à citer les passages de ce mémoire, où la structure définitive que possède la racine développée se trouve décrite en termes généraux. Examinons d'abord, parmi les Cryptogames vasculaires, celles dont les racines produisent des radicelles suivant le mode ordinaire aux Phanérogames, et qui possèdent une cellule terminale en forme de pyramide à trois faces, c'est-à-dire les Equisétacées, les Fougères et les Marsiléacées.

On lit à la page 84 : « La formation des vaisseaux commence

___

(1) C. Nægeli et H. Leitgeb, *Entstehung und Wachsthum der Wurzeln*, in Nägeli's *Beiträge zur wissenschaftlichen Botanik*, Heft IV, 1868.

dans la plupart des cas en deux points diamétralement opposés, comme c'est le cas sans exception chez toutes les Fougères (1), et comme cela se voit d'ordinaire ailleurs dans les racines minces. Dans les grosses racines seules des *Equisetum* et des *Pilularia* on trouve trois faisceaux vasculaires primitifs, et même, dans le premier genre, quoique rarement, quatre. Dans les plantes où il ne se forme pas de péricambium (2) (*Equisetum*), les premiers vaisseaux s'appuient immédiatement contre les cellules corticales les plus internes, tandis qu'ils se forment contre la surface interne du péricambium, quand il existe. A partir de ces points périphériques la formation vasculaire progresse aussitôt vers le centre et constitue deux séries radiales de vaisseaux qui convergent au centre du cylindre. Les sections de racines âgées et lignifiées nous montrent donc une rangée diamétrale de vaisseaux, ou bien une étoile vasculaire à trois ou quatre branches. Souvent on remarque que, après la formation du premier vaisseau, et avant que la production vasculaire avance vers l'intérieur, il se développe un vaisseau à droite et un autre à gauche du premier, comme c'est le cas pour les *Marsilea* et plusieurs espèces de *Pteris*. (P. 84.)

» Dès avant l'apparition du premier vaisseau on remarque en autant de places périphériques (deux, trois ou quatre) du cylindre de cambium qu'il se formera de séries vasculaires, places qui occupent le milieu des espaces entre ces séries et qui sont sur la même circonférence que les premiers vaisseaux, c'est-à-dire ou bien tout contre les cellules corticales internes ; ou bien appuyées au péricambium, on rencontre, disons-nous, une division active des cellules. Quand il y a un péricambium il n'est pas rare de voir ses cellules les plus internes envahies par la

----

(1) Cette assertion de MM. Nægeli et Leitgeb n'est exacte que par la grande majorité des Fougères. Car il y a bien longtemps que M. Brongniart a décrit et figuré le corps central de la racine de l'*Aspidium exaltatum* comme formé d'une étoile vasculaire à cinq et à six branches (*Observations sur le Sigillaria elegans* [*Archives du Muséum*, 1839, t. I, pl. 32, fig. 10 et 11]). Nous aurons dans le cours de notre étude à citer plusieurs autres exemples de cette plus grande complication de structure.

(2) MM. Nægeli et Leitgeb appellent péricambium l'assise périphérique ou les assises périphériques du cylindre central.

multiplication, de sorte que la partie du cylindre de cambium qui correspond à ces places paraît faire saillie en dehors. Peu de temps avant que les premiers vaisseaux se distinguent des cellules voisines, les groupes cellulaires à très-petites mailles qui alternent avec eux commencent déjà à épaissir leurs parois. Cet épaississement procède de dehors en dedans. Les cellules à paroi épaisse ont une couleur jaune et ne paraissent pas sans analogie avec maintes cellules libériennes des plantes supérieures. Sans doute il faut les considérer comme des productions libériennes (Phoëm). Cela est confirmé par l'analogie avec les racines des Phanérogames, où des faisceaux libériens alternent de la même manière avec les faisceaux vasculaires primitifs (1). (P. 86.)

» Les radicelles s'insèrent en face des faisceaux vasculaires primitifs de la racine mère ; elles sont donc disposées en autant de séries longitudinales qu'il y a de ces faisceaux, c'est-à-dire dans la grande majorité des cas, en deux rangées.... Elles ne naissent pas de cellules de cambium, mais de cellules de la couche corticale la plus interne qui s'appuie contre le cylindre de cambium. Quand il n'y a pas de péricambium, la cellule mère d'une radicelle confine donc immédiatement aux vaisseaux spiralés ou annelés, c'est le cas des *Equisetum ;* quand il y en a un, elle est séparée des vaisseaux par la rangée ou les rangées de cellules qui le constituent. Et comme les cellules corticales sont disposées en séries longitudinales, les cellules mères de toutes les radicelles qui s'insèrent devant un faisceau vasculaire appartiennent toutes à une même rangée verticale. (P. 88.)

» Les premiers vaisseaux de la radicelle, quand il y en a deux groupes, ce qui est le cas le plus fréquent, sont sans exception à droite et à gauche du faisceau primitif...; et comme cela se répète de la même manière à chaque ramification d'ordre plus élevé, et que les radicelles s'échappent perpendiculairement, on voit que les plans de ramification successifs se coupent à angle droit, et que, par conséquent, les radicelles du quatrième ordre

(1) On voit que MM. Nægeli et Leitgeb admettent ici implicitement la nature libérienne des éléments que M. Nægeli, dans son premier mémoire de 1858, appelait cambium chez les Dicotylédones, et cambiforme chez Monocotylédones.

concordent, pour la situation des vaisseaux et pour la direction du plan de ramification, avec celles du premier ordre. » (P. 90.)

Considérons maintenant avec MM. Nægeli et Leitgeb les autres Cryptogames vasculaires où la racine ne produit pas de radicelles à sa surface, mais se ramifie par bifurcations successives, en même temps qu'elle possède une cellule terminale à deux ou à quatre faces, c'est-à-dire les Lycopodiacées : *Lycopodium, Selaginella, Isoetes.* Voyons d'abord les *Lycopodium.*

« Au pourtour du cylindre de cambium apparaissent plusieurs parties claires, le plus souvent sept, qui s'allongent vers l'intérieur et se réunissent au centre. Dans chacune de ces parties commence ensuite la formation des vaisseaux qui progresse d'abord tangentiellement et donne une rangée de 8-12 vaisseaux contigus, puis continue vers l'intérieur, en doublant, puis en triplant cette rangée. En même temps qu'apparaissent les premiers vaisseaux, se forment, alternes avec les places où ceux-ci se développent, et un peu plus reculés vers le centre, de petits groupes de cellules épaissies et de couleur plus claire qui, sans aucun doute, doivent être considérées comme des cellules libériennes. Il s'est fait ainsi un cercle de faisceaux vasculaires primordiaux et, un peu plus en dedans que ces derniers, un cercle de faisceaux libériens primordiaux. Dans tous les deux l'épaississement des cellules marche vers le centre de la racine. Contre les faisceaux libériens primordiaux se forment, vers l'intérieur, des cellules de même forme et de même grandeur. Contre les faisceaux vasculaires primordiaux se forment d'abord des cellules qui s'épaississent en fibres ligneuses, ensuite de larges vaisseaux scalariformes, ensuite de nouvelles fibres ligneuses. Le cylindre vasculaire qui naît de ce développement a, comme dans la tige, une structure radiée. Il est formé de larges rayons qui correspondent au corps ligneux (Xylem), et de rayons plus étroits qui répondent au corps libérien (Phoëm) des autres faisceaux vasculaires. » (P. 119-120.)

Le nombre des faisceaux va en décroissant dans les branches de plus en plus minces de la racine, et les dernières ne possèdent qu'un seul groupe vasculaire excentrique qui part de la moitié, quelquefois des deux tiers de la périphérie du cylindre central.

C'est cette structure élémentaire manifestée par les branches les plus minces de la racine des *Lycopodium* que possèdent aussi toutes les racines des *Selaginella* et des *Isoetes*. Laissons de côté, pour le moment, les organes de certains *Selaginella* auxquels MM. Nægeli et Leitgeb croient devoir assigner une nature spéciale et qu'ils appellent des porte-racines (*Wurzeltræger*) ; nous discuterons ce point en décrivant nos propres observations, ne parlons ici que des vraies racines des *Selaginella* et des *Isoetes*.

« Le cylindre central y est toujours dissymétrique ; les vaisseaux les premiers formés et les plus étroits y naissent en un seul point de la périphérie du corps central, et ils sont souvent jusqu'à six côte à côte en une rangée tangentielle. La formation vasculaire continue ensuite vers l'intérieur par de larges vaisseaux qui atteignent le centre et même le dépassent quelque peu. Le reste du cylindre de cambium est occupé par des cellules fort étroites qui s'épaississent avec l'âge. Ainsi le cylindre de cambium ne nous montre jamais qu'un seul faisceau vasculaire excentrique. (P. 129.)

» Les racines se ramifient toujours par bifurcation, et les plans successifs de dichotomie se croisent à angle droit.... (P. 128.) Dans les deux branches d'une dichotomie les faisceaux vasculaires excentriques sont tournés l'un vers l'autre.... » (P. 129.)

Après cette remarquable étude du développement de la racine des Cryptogames vasculaires, le mémoire de MM. Nægeli et Leitgeb se termine par de nouvelles observations sur les racines de quelques Phanérogames, dont voici les plus importantes.

Dans le *Pontederia crassipes* (p. 138), les vaisseaux apparaissent le plus souvent en six points périphériques, et l'on remarque qu'il y a, entre le vaisseau le plus externe et la couche corticale la plus interne, une assise de cellules, c'est le péricambium. C'est par les divisions des cellules de cette assise situées en face des groupes de vaisseaux, que les radicelles se constituent. La coiffe de la radicelle est formée par le développement des cellules de l'écorce interne ; elle est donc indépendante de la radicelle et ne

provient pas, comme dans les Cryptogames vasculaires, du développement de sa cellule terminale : c'est une coiffe d'adjonction.

Dans le Riz (p. 141) le péricambium manque en dehors des premiers vaisseaux, et ceux-ci touchent l'assise la
plus interne de l'écorce. Il en résulte, puisque les radicelles
naissent du péricambium, qu'elles apparaissent alternes avec
les faisceaux vasculaires; c'est le contraire dans les *Pontederia*.
Les radicelles du Riz ont deux faisceaux primitifs qui sont disposés suivant l'axe de la racine mère, et non transversalement,
comme dans les Cryptogames vasculaires. La couche corticale
interne forme encore une coiffe extérieure pour la radicelle ; mais
en outre, la couche externe du cône produit par le péricambium
se sépare et constitue une coiffe intérieure analogue par son
origine à celle des Cryptogames vasculaires ; il y a donc ici deux
coiffes superposées, l'une dépendante, l'autre indépendante.
Enfin, chez les quelques autres plantes Phanérogames étudiées
(p. 144), *Veronica Beccabunga, Lysimachia thyrsiflora, Nastur-
tium officinale*, le péricambium est continu, les radicelles naissent vis-à-vis des faisceaux vasculaires, comme dans les *Pontederia*, et la coiffe est encore formée de deux couches d'origine
différente, comme dans le Riz. Il arrive même dans le *Limnan-
themum* que l'épiderme de la racine contribue à former à la
radicelle une troisième coiffe extérieure aux deux autres,
c'est-à-dire à la corticale et à la radicellaire.

Telles sont les notions nouvelles et fort importantes ajoutées
par M. Nægeli d'abord, puis tout récemment par MM. Nægeli et
Leitgeb à la connaissance anatomique de la racine, notions que
le traité de botanique de M. J. Sachs (1) a fait passer immédiatement dans l'enseignement classique de l'Allemagne.

Si étendues qu'elles soient, on est loin cependant d'avoir
voulu faire servir ces connaissances nouvelles à établir une définition anatomique générale de l'organe. Cela est si vrai, que
M. Nægeli lui-même admet l'existence d'une catégorie d'organes

---

(1) J. Sachs, *Lehrbuch der Botanik.* Leipzig, 1868.

intermédiaires entre la racine et la tige, et qu'il appelle *rhizoïdes*, et que M. J. Sachs, à son tour, professe l'opinion qu'une pareille définition ne saurait exister : « Il ne faut pas oublier, dit-il, que cette définition de la racine est entièrement arbitraire; ici encore la nature ne présente pas de limite tranchée... (p. 122). Les organes morphologiquement dissemblables, la tige, la feuille, la racine, ne diffèrent nullement d'une manière absolue, mais seulement par degrés... (p. 144). La définition des termes généraux par lesquels on désigne les différents organes des plantes est, en partie du moins, conventionnelle. Il ne peut nous convenir de tracer des limites là où la nature n'en a pas posées... (p. 117). Si l'on compare les rejets radicoïdes du *Psilotum triquetrum* avec ceux des Hyménophyllées (d'après Mettenius), et avec les vraies racines du *Neottia Nidus-avis*, qui se transforment à leur sommet en un bourgeon feuillé, on pourra à peine douter encore que les vraies racines ne soient des tiges métamorphosées et devenues aphylles, qui ont ensuite revêtu leur sommet d'une coiffe protectrice (p. 374). »

En mettant à part quelques exceptions remarquables qui, demeurant confinées à l'intérieur d'une famille naturelle, extraordinaire à beaucoup d'autres égards, celle des Lycopodiacées, ne peuvent pas apporter d'erreur dans l'application, nous croyons au contraire qu'il est possible de donner une définition anatomique générale de la racine par rapport à la tige et à la feuille. Certaines tiges pourront ne pas développer de feuilles sur de grandes longueurs, se revêtir de poils absorbants, prendre, en un mot, l'aspect morphologique des racines, et jouer, au moins en partie, le rôle physiologique qui leur est dévolu. Certaines racines pourront développer des bourgeons feuillés et les nourrir en revêtant ainsi l'aspect et en jouant le rôle d'une tige. Certaines feuilles pourront se réduire à leurs nervures recouvertes de poils, prendre la forme de radicelles et en remplir les fonctions. Certaines racines pourront, par la chlorophylle qui remplit leur parenchyme cortical, jouer dans l'air le rôle des feuilles. Il y aura, en un mot, des analogies de forme et des emprunts physiologiques; il n'y aura jamais transformation des caractères anatomiques. C'est dans cette conviction que nous avons poursuivi cette longue série de recherches ; les anatomistes jugeront peut-être que nous avons atteint, en quelque partie au moins, le but que nous nous sommes proposé.

Notre intention ne saurait être de nous livrer dans ce premier mémoire à une étude complète de la racine dans tous les groupes naturels, mais seulement de faire une revue de la structure qu'elle affecte dans les diverses classes de plantes, revue assez étendue pour montrer que les caractères généraux que nous assignons à cet organe se conservent dans toutes ces classes au milieu de mille modifications secondaires. Cela fait, dans le but d'éclairer le rôle dévolu aux divers groupes d'éléments anatomiques qui constituent essentiellement le système conducteur de la racine, nous soumettrons à l'expérience quelques plantes de chacune des grandes classes, et nous ferons connaître le résultat de ces recherches physiologiques après l'exposé de la structure anatomique dans chaque classe.

CRYPTOGAMES VASCULAIRES.

ÉTUDE ANATOMIQUE.

La racine des Cryptogames vasculaires revêt deux types de structure, en rapport avec la forme qu'y affecte la cellule terminale. Chez les Fougères, les Équisétacées et les Marsiléacées, cette cellule terminale a la forme d'une pyramide à base triangulaire et convexe, et elle se divise par des cloisons successives parallèles à ses trois faces. Dans les Lycopodiacées et les Ophioglossées, au contraire, la cellule terminale a la forme d'une pyramide à base rectangulaire, et elle se divise parallèlement à ses quatre faces. Dans tous les cas, le système conducteur de la racine constitue un cylindre central, et il est enveloppé par une écorce parenchymateuse dont l'épiderme forme l'assise externe. Nous allons donc décrire dans les différents groupes, et en suivant l'ordre que nous venons d'indiquer, la structure de ces deux régions de la racine, en insistant surtout sur le cylindre central.

Fougères.

M. Hofmeister d'abord, et plus récemment MM. Nægeli et Leitgeb (1), ont montré comment se constituent aux dépens des divisions successives de la cellule terminale, d'une part la coiffe, d'autre part les divers tissus du corps de la racine des Fougères. Sans insister ici sur cette genèse des tissus, ce qui nous ferait sortir de notre sujet, voyons comment est constituée dans son état parfait de développement la racine des plantes de cette famille.

Prenons pour premier exemple une Polypodiacée, le *Lastræa Thelipteris*.

L'épiderme est formé par un rang de cellules prolongées pour la plupart en poils bruns unicellulaires. Le parenchyme cortical contient huit à dix assises circulaires de larges cellules amylifères, hexagonales, à paroi ponctuée et d'un brun jaunâtre, qui alternent assez régulièrement d'une rangée à l'autre, sans laisser entre elles de méats, et dont les plus jeunes, celles qui se colorent le plus tard, sont les plus internes. On ne voit donc pas ici cette séparation de l'écorce en deux zones, que nous rencontrerons dans la racine de la plupart des autres Cryptogames vasculaires et des Phanérogames, c'est-à-dire une zone externe à développement centrifuge formée de cellules polyédriques associées irrégulièrement et sans laisser de méats, et une zone interne à développement centripète, dont les cellules quadrangulaires, disposées à la fois en séries rayonnantes et en cercles concentriques, décroissent progressivement vers le centre, et laissent entre leurs coins arrondis des méats quadrangulaires. Nous verrons que cette distinction se montre très-rarement dans les Fougères, et comme le parenchyme cortical y est centripète, on peut dire que, des deux zones, c'est l'externe qui y manque.

Les cellules hexagonales de l'avant-dernière assise corticale ont leurs parois brunes, et sont amylifères comme les autres ; mais

<hr>

(1) Nægeli et Leitgeb, *Sitzungsberichte der bayer. Acad. der wissensch.*, 15 Dec. 1866, et *Nægeli's Beiträge*, Heft IV, 1868.

l'assise la plus interne présente au contraire des caractères tout
différents. Ses cellules, qui tantôt correspondent assez exactement aux précédentes, tantôt alternent avec elles, sont larges et
tabulaires ; leur contenu, dépourvu d'amidon, est un protoplasma
grisâtre et finement granuleux ; leur paroi un peu flasque, est
mince et blanche, sauf sur sa face externe, où elle participe de
la coloration brune des cellules en contact. On aperçoit sur leurs
faces latérales et transverses des plissements parallèles qui se
trahissent sur les sections par des marques noires échelonnées ;
ces plissements et ces marques se voient plus nettement dans la
partie jeune de la racine, quand le contenu des cellules est
encore transparent. Ainsi fortement unies entre elles et comme
engrenées l'une dans l'autre, ces cellules plissées forment donc
une assise particulière, une membrane entièrement distincte du
reste de l'écorce, et qui enveloppe immédiatement le cylindre
central. Cette membrane possède l'un des caractères que nous
rencontrerons dans l'assise correspondante de la racine des Phanérogames, à laquelle on donne le nom de gaîne protectrice,
c'est-à-dire les plissements échelonnés sur les faces latérales et
transverses ; mais les éléments qui la constituent ne se colorent
et ne s'épaississent jamais ; ils conservent au contraire une grande
activité vitale, et leur rôle, le rôle de quelques-uns d'entre eux
au moins, est loin d'être exclusivement protecteur. C'est en effet
dans les cellules de cette membrane plissée, situées en face des
vaisseaux du cylindre central et plus développées que leurs congénères, que s'opèrent les segmentations successives qui donnent
lieu à la formation des radicelles. L'assise la plus interne de
l'écorce forme donc, en résumé, une membrane distincte, à la
fois protectrice et, en certains points du moins, rhizogène.

Le cylindre central commence par une assise de cellules incolores, à paroi un peu épaissie et blanche, à contenu hyalin, à
section carrée, plus étroites, par conséquent, que les protectrices,
et plus développées dans le sens du rayon. C'est cette membrane
périphérique que MM. Nægeli et Leitgeb ont décrite sous le nom
de péricambium. Là où elle touche les faisceaux vasculaires,
toutes ses cellules demeurent simples, et il en est de même sur

le milieu des arcs libériens ; mais sur les côtés de ces groupes libériens plusieurs d'entre elles se divisent par une cloison tangentielle, et la membrane y possède deux ou même trois assises de cellules superposées.

Contre cette membrane périphérique s'appuient deux groupes vasculaires diamétralement opposés, à développement centripète, allongés dans le sens du rayon et composés chacun de la manière suivante : Un vaisseau très-étroit, spiralé, se forme le premier contre les cellules périphériques; il est suivi d'un vaisseau semblable annelé et spiralé ; contre ces deux vaisseaux s'appuie à droite et à gauche un vaisseau rayé plus large, et enfin le groupe se termine en dedans par un très-large vaisseau scalariforme qui s'épaissit le dernier. Les grands vaisseaux des deux groupes se touchent presque au centre, où ils ne sont séparés que par une ou deux rangées de cellules étroites et longues. Tous ces vaisseaux sont formés de cellules superposées par des cloisons obliques persistantes et rayées ; ils appartiennent, comme tous ceux des Cryptogames vasculaires, à la classe des vaisseaux non fusionnés ou imparfaits. Au milieu des intervalles entre ces deux faisceaux vasculaires, on voit, adossés à la membrane périphérique et étendus en arc tangentiellement, deux groupes diamétralement opposés de cellules très-étroites et fort longues, à section polygonale irrégulière, à cloisons transverses horizontales, à contenu granuleux grisâtre et azoté, à paroi lisse blanche et brillante, s'épaississant de dehors en dedans par les progrès de l'âge en devenant jaune clair ; présentant, en un mot, la forme et les propriétés qui caractérisent chez les Phanérogames les éléments étroits et non fibreux du système libérien. Je n'ai pas réussi à y voir de ponctuations grillagées.

Enfin, ces deux arcs libériens sont réunis aux deux faisceaux vasculaires, comme ceux-ci le sont entre eux au centre, par quelques cellules moins étroites et moins allongées, à paroi mince, à contenu transparent, assez peu distinctes des cellules libériennes dans le jeune âge de l'organe, et que nous appellerons, en raison du rôle secondaire qu'elles jouent dans l'organisation de la racine, cellules conjonctives.

En résumé, deux faisceaux rayonnants et centripètes de vaisseaux, dont le diamètre croît rapidement de dehors en dedans, et deux faisceaux également centripètes de cellules libériennes toutes étroites, alternant côte à côte avec les premiers : tels sont les éléments essentiels du système conducteur de la racine. Ces deux ordres de faisceaux sont réunis en un corps unique par quelques cellules conjonctives, et le tout, revêtu par une membrane particulière, constitue le cylindre central de l'organe. Entourons ce cylindre successivement par la membrane protectrice et rhizogène, par le parenchyme cortical, et enfin par l'épiderme, et nous aurons reconstitué l'organisation, parfaitement symétrique par rapport à son axe, de la racine tout entière.

Considérons maintenant l'insertion et l'orientation, d'abord de la racine primaire par rapport à la tige, ensuite des racines d'ordres successifs, les unes par rapport aux autres.

La racine primaire s'insère sur un des faisceaux libéro-vasculaires de la tige qui la porte ; et comme cette tige possède cinq faisceaux en cercle, il en résulte que les racines primaires sont disposées en cinq rangées, qui correspondent aux angles de la tige. Ces cinq rangées sont alternes avec les cinq séries de feuilles qui se succèdent en disposition 2/5, et qui correspondent aux faces de la tige. Dans chacune de ces racines primaires le plan médian des deux faisceaux vasculaires passe par l'axe de la tige, tandis que le plan qui coupe par moitié les deux arcs libériens lui est perpendiculaire ; en d'autres termes, toutes les racines d'une même rangée ont leurs vaisseaux dans le même plan et leurs groupes libériens dans des plans parallèles.

C'est vis-à-vis des faisceaux vasculaires de la racine que les radicelles se forment ; chacune d'elles est produite, comme l'ont montré MM. Nægeli et Leitgeb, par les segmentations successives de la cellule de la membrane protectrice qui correspond au vaisseau le plus étroit ; la cellule mère de la radicelle est séparée de ce vaisseau par la membrane périphérique du cylindre central. Les radicelles sont donc disposées sur la racine mère en deux rangées opposées, et le plan qui renferme les axes de toutes les radicelles de première génération, et qui est le même pour toutes les racines mères d'une série, passe par l'axe de la tige.

La constitution d'une radicelle d'ordre quelconque est la même que celle de la racine qui la porte, sauf le nombre des vaisseaux dans chacun des deux faisceaux vasculaires, et des cellules libériennes dans chacun des deux faisceaux libériens, nombre qui va décroissant à mesure que le cylindre central s'amincit et qui finit par se réduire à l'unité ; deux vaisseaux étroits et quelques cellules libériennes alternes forment alors tout le cylindre central. Quoi qu'il en soit, les deux groupes vasculaires de la radicelle se placent à droite et à gauche du faisceau vasculaire de la racine sur laquelle elle s'insère, tandis que les deux groupes libériens correspondent en haut et en bas à ce faisceau ; en d'autres termes, les plans vasculaires de la radicelle et de la racine mère, et par suite leurs plans de ramification, sont perpendiculaires, et il en est de même des plans libériens. Il en résulte, comme l'ont fait remarquer MM. Nægeli et Leitgeb, que ce n'est qu'après trois changements successifs qu'un de ces plans reprendra sa position, c'est-à-dire que les radicelles du quatrième ordre se trouvent parallèles aux radicelles de première génération. Ceci s'applique à toutes les Fougères ainsi qu'aux Équisétacées et aux Marsiléacées ; mais nous verrons par la suite qu'il en est tout autrement pour les racines des Phanérogames quand elles sont construites sur le type binaire.

Si nous jetons maintenant un coup d'œil sur la racine d'un certain nombre d'autres Fougères, nous verrons que la structure que nous venons de décrire chez le *Lastræa Thelipteris* ne subit dans cette famille que d'assez légères variations secondaires.

Dans l'*Aspidium violascens*, le parenchyme cortical, dont les grandes cellules sont dans le jeune âge disposées très-régulièrement en séries radiales et en cercles concentriques, et se dérangent plus tard en même temps que leur paroi brunit de dehors en dedans, conserve encore son homogénéité jusqu'à la membrane protectrice et rhizogène dont les cellules aplaties, incolores et plissées le terminent.

Le cylindre central commence encore par une membrane périphérique à larges cellules carrées, dont quelques-unes sont dédoublées en face des groupes libériens. Mais les deux faisceaux vasculaires présentent dans la disposition de leurs éléments quelques différences. Chaque faisceau commence par cinq vaisseaux très-étroits, formant une bande tangentielle appuyée contre la membrane périphérique ; ils sont suivis de deux vaisseaux plus larges placés côte à côte, auxquels succède un vaisseau plus large encore ; enfin le groupe se termine par un très-gros vaisseau qui s'appuie contre son congénère de l'autre groupe, et qui, faute de place, paraît avoir glissé sur lui pour se placer avec lui sur un diamètre perpendiculaire à la bande. Enfin les deux groupes libériens remplissent tout l'espace laissé entre la membrane périphérique et les vaisseaux, et paraissent s'appuyer directement sur ces derniers sans interposition de cellules conjonctives.

Dans cette plante, les racines s'insèrent comme dans le *Lastræa Thelipteris*, sur chacun des cinq faisceaux qui correspondent aux angles de la tige ; elles sont donc sur cinq rangées alternes avec les cinq séries de feuilles qui correspondent à ses côtés en disposition 2/5. Mais le plan des vaisseaux de la racine primaire, et par conséquent le plan des radicelles du premier ordre. m'a paru être constamment perpendiculaire à l'axe de la tige, et non passer par cet axe, comme dans le *Lastræa*.

La racine des *Adiantum* mérite encore, par la disposition remarquable de ses éléments, une mention spéciale. Le corps central de la racine de l'*Adiantum Moritzianum* a la forme d'un prisme hexagonal. A chaque face du prisme correspond une large cellule arrondie en dehors, dont la paroi, vue de face, est jaune clair, et vue sur la tranche, d'un brun plus ou moins foncé ; ces cellules forment l'avant-dernière assise corticale. Chacune d'elles est bordée, sur sa face externe, bombée, par une rangée de six petites cellules : c'est l'écorce moyenne ; vient ensuite une double assise d'éléments plus larges et superposés, formant l'écorce externe ; enfin, l'épiderme enveloppe le tout. Sous ce parenchyme cortical brunâtre, le prisme blanc commence par six larges cellules tabulaires qui correspondent à ses faces, sont superposées aux grandes cellules brunes, et forment l'assise la plus interne de l'écorce. Elles sont pleines de protoplasma granuleux et azoté ; leurs faces latérales et transverses portent des plissements échelonnés qui les caractérisent comme cellules protectrices. Mais ces cellules protectrices ne s'épaississent et ne se colorent jamais ; elles paraissent conserver indéfiniment leur vitalité, et c'est dans les deux éléments de cette assise situés en face des vaisseaux étroits que s'opèrent les partitions successives qui amènent la production des radicelles. L'assise interne de l'écorce forme donc une membrane bien distincte, à la fois protectrice et rhizogène.

On rencontre ensuite une assise de douze cellules carrées, qui répondent deux par deux à chaque face du prisme, et qui forment la membrane périphérique du corps central. Les deux faisceaux vasculaires correspondent à deux faces opposées du prisme ; chacun d'eux comprend trois vaisseaux annelés ou spiralés, fort étroits, formant une rangée transverse, puis un vaisseau scalariforme assez large, puis un autre plus large encore ; ce dernier s'appuie sur son congénère de l'autre faisceau, et tous deux ont, faute de place, comme glissé l'un sur l'autre de manière à placer leurs centres sur un diamètre perpendiculaire à la bande. De chaque côté des faisceaux vasculaires, on voit une rangée tangentielle d'éléments libériens très-étroits, à paroi brillante et épaissie, à contenu granuleux sombre, reliée aux vaisseaux par une assise de cellules hyalines, à paroi mince et dépourvue d'éclat, qui sont des éléments conjonctifs.

Les racines primaires s'insèrent sur les cinq faisceaux du rhizome ; elles sont en cinq séries alternes avec les cinq rangées de feuilles, et le plan médian des vaisseaux, c'est-à-dire le plan de ramification de la racine primaire, est perpendiculaire à l'axe de la tige.

Le *Phymatodes vulgaris* offre à son tour quelques caractères nouveaux. Les quatre ou cinq assises de larges cellules qui forment, sous l'épiderme, la zone externe de l'écorce, ont leurs parois d'un jaune brunâtre, munies de bandes spiralées parallèles, çà et là anastomosées en réseau (1). La zone corticale interne a ses cellules beaucoup plus étroites, mais assez courtes, épaissies fortement et également sur toutes leurs faces, et colo-rées en rouge brun ; elle forme un anneau solide autour du cylindre central, en dehors de la membrane protectrice incolore. L'épaississement de ces cellules est centrifuge ; il commence par les éléments contigus à l'assise protectrice, puis se propage vers l'extérieur. Cet anneau est aminci, et même çà et là totalement interrompu, en face des deux faisceaux vasculaires, parce que vis-à-vis des cellules mères des radicelles, les cellules de l'écorce interne ne se sont pas divisées et ont conservé avec leur grande dimension la minceur de leurs parois.

Le corps central, avec sa membrane périphérique double dans toute son étendue, ses deux faisceaux vasculaires cunéi-formes appuyés l'un contre l'autre au centre, ses deux groupes libériens séparés des vaisseaux par une assise de cellules conjonctives, ne présente rien de remarquable. Le plan médian des vaisseaux de la racine primaire est perpendiculaire au faisceau caulinaire d'insertion, et par conséquent à l'axe de la tige.

La racine des *Polypodium vulgare, irioides, appendicula-tum*, etc., possède les mêmes particularités de structure, c'est-à-dire les mêmes cellules spiralées et le même anneau de cellules également épaissies sur toutes leurs faces, çà et là inter-rompu en face des faisceaux vasculaires ; mais on y observe une disposition plus régulière des éléments corticaux ; car, à partir de l'assise sous-épidermique, qui reste en dehors de cet arrangement, les cellules spiralées sont disposées en séries radiales et concentriques, et cette disposition persiste dans les cellules

(1) Mettenius a signalé la présence de ces cellules spiralées et réticulées dans l'écorce de la racine chez le *Trichomanes muscoides ;* le *Tr. arbuscula* en renferme encore quelques traces, mais dans la plupart des autres espèces du genre on n'en rencontre pas. D'après le même auteur, dans l'*Acrostichum axillare* et le *Polypodium fallax* le parenchyme cortical de la racine consiste également en cellules munies de bandes spiralées (*Sur les Hyménophyllacées* [*Abhandl. der königl. Sächsischen Gesells. der Wiss.*, 1864, Bd. VII, p. 420]). M. Hofmeister avait d'ailleurs depuis longtemps signalé les cellules corticales munies de filaments réticulés dans le *Platycerium alcicorne* (*Beiträge zur Kentniss der Gefässkryptogamen, ibid.*, 1857, Bd. V, p. 654).

épaissies jusqu'au contact du cylindre central. Le *Polypodium irioides* m'a montré complet tout autour du corps central le dédoublement de la membrane périphérique, qui ne s'accomplissait dans le *Lastræa Thelipteris* que de chaque côté des arcs libériens. Cette membrane y est donc formée de deux assises de cellules carrées superposées. Je vérifie dans le *P. appendiculatum*, que le plan des vaisseaux, et par suite le plan de ramification de la racine primaire est perpendiculaire à l'axe de la tige.

La même orientation s'observe dans la racine primaire du *Blechnum occidentale*, qui possède, comme celle des *Polypodium*, un anneau de cellules épaissies autour du corps central, mais où les larges cellules de l'écorce externe ne sont pas spiralées, mais seulement ponctuées.

Dans la racine du *Scolopendrium officinarum*, l'épaississement considérable qui frappe les cellules de la zone interne de l'écorce se produit exclusivement sur les faces interne, latérales et transverses de chaque élément; sur la face externe, la paroi demeure mince. Il en résulte que la petite cavité cellulaire qui subsiste est refoulée contre cette face externe, où elle s'appuie contre les côtés épaissis des cellules extérieures. Cet épaississement est d'ailleurs centrifuge, comme dans les plantes précédentes; il commence par l'avant-dernière assise corticale, c'est-à-dire par l'assise en contact avec la membrane plissée, dont les éléments conservent leur paroi mince et incolore. Tant qu'elle est seule épaissie, cette assise revêt ainsi l'aspect que possède la membrane protectrice elle-même dans la racine âgée des Monocotylédones. L'épaississement progresse ensuite vers l'extérieur.

La structure binaire, que nous venons de décrire sous plusieurs aspects dans quelques Polypodiacées, se retrouve avec les mêmes variations secondaires dans toute l'étendue de cette grande tribu, comme je m'en suis assuré par l'étude d'un grand nombre d'espèces; je citerai entre autres, sans anneau de cellules épaissies, l'*Onoclea sensibilis*, les *Acrostichum cruciatum* et *calomelanos*, le *Cystopteris fragilis*, l'*Asplenium Filix-fœmina*, etc.;avec anneau de cellules également épaissies sur toutes les faces, çà et là interrompu en face des faisceaux vasculaires, mais sans cellules corticales spiralées, les *Nephrodium Filix-mas*, *N. dilatatum*, *Polystichum Lonchitis*, *Nephrolepis platyotes*, *Davallia canariensis*, *Pteris aquilina*, etc. Dans le *Pteris aquilina*, le plan des vaisseaux de la racine primaire passe, comme dans le *Lastræa Thelipteris*, par l'axe de la tige.

Cette même structure binaire se rencontre dans les autres tribus.

Dans la tribu des Cyathéacées, elle nous est offerte par le *Cyathea medullaris*. La grande majorité des racines de cette plante possède en effet deux faisceaux vasculaires alternes avec deux groupes elliptiques d'éléments libériens étroits, réunis aux vaisseaux par des cellules-conjonctives. La membrane périphérique du cylindre central, formée d'un rang de cellules en face des vaisseaux, en prend deux dans le quadrant qui sépare le premier vaisseau du milieu du faisceau libérien; là elle redevient simple et ne comprend qu'une seule grande cellule. Elle est revêtue par la membrane protectrice, dont les éléments tabulaires sont munis de beaux plissements échelonnés sur leurs faces latérales et transverses ; les deux cellules de cette assise situées en face des vaisseaux étroits sont beaucoup plus grandes que les autres et bombées vers l'intérieur ; ce sont les cellules-mères des radicelles. Enfin, le parenchyme cortical, dont les cellules plissées forment la dernière assise, se colore d'abord dans sa zone externe, puis de proche en proche jusque contre la membrane protectrice. Les cellules de la zone interne, plus étroites et irrégulièrement disposées, s'épaississent un peu plus et deviennent d'un brun plus foncé que les autres, mais sans former cependant d'anneau solide comparable à celui des *Polypodium*. Il en est de même dans l'*Hemitelia horrida*, où les cellules de l'écorce interne, après s'être épaissies d'abord uniformément sur tout leur pourtour, continuent ensuite à se charger de couches secondaires canaliculées et d'un brun plus foncé sur la face interne seulement.

Dans la tribu des Lygodiées, nous en avons des exemples

dépourvus de gaîne de cellules épaissies dans les *Aneimia adiantifolia*, *Schizæa dichotoma*, *Mohria thurifraga*, etc.

Cette structure se retrouve dans la tribu des Osmondées, car les racines, même les plus épaisses, de l'*Osmunda regalis* ont dans leur cylindre central deux faisceaux vasculaires cunéiformes et confluents, et elles sont aplaties dans le sens de ces deux faisceaux. Le parenchyme cortical n'y forme pas d'anneau de cellules épaissies.

Enfin, dans la tribu des Hyménophyllées, l'*Hymenophyllum Tunbridgense* d'une part, les *Trichomanes venustum*, *elatum*, etc., de l'autre, présentent nettement le type binaire.

Mais s'il est vrai que ce nombre deux domine la structure du cylindre central dans la grande majorité des Fougères, et qu'il se retrouve dans toutes les tribus, il n'est pas moins certain qu'il est en relation avec le diamètre du cylindre central, et que l'on trouve çà et là, dans tous ces groupes, des plantes qui, en même temps qu'elles développent des racines plus épaisses, présentent un type numérique plus élevé, et dès lors assez variable.

Le premier exemple nous en est offert, chez les Polypodiacées, par le *Blechnum brasiliense*. Tandis que la plupart des racines de cette plante n'ont que deux faisceaux vasculaires puissamment développés en forme d'éventail et possédant de très-nombreux vaisseaux çà et là séparés par quelques cellules conjonctives, il n'est pas rare, en effet, d'en rencontrer d'autres un peu plus épaisses, où trois groupes vasculaires centripètes alternent avec trois arcs libériens, et où les radicelles sont insérées en trois séries correspondant aux faisceaux vasculaires. Dans un paquet de racines j'en ai même trouvé une qui possédait quatre faisceaux vasculaires et quatre groupes libériens alternes, et où les radicelles formaient quatre rangées. Remarquons, en passant, que cette espèce n'a pas autour du corps central l'anneau de cellules épaissies que l'on rencontre dans le *Blechnum occidentale*, et que la membrane périphérique qui, en face des vaisseaux, n'a qu'une ou quelquefois deux assises de petites cellules carrées, en a trois dans le reste de son étendue. Dans une autre Polypodiacée, l'*Aspidium exaltatum*, M. Brongniart a figuré, dès 1839 (1), le cylindre central comme possédant une étoile vasculaire à cinq ou à six rayons. Si nous nous reportons à ce qui précède, nous voyons que cette racine a cinq ou six faisceaux vasculaires centripètes, finissant par se réunir au centre, alternes avec autant de groupes de cellules libériennes, et que les radicelles doivent s'y produire en autant de rangées longitudinales.

Parmi les Cyathéacées, il n'est pas rare de rencontrer, au milieu d'un faisceau de racines de *Cyathea medullaris*, construites, comme nous l'avons vu, sur le type deux, plusieurs de ces organes où le cylindre central a trois lames vasculaires, trois groupes libériens et trois rangs de radicelles, et même çà et là une racine à quatre faisceaux.

Dans le groupe des Hyménophyllées, le *Trichomanes pinnatum* possède, d'après Mettenius (2), quatre faisceaux vasculaires centripètes convergeant en une étoile à quatre rayons, et quatre séries de radicelles correspondantes.

Dans un autre mémoire (3), ce même botaniste a décrit la structure des grosses racines de l'*Angiopteris evecta*, de la tribu des Marattiées, qui ressemble, par la multiplicité des faisceaux qui entrent dans la constitution de son cylindre central, à la racine de beaucoup de Monocotylédones. Nous avons, de notre côté, dans le cours de ces recherches, étudié, non-seulement cette remarquable racine, mais encore celle du *Marattia lœvis*, et voici le résumé de nos observations.

Examinons d'abord la section d'une racine d'*Angiopteris evecta*, ayant 8 millimètres d'épaisseur, faite à 10 centimètres environ du sommet végétatif.

Sous l'épiderme brun foncé les cellules externes forment, en se divisant, des séries radiales d'éléments tabulaires qui constituent une couche subéreuse brunâtre. Le parenchyme cortical,

(1) Ad. Brongniart, *Observations sur le Sigillaria elegans* (*Archives du Muséum*, t. I, pl. 32, fig. 10 et 11).

(2) Mettenius, *Sur les Hyménophyllacées, loc. cit.*, p. 420.

(3) Mettenius, *Ueber den Bau von Angiopteris* (*Abh. der königl. Sächs. Gesells. der Wissensch.*, 1863, VI, p. 517).

puissamment développé, est incolore et présente deux zones : une zone externe peu épaisse, formée de cellules courtes, à paroi mince et à section polygonale, irrégulièrement associées sans laisser de méats ; une zone interne très-épaisse, dont les cellules arrondies laissent entre elles des méats triangulaires, mais ne forment ni assises concentriques, ni séries radiales : ces cellules ont leur paroi brillante, un peu épaissie et collenchymateuse, et sur les sections longitudinales, on les voit très-allongées et superposées par des cloisons obliques ; dans la racine un peu plus âgée, elles renferment de nombreux grains d'amidon. On remarque, disséminées dans toute l'étendue de cette zone interne, des cellules beaucoup plus larges que les autres, à paroi lisse et flasque, dépourvues d'amidon, mais remplies d'un liquide clair, de consistance gommeuse et chargé de tannin. Ces grandes cellules, séparées par des cloisons horizontales, sont associées en files longitudinales non ramifiées et constituent des vaisseaux tannifères. C'est la première fois que nous rencontrons de ces sortes d'organes dans la racine des Fougères. Ces laticifères à tannin paraissent avoir échappé à Mettenius. M. Harting les a signalés en 1853 dans la racine de l'*Angiopteris Teysmanniana;* mais il les a décrits d'une manière inexacte comme des canaux intercellulaires dépourvus de paroi propre (1).

Les cellules de la dernière assise corticale sont de forme carrée ou rectangulaire, fortement unies entre elles, et elles présentent sur leurs faces latérales et transverses des plissements parallèles, qui règnent dans la presque totalité de la largeur, et qui la caractérisent comme membrane protectrice ; elles ne contiennent qu'un liquide sans granules, et leur paroi fort mince est douée de reflets irisés. Les cellules plissées qui sont situées en face des rangées de vaisseaux sont un peu plus grandes que les autres, et on les trouve souvent dédoublées par une section tangentielle. Ce sont les cellules-mères des radicelles. Dans toute l'étendue de la famille nous retrouvons donc la même origine

---

(1) P. Harting, *Recherches sur l'anatomie, l'organogénie et l'histiogénie du genre* Angiopteris (*Monographie des Marattiacées*, par M. de Vriese).

pour ces cellules rhizogènes; elles appartiennent toujours à la membrane plissée ou protectrice formée par l'assise la plus interne de l'écorce.

Le cylindre central commence par une assise périphérique de petites cellules contre laquelle s'appuient, d'une part des faisceaux vasculaires au nombre de 14 à 20, suivant les racines examinées, d'autre part un pareil nombre de faisceaux libériens alternes avec les premiers. Le faisceau vasculaire commence par deux ou trois vaisseaux étroits annelés et spiralés; ils sont suivis de vaisseaux scalariformes, de taille croissante, qui se disposent bientôt sur une seule rangée radiale et conservent ensuite le même diamètre; ces vaisseaux épaississent leur paroi et la colorent en jaune de dehors en dedans. Ils contiennent, lorsque leur épaississement est achevé, un suc tannifère et gommeux qui s'épanche sur les sections, et ceci indique clairement qu'ils sont de quelque manière en relation avec les vaisseaux tannifères de l'écorce. Les rangées radiales qu'ils forment ne se rejoignent pas au centre, et souvent les derniers vaisseaux d'une série sont séparés des autres. Le faisceau libérien est, lui aussi, allongé dans le sens du rayon, mais il se projette moins loin que le vasculaire; il commence par un groupe de cellules étroites, à paroi assez épaisse et brillante, à contenu sombre, et se termine en dedans par deux ou trois larges cellules munies sur les faces en contact de grandes taches ovales grises et pointillées. Ces lames libériennes sont réunies latéralement aux lames vasculaires par plusieurs assises de cellules hexagonales hyalines, à paroi mince, formant des lames conjonctives plus épaisses que les groupes libériens. Ce tissu conjonctif relie aussi les lames vasculaires entre elles en dedans des faisceaux libériens, et il occupe encore tout l'espace laissé au centre entre les vaisseaux. J'ignore, n'ayant pas eu de racine âgée à ma disposition, si ces cellules conjonctives s'épaississent et se colorent par les progrès du développement.

Les radicelles assez rares que portent les racines primaires se forment en face des lames vasculaires sur lesquelles elles s'insèrent; elles sont donc disposées théoriquement en

autant de séries longitudinales qu'il y a de faisceaux vasculaires.

Une racine de *Marattia lœvis*, de 4 millimètres de diamètre,
examinée à 6 centimètres de sa pointe, présente, à quelques détails près, la même structure. Le puissant parenchyme cortical
y comprend trois zones : une couche externe, épaisse, formée
de cellules polyédriques, irrégulièrement ajustées, sans méats
et dépourvues d'amidon ; une zone moyenne, aussi fort épaisse,
formée de cellules polyédriques, à coins arrondis, laissant entre
elles de petits méats, irrégulièrement disposées et contenant des
grains d'amidon ; enfin une zone interne, dont les cellules claires
et très-jeunes encore, sont disposées assez régulièrement en
séries radiales, et dont la dernière assise est formée par de
grandes cellules dépourvues d'amidon, munies sur leurs faces
latérales et transverses de plissements parallèles. Cette dernière
assise forme donc une membrane protectrice, et ce sont les cellules de cette membrane situées vis-à-vis des vaisseaux qui sont
le siége des divisions ultérieures amenant la formation des radicelles.

La zone moyenne de l'écorce offre deux espèces d'organes
remarquables : des canaux gommeux qui n'existent pas dans la
racine de l'*Angiopteris erecta*, et des laticifères à tannin pareils
à ceux que nous avons rencontrés dans cette plante.

Les canaux gommeux forment, au nombre de quinze environ,
un seul cercle dans la partie externe de la zone moyenne où ils
s'anastomosent de temps en temps. Ils sont interstitiels, dépourvus de paroi propre, bordés par des cellules spéciales beaucoup
plus étroites et plus courtes que les cellules ambiantes, cubiques
dans le jeune âge du canal avant qu'elles se soient écartées pour
en former la cavité, mais s'allongeant plus tard en forme de
papilles inégales dans la lacune dont elles rendent la section fort
irrégulière et variable à tout niveau. Elles manquent çà et là
au pourtour du canal qui se trouve alors bordé directement par
les grandes cellules ordinaires. Ces cellules épithéliales ont un
protoplasma réticulé, et elles contiennent des grains d'amidon
comme les grandes cellules du parenchyme ambiant. La matière

qu'elles produisent dans le canal, et qui s'épanche sur les sections, est une sorte de gomme ou de mucilage d'une transparence parfaite et totalement dépourvu de tannin.

Les vaisseaux laticifères sont fort nombreux et dispersés dans toute cette zone moyenne, dont quelques-uns dépassent même la limite pour pénétrer dans la couche externe. Leur diamètre n'est pas supérieur à celui des cellules du parenchyme, en quoi ils diffèrent de ceux de l'*Angiopteris evecta*. Leur paroi est lisse et flasque, souvent comprimée par les cellules voisines, qui font saillie à l'intérieur. Ils sont formés par des séries verticales de cellules fort longues, séparées par des cloisons persistantes et sensiblement horizontales, et ils ne paraissent pas s'anastomoser jamais entre eux. Leur contenu est un liquide opaque, chargé de fins granules, en général grisâtre, mais çà et là coloré en jaune rougeâtre ; sur la section ce suc devient promptement d'un violet foncé à cause du tannin qu'il renferme en grande quantité. En résumé, ce système de laticifères à tannin correspond entièrement à celui de l'*Angiopteris evecta*, tout en en différant par quelques caractères de détail. Mais il se superpose dans l'écorce de la racine des *Marattia* à un système de canaux gommeux qui n'existe pas dans la racine des *Angiopteris* (1).

(1) Le pétiole des *Angiopteris evecta* et *Willinckii* possède au contraire des canaux gommeux interstitiels, en même temps que des laticifères à tannin. Les canaux gommeux sont fort larges et épars dans le parenchyme ; ils sont bordés d'un étui souvent incomplet de petites cellules saillantes, à paroi flasque, qui produisent la gomme dans la lacune centrale. Dans la zone fibreuse externe et dans le parenchyme interne en contact avec cette zone, on voit de nombreuses cellules à paroi mince pleines d'un liquide jaune rougeâtre ou rouge qui se colore en bleu violet sur les sections, assez longues et superposées en séries longitudinales ; ce sont des laticifères à tannin. Les laticifères qui sont dans le parenchyme externe sont entourés d'un anneau fibreux ; enfin, il y en a çà et là dans le parenchyme interne sans anneau fibreux.

Dans le pétiole du *Marattia lævis*, on retrouve les canaux gommeux de la racine avec leurs caractères. On voit en outre de nombreuses cellules pleines d'un suc rouge vif ; mais, dans tout le parenchyme interne, ces cellules sont assez courtes et isolées sans former de séries longitudinales ; au voisinage de la zone fibreuse et dans cette zone elles sont au contraire fort allongées et superposées en files verticales.

Note ajoutée pendant l'impression. — Ce mémoire, entièrement rédigé depuis un an, a été livré aux *Annales* vers le 15 de mars 1871. Mes recherches sur les canaux gommeux et les vaisseaux tannifères des Marattiées sont donc indépendantes de celles que

Le cylindre central commence par une assise de petites cellules formant une membrane périphérique. Il possède, suivant les racines, 11 à 15 faisceaux vasculaires courts, n'occupant que la moitié de la longueur du rayon, alternes avec autant de faisceaux libériens formés exclusivement de cellules étroites, sans larges cellules grillagées internes. Ces deux ordres de faisceaux sont réunis latéralement par du tissu conjonctif qui remplit aussi toute la vaste région centrale.

Nous voyons donc que la racine de l'*Angiopteris evecta* et celle du *Marattia lœvis*, en mettant à part le système de vaisseaux tannifères qu'elles ont toutes les deux et le système de canaux gommeux qui est propre à la seconde, possèdent essentiellement la même structure que celle de toutes les autres Fougères ; elles n'en diffèrent que par le diamètre relativement considérable qu'y atteint le cylindre central. Cet accroissement de diamètre entraîne d'abord la multiplication des faisceaux vasculaires et libériens, puis la non-confluence des lames vasculaires, enfin le développement abondant du tissu conjonctif : trois circonstances remarquables qui s'offrent rarement chez les Cryptogames vasculaires, mais que nous rencontrerons souvent chez les Phanérogames.

En résumé, un parenchyme cortical dont la dernière assise forme une membrane plissée ou protectrice qui renferme les cellules rhizogènes ; un cylindre central entouré d'une membrane périphérique et formé par un certain nombre de faisceaux

M. Trécul a publiées sur le même sujet dans les *Comptes rendus* (séance du 29 mai 1871), sous ce titre : *Des vaisseaux propres et du tannin dans quelques Fougères*, et qui ont été reproduites au tome XII des *Annales des sciences naturelles*. Les études de M. Trécul ont porté sur les *Angiopteris evecta* et *Willinckii*, et sur le *Marattia Kaulfussii*, et elles ont conduit leur auteur à des résultats qui concordent entièrement avec ceux qui viennent d'être exposés. Dans la racine, M. Trécul constate en effet l'existence de vaisseaux tannifères à paroi propre et cloisonnés, à la fois chez les *Angiopteris evecta* et *Willinckii*, et chez le *Marattia Kaulfussii* ; mais il n'y trouve, comme nous, de canaux gommeux que dans cette dernière plante. Dans le pétiole, au contraire, cet anatomiste rencontre à la fois les deux espèces d'organes aussi bien dans les *Angiopteris* que dans le *Marattia*.

vasculaires centripètes, alternes avec autant de faisceaux libériens également centripètes, ces deux ordres de faisceaux étant réunis entre eux par un tissu conjonctif plus ou moins développé : telle est la structure constante de la racine de toutes les Fougères.

Des points secondaires seuls varient, comme l'homogénéité du parenchyme cortical ou l'épaississement de sa zone interne, la disposition de ses éléments, l'absence ou la présence parmi eux de canaux gommeux et de laticifères. Pour le cylindre central, les différences résident dans la nature simple, double ou triple de la membrane périphérique, dans la disposition et le nombre des éléments qui composent chaque faisceau vasculaire et libérien, dans le nombre des faisceaux de l'une et de l'autre espèce, dans l'inégal, mais souvent très-faible développement du tissu conjonctif qui relie ces faisceaux entre eux; enfin, dans l'orientation des faisceaux vasculaires de la racine primaire, quand elle n'en possède que deux, par rapport au faisceau caulinaire sur lequel elle s'insère.

Équisétacées.

On sait que les racines des Prêles naissent en verticille à chaque nœud de la tige, immédiatement au-dessous des bourgeons endogènes, et que par conséquent elles alternent comme ces bourgeons avec les feuilles. M. Duval-Jouve a décrit la racine des *Equisetum* comme contenant «au centre un faisceau fibro-vasculaire dans lequel sont épars quelques vaisseaux annulaires de diverses grosseurs ; un plus gros est central, et autour de lui d'autres plus petits sont groupés par deux ou par trois (1). » MM. Nægeli et Leitgeb, tout en décrivant (2) la genèse de la coiffe terminale et des tissus du corps de la racine par les divisions successives de la cellule apicale, ont fait connaître avec plus de précision la structure définitive de l'organe.

(1) Duval-Jouve, *Histoire naturelle des* Equisetum *de France*, 1863, p. 70.
(2) Nægeli et Leitgeb, *loc. cit.*

Sous l'épiderme brun, le parenchyme cortical de la racine des *Equisetum hiemale* et *arvense* présente deux zones distinctes : l'externe, formée quelquefois d'une seule assise, a ses cellules serrées sans méats ; l'interne a ses éléments disposés à la fois en séries radiales et concentriques, et laissant entre eux, sauf dans les deux assises intérieures, des méats et des lacunes ; quand la racine vieillit, les cellules qui séparent ces lacunes se résorbent, et il se forme un grand vide annulaire, au centre duquel le cylindre central se trouve libre et revêtu seulement par les deux assises corticales les plus internes.

Les cellules de l'avant-dernière assise de l'écorce sont aplaties, fortement unies entre elles par leurs faces latérales et transverses, qui présentent une série de plissements échelonnés très-étroits. Ces plissements, qui ont pour résultat de rendre indissoluble l'union des cellules de l'assise, en les engrenant l'une dans l'autre sur toutes leurs lignes de contact, se traduisent sur les sections transversales, par des marques noires, situées vers le milieu de la paroi ou vers le tiers à partir du centre, et dont l'étendue donne la mesure de la largeur des plissements. On doit à M. Caspary d'avoir, en général, attiré l'attention sur ce genre de membranes (1), et d'avoir montré plus tard avec M. Nicolaï (2) que les marques noires proviennent d'une série d'ondulations de la paroi latérale, parallèles aux faces transverses. M. Pfitzer a signalé récemment la présence d'une pareille membrane plissée dans les divers organes des *Equisetum*, et il en a décrit les caractères (3). L'avant-dernière assise de l'écorce se trouve donc ainsi constituée à l'état de membrane autonome distincte du tissu qui la précède et de celui qu'elle enveloppe ; elle forme une membrane protectrice. Mais cette membrane protectrice diffère, par son rôle comme par sa position, de celle que nous venons de rencontrer chez les

(1) Caspary, *Les Hydrillées* (*Ann. des sc. nat.*, 4ᵉ série, 1858, t. IX, p. 360).

(2) Caspary, *Bemerkungen über die Schutzscheide.....* (Pringsheim's *Jahrbücher*, 1866, IV, p. 101).

(3) Pfitzer, *Ueber die Schutzscheide der deutschen Equisetaceen* (*ibid.*, 1868, VI, p 225).

Fougères. Par les progrès de l'âge, en effet, ses cellules s'épaississent et se colorent en brun sur leurs faces externe, latérales et transverses, tandis que sur la face interne la paroi demeure mince et incolore; elles ne conservent pas d'activité génératrice, et aucune d'elles ne contribue à la formation des radicelles. Le rôle de cette membrane plissée est donc exclusivement protecteur.

Les cellules de la dernière assise de l'écorce, superposées à celles de la membrane protectrice, sont aplaties comme ces dernières, mais dépourvues de plissements. Elles ne s'épaississent pas par les progrès de l'âge, et conservent une grande activité vitale. C'est dans certaines cellules de cette rangée que s'opèrent les segmentations successives qui amènent la formation des radicelles; cette assise corticale interne constitue ainsi une membrane rhizogène spéciale, entièrement distincte de la membrane protectrice. Les choses se passent donc tout autrement que dans les Fougères, et il n'est peut-être pas téméraire de voir dans cette localisation des deux fonctions protectrice et rhizogène dans deux assises distinctes de l'écorce une preuve de la supériorité organique des Prêles sur les Fougères où ces deux fonctions demeurent confondues sur une seule et même membrane.

C'est immédiatement en contact avec cette membrane rhizogène que l'on rencontre les premiers vaisseaux; le cylindre central des *Equisetum* ne possède donc pas cette assise périphérique, qui chez les Fougères séparait la membrane protectrice des premiers vaisseaux formés.

Le cylindre central produit d'abord, ordinairement en deux, assez souvent en trois, plus rarement dans les grosses racines, en quatre points équidistants de sa périphérie, un vaisseau annelé ou spiralé assez étroit; ce vaisseau correspond à l'intervalle entre deux cellules rhizogènes, et d'un vaisseau à l'autre on compte ordinairement trois de ces cellules. Derrière ce premier vaisseau s'en forme bientôt un second plus large et souvent même un troisième plus large encore et scalariforme; de là deux, trois ou quatre séries rayonnantes de vaisseaux qui se

touchent au centre ; le vaisseau interne d'une des séries prend
souvent un diamètre beaucoup plus grand que les autres, et il
paraît central. Au milieu de l'intervalle qui sépare les faisceaux
vasculaires, et contre la membrane rhizogène, se trouve un
groupe de quelques cellules étroites et longues, à paroi brillante
et s'épaississant de dehors en dedans, à contenu granuleux
azoté, présentant en un mot tous les caractères des éléments
du système libérien. Ces groupes libériens sont réunis aux
faisceaux vasculaires latéralement et en dedans, par une assise
de cellules plus larges et moins longues, à contenu clair, à
paroi mince et terne : ce sont les cellules conjonctives, reste des
cellules cambiales primitives qui ne se sont pas transformées,
ici en cellules vasculaires, là en cellules libériennes.

Sauf l'absence de membrane périphérique, le cylindre central de la racine des Prêles présente donc la même constitution
que celui des Fougères. Ordinairement binaire, il offre, lorsque
son diamètre est plus grand, la même variation dans le nombre
des faisceaux libériens et vasculaires qui le constituent. Mais le
parenchyme cortical, par la disposition de ses éléments, et surtout par la formation d'une membrane rhizogène distincte de la
protectrice, offre un caractère tout particulier.

Les radicelles proviennent tout entières de la segmentation
des cellules corticales internes qui sont en contact avec les vaisseaux les plus étroits ; il en résulte qu'elles sont disposées en autant de séries longitudinales qu'il y a de faisceaux vasculaires,
ordinairement en deux rangées, quelquefois en trois ou en
quatre. J'ai toujours trouvé la radicelle pourvue de deux lames
vasculaires opposées dont le plan est perpendiculaire à l'axe de
la racine mère, comme cela a lieu chez les Fougères. Chaque
faisceau vasculaire se réduit, dans les radicelles les plus minces,
à un seul vaisseau, et chaque faisceau libérien a deux ou trois
petites cellules libériennes appuyées directement contre les vaisseaux sans interposition de cellules conjonctives.

Marsiléacées.

Sur le rhizome du *Marsilea quadrifolia*, on trouve ordinairement une racine adventive vers le milieu de chaque entre-nœud, et plusieurs autres racines disposées en faisceau à la base de chaque faux bourgeon.

Une rangée de petites cellules, à paroi brune, souvent prolongées en poils unicellulaires, forme l'épiderme de la racine. Elle est suivie d'une assise de larges cellules sans amidon, dont la face interne est colorée en brun très-foncé et qui forme à elle seule la zone externe de l'écorce. Vient ensuite un cercle de lacunes aérifères, séparées par des plans rayonnants unisériés, formés chacun de deux à quatre cellules aplaties suivant le rayon, rameuses et laissant entre leurs bras horizontaux de larges méats qui assurent le transport latéral des gaz d'une lacune à l'autre. L'écorce interne est formée de six à huit assises de cellules amylifères, à paroi brune, arrondies et disposées avec une admirable régularité en cercles concentriques et en séries rayonnantes qui continuent les murs interlacunaires ; ces cellules décroissent progressivement vers le centre et laissent entre elles des méats quadrangulaires de plus en plus petits ; la zone qu'elles constituent, et à laquelle appartiennent aussi les murs des lacunes, a un développement centripète, et elle provient tout entière des partitions tangentielles répétées de l'assise interne.

Les cellules de l'avant-dernière assise ont la même forme que les autres, et elles sont brunes et amylifères comme elles ; mais il en est tout autrement de celles de la dernière rangée. Au nombre de douze en général, et superposées exactement aux éléments qui précèdent, ces dernières sont fort aplaties, bombées en dedans, dépourvues d'amidon, mais contenant un protoplasma finement granuleux ; leur paroi, incolore sur les faces latérales, transverses et interne, est au contraire colorée en brun sur la face externe, où elle est en contact avec les dernières cellules amylifères. Les faces latérales et transverses portent des plissements parallèles qui se traduisent par des marques noires échelonnées, et par lesquels les cellules s'unissent intimement et

s'engrènent entre elles. Cette assise interne de l'écorce forme
donc une membrane protectrice. Mais les éléments de cette membrane ne s'épaississent jamais et conservent une grande activité
vitale, et c'est dans certaines de ces cellules situées vis-à-vis des
vaisseaux du cylindre central, et désignées à l'avance par leur
largeur double, que s'opèrent les divisions successives qui pro·
duisent les radicelles. Les cellules-mères des radicelles appartiennent donc à la membrane protectrice. Dans les Marsiléacées
comme dans les Fougères, l'assise corticale interne forme une
membrane distincte, à la fois protectrice et rhizogène.

Le cylindre central commence par une assise de cellules incolores, carrées ou un peu allongées suivant le rayon, alternes
avec celles de la membrane protectrice : c'est une membrane
périphérique qui forme une sorte d'épiderme autour du cylindre
central ; développée chez les Fougères, nous avons vu qu'elle
manque aux *Equisetum*, et j'ai rencontré quelquefois des racines
de *Marsilea*, où elle était absente par endroits. Viennent ensuite
deux faisceaux vasculaires rayonnants et centripètes, qui se touchent au centre en formant une bande diamétrale ; chaque faisceau contient trois vaisseaux fort étroits, annelés ou spiralés,
appuyés côte à côte contre la membrane périphérique, puis un
large vaisseau scalariforme, suivi d'un autre vaisseau plus large
encore ; ce dernier s'appuie contre son congénère et se place
à côté de lui sur un diamètre perpendiculaire à la bande. Tous
ces vaisseaux sont formés de cellules superposées par des parois
obliques, permanentes et rayées. Le milieu de l'espace qui sépare
les deux faisceaux vasculaires est occupé, contre la membrane
périphérique, par un groupe de cellules étroites et longues,
à section polygonale, à contenu granuleux, grisâtre et azoté,
à paroi un peu épaisse et d'un blanc brillant, s'épaississant de
dehors en dedans par les progrès de l'âge, libériennes, en un
mot. Ces arcs d'éléments libériens sont réunis aux faisceaux
vasculaires latéralement et en dedans par une rangée de cellules
plus larges à contenu clair, à paroi mince, conjonctives. Dans
les racines très-minces, on ne trouve qu'un petit nombre de
cellules libériennes, quatre ou cinq, formant une rangée tan-

gentielle, appliquée directement contre les vaisseaux, sans interposition de cellules conjonctives.

La racine du *Pilularia globulifera* a les mêmes caractères que celle du *Marsilea quadrifolia*, mais il est moins rare d'y rencontrer le cylindre central pourvu de trois et même de quatre faisceaux vasculaires, alternes avec autant de groupes libériens. Sous les deux assises externes de l'écorce, les lacunes et les murs qui les séparent sont beaucoup plus développés dans le sens du rayon que chez les *Marsilea*, et par contre la zone à séries radiales et concentriques l'est beaucoup moins. De plus, les cellules des murs interlacunaires, au lieu de s'ajuster latéralement par des bras assez étroits qui laissent entre eux de larges vides rectangulaires, présentent seulement sur leurs faces latérales une série de petits angles rentrants qui se correspondent de manière à n'offrir au passage de l'air d'une lacune à l'autre que d'étroits espaces en forme de losange.

Le *Salvinia natans* n'a pas de racines.

En résumé, le cylindre central de la racine des Marsiléacées possède la même structure que celui de la racine des Fougères, et la ressemblance se maintient, si l'on considère que les deux fonctions protectrice et rhizogène y sont remplies par une seule et même membrane.

Le plan des vaisseaux de la racine primaire est d'ailleurs, chez les *Marsilea*, perpendiculaire à l'axe de la tige. Les radicelles naissent sur cette racine, en face des vaisseaux les plus étroits, et sont produites par les segmentations et le développement désormais centrifuge des cellules rhizogènes qui correspondent à ces vaisseaux, et qui sont séparées d'eux par la membrane périphérique du cylindre central. Ces cellules rhizogènes sont toutes préparées à l'avance ; elles ont une largeur double des autres éléments plissés, et couvrent exactement deux séries radiales de cellules brunes amylifères, de sorte que sur les sections transversales, on ne compte à ce niveau que dix cellules protectrices. Les radicelles sont donc disposées sur le pivot en deux rangs opposés ; on les voit souvent alterner régulièrement d'une série à l'autre, en affectant une disposition distique, qui

rappelle l'ordre distique des feuilles et des faux bourgeons sur
la tige ; d'autres fois elles sont deux par deux à la même hauteur, et forment des paires superposées. En tout cas, le plan des
axes de toutes les radicelles de première génération est perpendiculaire à l'axe de la tige.

La radicelle possède, sauf le nombre plus réduit des éléments,
la même structure que la racine ; le plan de ses vaisseaux croise
à angle droit celui de la racine ; il en résulte que les plans successifs de ramification sont perpendiculaires : c'est la même
chose, nous le savons, dans les Fougères et dans les Prêles,
quand la structure y est binaire.

Lycopodiacées.

Les Lycopodiacées vont nous offrir des différences plus considérables, dont l'exposition exigera des développements plus
étendus ; mais à cet égard, et pour la facilité de l'étude, nous
ferons tout d'abord une certaine distinction entre les deux
groupes de cette famille : les *Lycopodium*, qui n'ont qu'une
seule espèce de spores, et les *Selaginella* et *Isoëtes*, qui sont
doués de deux sortes d'organes reproducteurs.

Lycopodium. — Les racines du *Lycopodium clavatum* prennent naissance isolément sur la face inférieure de la tige et en
des points indépendants de ses bifurcations. Elles ne produisent
pas de vraies radicelles à leur surface, mais elles se ramifient
comme la tige, par une série de dichotomies qui ont leur origine
dans le dédoublement de la cellule terminale, qui possède ici la
forme d'une pyramide à base rectangulaire et convexe. La première dichotomie s'opère constamment dans un plan perpendiculaire à l'axe de la tige, et les deux branches en sont égales.
Quant aux bifurcations suivantes, tantôt elles se font dans des
plans successifs rectangulaires, tantôt plusieurs dichotomies successives s'opèrent dans le même plan ; cela paraît dépendre du
nombre des faisceaux vasculaires et libériens qui entrent, à un
moment donné, dans la composition du cylindre central. Dans
les deux cas, ou bien leurs deux branches sont égales et également inclinées sur le tronc primitif, ou bien elles sont fort iné-

gales, et comme c'est alors alternativement la branche de droite et celle de gauche qui est la plus faible, il en résulte l'apparence trompeuse de deux rangées de radicelles insérées en disposition 1/2, ou de quatre rangées de radicelles insérées en spirale 1/4 sur un pivot continu ; il arrive aussi que ces fausses radicelles se détachent deux par deux à la même hauteur, et alors tantôt les paires successives sont superposées, tantôt elles se croisent à angle droit.

Malgré ce mode particulier de ramification, nous allons voir que, grâce à la complication de son type numérique, la racine des *Lycopodium* ne s'en rattache pas moins, tant que subsiste cette complication, au type de structure que nous venons de décrire dans les familles précédentes.

Le parenchyme cortical comprend, sous l'épiderme, trois zones distinctes : l'externe est formée de cellules fort épaissies, la moyenne de larges cellules à paroi mince, l'interne de cellules étroites, extrêmement épaissies et jaunes, disposées irrégulièrement sans laisser de méats ; cette dernière assise forme ainsi, comme chez les Fougères, un anneau solide autour du corps central, mais ici cet anneau n'est pas interrompu en face des faisceaux vasculaires, et en voici la raison. La dernière assise corticale, formée de cellules rectangulaires aplaties, se trouve, dans le jeune âge de l'organe, revêtue sur ses faces latérales et transverses des plissements échelonnés qui la caractérisent à l'état de membrane protectrice. Mais ces éléments plissés ne conservent pas leur activité vitale ; ils s'épaississent bientôt, et ne se distinguent plus des cellules fibreuses de l'écorce interne. La membrane protectrice n'est donc pas rhizogène comme dans les Fougères et les Marsiléacées ; d'autre part, il ne se forme pas, comme dans les Équisétacées, de membrane rhizogène spéciale, puisque la membrane protectrice est et demeure l'assise la plus interne de l'écorce. Il ne peut donc pas se produire de radicelles aux flancs du corps central, et si la racine se ramifie, il faudra que ce soit par quelque autre moyen.

Le cylindre central commence par deux ou trois assises de petites cellules tabulaires à paroi mince et blanche, qui lui constituent une membrane périphérique. Il possède, assez souvent, six bandes rayonnantes de vaisseaux, dont quelques-unes se rejoignent au centre en formant une étoile à six branches plus ou moins complète. Chaque faisceau vasculaire commence par former contre la membrane périphérique une ligne transverse d'une dizaine de vaisseaux très-étroits annelés et spiralés, en dedans de laquelle s'ajoutent successivement de nouvelles lignes transverses de vaisseaux, la plupart scalariformes, et de plus en plus larges à mesure qu'on s'approche du centre ; son développement est donc centripète. La partie médiane de chacun des angles rentrants qui séparent les branches de l'étoile est occupée par un faisceau libérien formé de cellules longues, à section polygonale, à paroi brillante, contenant un liquide opaque et granuleux, étroites en dehors, mais plus larges en dedans, où elles m'ont paru dépourvues de ponctuations grillagées ; ces cellules libériennes s'épaississent par les progrès de l'âge, de dehors en dedans. Ces faisceaux libériens, plus étroits que les vasculaires, sont réunis à ceux-ci latéralement et en dedans, par un ou deux rangs de cellules conjonctives claires à paroi mince et terne.

La jonction centrale des faisceaux vasculaires n'est pas toujours complète et égale pour tous. Souvent, par exemple, dans les racines à six faisceaux, on voit deux séries opposées se réunir en une bande diamétrale ; les deux groupes de droite et de gauche n'atteignent pas cette bande ; mais ceux d'un même côté convergent ensemble en formant une sorte de V. Entre la pointe de ce V et le milieu de la bande, les groupes libériens paraissent se toucher par leurs larges éléments, en formant une bande courbe.

En résumé, un certain nombre de faisceaux vasculaires centripètes alternes avec un même nombre de faisceaux libériens également centripètes, le tout réuni par quelques cellules conjonctives en un cylindre compacte, symétrique par rapport à son axe de figure et revêtu par une membrane périphérique : telle est chez les Lycopodes, comme chez les Fougères, chez les Marsiléacées, et sauf la membrane périphérique, chez les Équisétacées, la structure du corps central de la racine. Ici encore le nombre des faisceaux vasculaires et libériens de la racine primaire varie avec le diamètre de cette racine dans des limites assez étendues; six est un nombre fréquent, mais j'en trouve jusqu'à seize dans les plus grosses racines que je puis observer. Par cette multiplicité des faisceaux, c'est aux *Marattia* et aux *Angiopteris* que les Lycopodes ressemblent le plus. Ce nombre va d'ailleurs en diminuant dans la même racine à mesure qu'on passe du tronc commun à des branches plus faibles et plus éloignées; il se réduit ainsi à deux, et la racine présente alors la structure habituelle à la majorité des Fougères, aux *Marsilea*, etc. Mais, chose que nous n'avons pas encore rencontrée jusqu'à présent, dans les branches ultérieures ce nombre se réduit à l'unité et se conserve désormais ainsi dans les dichotomies nouvelles. Ce fait est une conséquence de l'absence de membrane rhizogène qui rend impossible la formation de radicelles. Pour suppléer à cette absence de radicelles, la racine se divise, en effet, par une série de bifurcations qui finissent par en altérer la structure.

Voyons, en effet, comment les choses se passent aux bifurcations.

Si les branches de la dichotomie sont égales, le corps central se divise purement et simplement en deux moitiés séparées par une bande de parenchyme, et sur la face de contact il se développe dans chaque moitié un ou deux nouveaux faisceaux vasculaires et libériens qui ferment le cercle. Ainsi, par exemple un cylindre central à huit faisceaux vasculaires en donnera deux contenant chacun cinq faisceaux. Ces deux corps centraux demeurent quelque temps côte à côte dans la même gaîne de parenchyme cortical avant de se séparer, et la racine est double à l'intérieur depuis longtemps, qu'on la croirait encore simple à l'examen extérieur.

Si les branches de la dichotomie sont très-inégales, on voit, par exemple, dans la racine à six faisceaux vasculaires décrite plus haut, deux bandes vasculaires voisines unies en forme de V, se dédoubler dans le sens de leur longueur, c'est-à-dire suivant le rayon du cylindre; les deux moitiés qui touchent le groupe libérien se dirigent en dehors en tournant sur elles-mêmes de

manière à se présenter leurs gros vaisseaux l'une à l'autre ; puis
la saillie qu'elles forment s'isole entièrement, et le cylindre central de la petite branche est constitué avec ses deux faisceaux
vasculaires et ses deux groupes libériens. Les premiers, si la
course de la racine grêle était perpendiculaire à celle de la grosse
branche qui continue la direction du tronc commun, auraient
leur plan médian perpendiculaire à l'axe de cette grosse branche, c'est-à-dire qu'ils seraient orientés comme ceux des radicelles des Fougères, des Prêles et des Marsiléacées le sont par
rapport à l'axe de la racine mère ; quant aux groupes libériens,
ils ont leurs lignes médianes dans le plan de l'axe. On voit
encore que le petit cylindre central correspond à un faisceau
libérien du cylindre primitif, et non, comme celui des radicelles des familles précédentes, à un faisceau vasculaire. D'ailleurs le cylindre primitif se trouve avoir conservé sa structure
antérieure, et il passe tout entier dans la grosse branche. Ainsi
constitué et orienté, le petit cylindre central chemine pendant
longtemps dans le parenchyme cortical du tronc primitif à peu
près parallèlement au grand, avant d'acquérir une gaîne propre
de parenchyme ; la partition intérieure du système conducteur
de la racine précède de beaucoup sa bifurcation externe, et
l'organe est depuis longtemps double quand, vu du dehors, il
paraît encore simple.

La bifurcation suivante de la grosse branche s'opère de telle
sorte que le nouveau petit cylindre central binaire s'en sépare en
face du groupe libérien opposé au premier et de la même manière ; il en résulte que les petites branches sont alternativement
à droite et à gauche de la grande dans le même plan, et qu'elles
paraissent former autant de radicelles insérées sur un pivot en
deux rangs opposés. Il est certain que toutes les fois que la
racine a six faisceaux, comme il n'y a pas de faisceau libérien à
90 degrés d'un autre, ce genre de bifurcation ne pourra s'opérer
dans des plans rectangulaires, tandis que cela pourra avoir lieu
toutes les fois que la racine aura huit faisceaux. Le caractère
de ce mode de dichotomie est, on le voit, de laisser au tronc
primitif sa structure première.

Quant à la petite branche binaire, elle pourra à son tour, après sa mise en liberté, se bifurquer suivant le premier mode par la séparation de son cylindre central en deux moitiés égales entraînant chacune un seul faisceau vasculaire et deux moitiés de faisceaux libériens qui se réunissent en un arc unique diamétralement opposé au faisceau vasculaire. Le plan de cette bifurcation sera nécessairement perpendiculaire au plan de la dichotomie précédente. Nous sommes amenés ainsi à une racine dont le corps central n'est plus symétrique par rapport à son axe, puisqu'il est constitué par un seul faisceau vasculaire centripète, et par un seul faisceau libérien centripète, diamétralement opposé au premier; une pareille racine n'a plus qu'un seul plan de symétrie. A son tour elle se bifurquera; mais désormais ce sera toujours par dichotomie égale et toujours dans des plans successifs rectangulaires. Mais, comme le genre de structure auquel nous amène la suite des bifurcations de la racine des *Lycopodium* se trouve être constant et primitif dans les *Selaginella* et les *Isoetes*, dont nous allons parler maintenant, nous bornons là, pour le moment, ce que nous avons à en dire.

Selaginella. —Les racines des Sélaginelles naissent toujours des bifurcations de la tige, lesquelles s'opèrent toutes dans un seul et même plan, celui qui sépare les deux génératrices d'insertion des grandes feuilles des deux lignes d'insertion des petites feuilles. La production des racines est contemporaine des bifurcations; on n'en trouve jamais sur les entrefourches. On aperçoit bien quelquefois, sur les branches rampantes et qui paraissent simples sur de grandes longueurs, des racines qui semblent insérées le long de cette tige; mais il est toujours facile de s'assurer qu'à chaque insertion de racine correspond un faux bourgeon qui se trouve alternativement à droite et à gauche de la tige principale dans le plan de la bifurcation, et qu'ainsi chaque racine correspond à une dichotomie, dont une des branches est demeurée rudimentaire, tandis que l'autre, très-développée, paraît continuer le tronc principal, en formant une fausse tige continue. Dans les *Selaginella cuspidata, stolonifera*, etc., c'est sur la face inférieure de la bifurcation, côté des grandes feuilles, que la racine s'insère ; dans d'autres espèces, par exemple, dans les *Selaginella umbrosa, denticulata, Kraussiana*, etc., c'est sur la face supérieure, côté des petites feuilles, qu'elle se développe : nous reviendrons sur ce point. Dans tous les cas, la racine dirige sa pointe vers le sol, soit directement, soit en s'incurvant pour passer tantôt entre les branches de la fourche (*S. umbrosa*), tantôt au-dessous de la branche la plus faible (*S. denticulata*). Après être demeurée simple pendant quelque temps dans sa course descendante, elle se bifurque en deux branches égales dans un plan perpendiculaire à l'axe de la tige et au plan de sa dichotomie ; plus tard, chacune de ces deux branches se bifurque à son tour dans un plan perpendiculaire au premier, et ainsi de suite, jusqu'à ce que les multiples sommets du système binaire ainsi constitué arrivent au sol. Ils s'y enfoncent et y continuent leurs bifurcations normales, mais avec des entrefourches beaucoup moins longues, plus grêles, et dans lesquelles la couleur blanche a remplacé la couleur verdâtre et rosée que la racine possédait dans sa région éclairée. Quand la tige rampe, la racine principale touche tout de suite le sol, y opère sa première dichotomie, et, grâce aux bifurcations extrêmement rapprochées qui suivent, il se réalise une touffe de racines grêles et flexibles, une sorte de chevelu dichotome attenant à la branche par un tronc commun épais, rigide et rosé.

Étudions maintenant la structure de la racine d'abord dans le tronc principal, puis dans une entrefourche quelconque, la manière dont s'y opèrent les bifurcations vasculaires, et enfin le mode d'insertion et d'orientation du système total sur la tige.

Une section du tronc principal de la racine du *Selaginella cuspidata*, pratiquée à un centimètre environ de son insertion sur la tige, montre un cylindre central étroit, enveloppé par le parenchyme cortical. Ce dernier a ses cellules polyédriques disposées irrégulièrement sans méats, plus étroites et plus épaissies dans la zone externe, et contenant çà et là des grains de chlorophylle et d'amidon. L'assise la plus interne de ce parenchyme cortical est formée de cellules tabulaires dépourvues d'amidon et de chlorophylle, et munies sur leurs faces latérales et transverses des plissements échelonnés qui caractérisent la membrane protectrice. Le cylindre central commence par deux ou trois assises de petites cellules incolores qui lui constituent une membrane périphérique. Il contient un seul faisceau vasculaire triangulaire qui appuie sa pointe contre la membrane périphérique, et sa base au centre. Si l'on place la tige verticale et la racine horizontale, la pointe du faisceau est tournée en bas et sa base en haut. Cette pointe est occupée par une rangée transverse de cinq vaisseaux très-étroits, annelés, qui sont les premiers formés ; ils sont suivis par des vaisseaux scalariformes de plus en plus larges et de plus en plus nombreux, qui s'avancent jusqu'au centre et même le dépassent un peu. Ce faisceau vasculaire centripète, en forme d'éventail, correspond entièrement à un de ceux que nous avons rencontrés jusqu'ici dans la composition de la racine, et que nous y retrouverons toujours par la suite. A droite et à gauche commence un arc de cellules très-étroites et longues, dont la paroi brillante s'épaissit de dehors en dedans par les progrès de l'âge, un arc libérien, en un mot, qui s'étend en forme de croissant à l'opposite du faisceau vasculaire. Cet arc libérien est réuni aux vaisseaux par quelques cellules conjonctives un peu plus larges et à paroi mince.

En somme, cette racine possède les mêmes éléments constitutifs que celle d'une Fougère, par exemple ; mais elle offre cette circonstance, dont les Lycopodiacées, et, comme nous le verrons plus tard, les Ophioglossées, sont l'unique exemple dans le règne végétal, que le nombre des faisceaux de deux espèces qui entrent dans la constitution du cylindre central, s'y réduit à l'unité ; d'où il résulte que l'organe ne possède qu'un seul plan de symétrie, qui, pour le tronc primitif, se trouve être le plan bissecteur de la dichotomie où il s'insère. Cet organe est ainsi comme une moitié de racine de Fougère ou de *Marsilea*, et nous verrons tout à l'heure, en cherchant à expliquer cette curieuse anomalie, que ce n'est pas là seulement une façon de parler, mais l'expression exacte de la réalité.

Toutes les entrefourches, puissantes ou grêles, aériennes ou terrestres, possèdent la même structure dans leur partie supé-

rieure. Voyons maintenant comment cette structure se modifie
quand on s'approche d'une bifurcation.

Supposons l'entrefourche horizontale et admettons que le faisceau vasculaire y tourne sa pointe en bas, situation qu'il affecte
en effet dans le tronc primitif et dans les branches supérieures de
toutes les dichotomies de rang pair. A mesure que l'on se dirige
vers la bifurcation, on voit sur les sections successives le faisceau
triangulaire se diviser dans sa longueur en deux moitiés cunéiformes semblables, qui commencent à s'isoler par les bases et
s'écartent peu à peu, en tournant autour de leurs pointes en
contact, de manière à se mettre tous les deux dans la même ligne
horizontale, vaisseaux étroits contre vaisseaux étroits. Si l'on
observait le développement des vaisseaux dans cette dernière
région, on verrait donc dans le corps central unique les premiers
vaisseaux apparaître au centre et les autres se former ensuite
en se dirigeant vers deux points opposés de la périphérie, c'est-
à-dire que le développement vasculaire serait centrifuge, au contraire de ce qui se passe dans toutes les racines connues ; mais
passons sur ce point auquel nous devrons revenir plus tard. Dans
l'exemple actuel, cette région est courte, et l'on voit bientôt le
cylindre central s'étrangler en haut et en bas, en même temps
que les deux faisceaux vasculaires horizontaux s'écartent, et
finalement se séparer bientôt en deux cylindres centraux pareils
au primitif, mais autrement orientés ; ceux-ci cheminent côte à
côte dans la même gaîne de parenchyme cortical bien longtemps
avant qu'il y paraisse au dehors. Enfin, ce parenchyme se sillonne
d'abord, s'étrangle ensuite, enfin se sépare en deux gaînes. Les
deux branches de la dichotomie sont désormais libres, leur plan
commun de symétrie est horizontal, c'est-à-dire perpendiculaire
à l'axe de la tige, s'il s'agit du tronc principal, et leurs cylindres
centraux se présentent l'un à l'autre leurs pointes à vaisseaux
étroits.

Chacune de ces branches divergentes conserve cette structure jusque vers le milieu de sa longueur, puis se partage
comme la primitive, mais dans le plan vertical et ainsi de suite.

Quand on sectionne le sommet de la racine, on trouve déjà 2,

4 ou même 8 corps centraux libres dans le même parenchyme cortical ; cela prouve que les dédoublements successifs de la cellule terminale par des cloisons alternativement perpendiculaires, et la séparation des nouvelles cellules terminales ainsi constituées s'opèrent très-rapidement dans le cône végétatif ; les entrefourches sont d'abord excessivement courtes, et c'est ensuite par un accroissement intercalaire extrêmement considérable, surtout dans les racines aériennes, que ces multiples sommets végétatifs, formés aux dépens d'un seul, s'écartent l'un de l'autre et que les entrefourches acquièrent de grandes longueurs. Ce prodigieux allongement intercalaire, dont l'histoire de la racine n'offre pas d'autres exemples, peut porter uniformément sur la totalité de l'entrefourche, ou bien se localiser en une certaine région de celle-ci, qui s'accroîtra beaucoup, tandis que les régions inférieure et supérieure demeureront fort courtes : nous reviendrons sur ce point.

Sachant comment le système vasculaire est constitué et comment il se divise, voyons maintenant si la structure de la racine des Sélaginelles est vraiment aussi dissymétrique et aussi anomale qu'elle le paraît, et si elle ne se laisse pas rattacher simplement au type symétrique que nous avons rencontré dans les familles précédentes, et que nous retrouverons dans toutes les Phanérogames. L'étude de la manière dont l'ensemble de la racine s'insère sur la tige par le tronc commun dont toutes ses branches dérivent, joint à ce mode de dérivation qui nous est maintenant bien connu, va nous permettre de lever cette difficulté.

Considérée au milieu de l'intervalle de deux bifurcations, la tige du *Selaginella cuspidata* possède un seul massif libérovasculaire aplati dans le plan qui sépare les deux rangées de grandes feuilles des deux rangées de petites feuilles, plan dans lequel s'opèrent toutes les dichotomies. A partir du milieu, à mesure qu'on s'élève vers la bifurcation, on voit le massif s'étaler dans son plan et les vaisseaux s'y multiplier en même temps qu'ils deviennent plus étroits ; puis, au-dessous de la fourche, le massif se trifurque ; ses deux branches latérales constituées

comme il l'était lui-même plus bas, et le plus souvent inégales,
se rendent dans les deux branches inégales aussi de la dichotomie. Portons notre attention sur la branche médiane. Elle contient un groupe vasculaire aplati perpendiculairement au plan
de bifurcation de la tige, renflé au milieu et pointu aux deux
extrémités, formé comme de deux triangles opposés par la base ;
de chaque côté de la bande se voit un arc de cellules libériennes.
En coupant de jeunes dichotomies on s'assure que les vaisseaux
qui s'y forment les premiers sont les vaisseaux étroits des deux
pointes, en sorte que le développement des deux triangles vasculaires est centripète. Ainsi constitué, ce système vasculaire chemine pendant un peu de temps verticalement dans le parenchyme de la tige entre les deux faisceaux divergents destinés aux
branches de la dichotomie. Dans tout ce trajet il est constitué
comme le cylindre central d'une racine de Fougère ou de Mar-
siléacée ; il a deux lames vasculaires centripètes diamétralement
opposées, alternes avec deux groupes de cellules libériennes ;
il est parfaitement symétrique par rapport à son axe. Si donc
il s'entourait alors d'une gaîne de parenchyme cortical en devenant libre, il formerait une racine qui ne présenterait pas
de différence essentielle avec la racine des Fougères.

Mais il n'en est pas ainsi. Après un court trajet, ce corps
central de la racine primitive se divise en deux moitiés dans
le plan bissecteur de la dichotomie. Chaque branche emporte
une des lames vasculaires et deux moitiés des groupes libériens alternes. Ces deux branches divergent brusquement,
traversent presque horizontalement le parenchyme cortical,
et, s'entourant alors seulement d'une gaîne propre de parenchyme, se rendent dans deux racines horizontales diamétralement opposées, insérées sur les deux faces de la dichotomie de la tige supposée verticale. Chacune de ces racines ne
possède donc qu'un seul faisceau vasculaire centripète, dont la
pointe est tournée en bas, et deux groupes libériens réunis
en un seul arc sur le côté supérieur du cylindre central. Ce sont
les deux troncs primaires dont nous avons étudié plus haut la
structure et les bifurcations successives dans des plans per-

pendiculaires; ces troncs ne sont pas des racines autonomes et complètes, mais seulement les deux moitiés de la racine primitive.

Dans les *Selaginella cuspidata, stolonifera*, etc., les deux branches provenant de la bifurcation interne du corps primitif de la racine sont très-inégales, comme cela arrive souvent pour les dichotomies de la tige. C'est la branche qui correspond au côté des grandes feuilles, c'est-à-dire à la face inférieure de la tige rampante, qui est la plus puissante et qui forme le tronc principal de la racine qui pointe directement vers la terre; l'autre est très-faible, se dirige encore à travers le parenchyme cortical jusqu'à la périphérie de la tige, mais là elle n'aboutit qu'à un petit mamelon qui ne s'allonge pas d'ordinaire. Bien que seul développé au dehors, le tronc principal de ce qu'on appelle la racine n'est donc en réalité qu'une moitié de la racine primitive, ce qui explique sa structure.

Dans les *Selaginella umbrosa, denticulata*, etc., on retrouve, mais en sens contraire, la même inégalité de développement entre les deux branches de la première bifurcation; c'est, en effet, la branche correspondant au côté des grandes feuilles qui s'atrophie sans donner de racine au dehors, et c'est l'autre qui pénètre dans une racine insérée sur la face supérieure de la tige rampante, d'abord ascendante, mais qui se recourbe bientôt vers la terre, tantôt en passant alternativement à droite et à gauche de la branche la plus puissante des dichotomies caulinaires successsives (*S. umbrosa*), tantôt en laissant de côté les deux branches et contournant la plus faible (*S. denticulata*).

Enfin, dans les *Selaginella Mertensii, viticulosa*, etc., les deux branches du corps primitif de la racine sont le plus souvent également développées et forment un tronc principal sur chacune des faces de la dichotomie de la tige.

Telle est la manière indirecte dont s'attachent aux bifurcations de la tige les deux troncs principaux de la racine des Sélaginelles; elle nous révèle la cause de l'anomalie de structure que nous y rencontrons et qui se maintient dans la suite des bifurcations. Chacun de ces troncs n'est pas en lui-même une racine autonome et complète, mais seulement une moitié de racine. Il y a une vraie racine primitive, insérée directement sur la tige et bissectrice de sa dichotomie, dont elle est contemporaine. Cette racine possède la structure normale, symétrique par rapport à son axe de figure; mais elle ne forme pas de membrane rhizogène, et l'on peut admettre que tout provient de là. Pour sup - pléer à cette impossibilité de produire des radicelles, la cellule qui termine le cône végétatif se dédouble, et chaque moitié ne forme plus que la moitié des faisceaux centraux qu'elle formait auparavant, puis chacune de ces moitiés se dédouble encore, et ainsi de suite. Il en résulte que si le tronc primitif ne possède que deux faisceaux de chaque espèce, comme c'est le cas chez les Sélaginelles, toutes ses branches, y compris les deux premières, ne posséderont qu'un seul faisceau vasculaire et un seul faisceau libérien. Mais tandis que toutes les branches sont le siège d'un puissant accroissement intercalaire, le tronc primitif, au contraire, demeure extrêmement court.

En résumé, le système radical qui correspond à chaque bifurcation de la tige, considéré dans son entier avec ses deux branches primitives également développées et divisées, ne constitue pas un ensemble de racines autonomes insérées les unes sur les autres, mais une seule et même racine. Pour juger de la symétrie de structure de cette racine, il faut donc, ou bien s'adresser au tronc primitif, ou bien considérer à la fois toutes les branches de la même génération, en tenant compte de celles qui peuvent avoir avorté. On voit alors reparaître la structure normale et la symétrie du système par rapport à son axe idéal. Il n'est pas légitime de considérer une partie de cet ensemble isolément et d'en donner la structure comme étant celle de la racine tout entière, de la traiter en un mot comme une radicelle de Fougère ou de Phanérogame, qui est en elle-même une racine autonome et complète.

Le tronc principal de la racine des Lycopodes, dépourvu aussi de membrane rhizogène, se divise de même, nous l'avons vu, par bifurcation de son cône végétatif; le système total n'y est donc encore qu'une seule et même racine, et doit toujours être envisagé

dans son ensemble. Seulement, comme le type numérique est
d'abord considérable, la structure normale persiste avec sa symétrie dans les premières branches. Le nombre des faisceaux se
réduisant à chaque fois, on arrive bientôt à une entrefourche
binaire, et désormais les choses se passent comme chez les
Sélaginelles, les dichotomies ultérieures s'opérant constamment
dans des plans rectangulaires.

Avant de quitter ce sujet, nous devons examiner quelques
points où notre manière de voir se trouve en désaccord avec celle
de MM. Nægeli et Leitgeb.

Frappés de ce que, dans certaines Sélaginelles, comme les
S. Kraussiana et *Martensii*, le sommet du tronc principal inséré
à chaque dichotomie de la tige ne porte pas de coiffe, et s'exagé-
rant l'importance de ce fait, ces botanistes refusent de voir dans
ce tronc principal une racine, et le considèrent comme une tige.
« Les organes qui se développent aux dichotomies de la tige de
beaucoup d'espèces de *Selaginella*, et desquels, quand ils ont
atteint le sol, s'échappent plusieurs racines, ont été jusqu'à présent tenus pour des racines. Quoique cela soit vrai, comme nous
le verrons plus tard, pour certaines espèces, cependant chez
d'autres il manque à ces organes la marque qui caractérise la
racine, c'est-à-dire que la coiffe terminale y fait défaut, et que
cette absence de coiffe les désigne clairement comme tiges.
Nous les appellerons porte-racines (*Wurzeltræger*), puisque
c'est d'eux que s'échappent les vraies racines (1). »

Il m'est impossible d'admettre cette idée. Les organes désignés
par MM. Nægeli et Leitgeb sous le nom de porte-racines, dans
les *S. Kraussiana* et *Martensii*, sont, sous tous les rapports, iden-
tiques avec ceux que les mêmes auteurs appellent racines dans
les *S. lœvigata* et *cuspidata*. Tout ce que nous avons dit de la structure des racines, de leur mode de bifurcation, de leur mode d'insertion sur la tige deux par deux en formant un tronc commun
intérieur, s'applique à ces prétendus porte-racines; et si la coiffe
terminale manque en effet au tronc principal dans ces deux
espèces, tandis qu'on l'y trouve chez les autres, cela prouve

(1) *Loc. cit.*

seulement que la présence de cette coiffe à l'extrémité des racines aériennes peut souffrir quelques exceptions, et non que l'organe n'est pas une racine (1).

Il est toutefois un caractère présenté par le porte-racines du *S. Kraussiana*, qui, n'appartenant pas au porte-racines plusieurs fois bifurqué du *S. Martensii*, ne peut par conséquent servir à séparer un porte-racines d'une racine, mais qui a besoin néanmoins d'être expliqué. Voici comment il est énoncé par les botanistes de Munich : « Dans le cylindre vasculaire, les premiers vaisseaux et les plus étroits apparaissent *au centre;* puis il se forme tout autour et *vers l'extérieur* des vaisseaux plus larges scalariformes, qui sont entourés à leur tour par un tissu de trois à cinq couches de petites cellules qui limitent le cylindre vasculaire…. Le développement centrifuge du cylindre vasculaire du porte-racines du *S. Kraussiana* est un fait très-remarquable en ce qu'il constitue une anomalie complète…. Cet organe se distingue ainsi, par la direction que suit la formation des vaisseaux, des racines de toutes les plantes sans exception. Il se sépare aussi par là des tiges des plantes voisines, mais il se rapproche des tiges de quelques Cryptogames et de toutes les Phanérogames (2). »

Ce fait anomal s'explique, selon nous, très-simplement. Rappelons-nous, en effet (voy. p. 91), que le tronc principal et toutes les entrefourches de la racine du *S. cuspidata*, par exemple, grâce au dédoublement du faisceau vasculaire et à la rotation de ses deux moitiés autour de leurs pointes immobiles et contiguës, possèdent dans une certaine région cette même

(1) M. J. Sachs exprime une opinion analogue à la nôtre : « Je n'admets pas avec Nægeli, dit-il, que le porte-racines soit un organe différent des racines qui naissent sur lui, mais je crois au contraire que le même organe croît par son extrémité, d'abord comme une tige sans donner de feuilles cependant, puis plus tard comme une racine. Cette opinion paraît d'autant plus justifiée, que chez d'autres Sélaginelles, par exemple le *S. lepidophylla*, les organes qui s'insèrent à la même place que ces porte-racines sont de vraies racines; ils ont en effet dans cette espèce, même quand ils n'ont encore que deux ou trois lignes de longueur et qu'ils sont encore très-éloignés du sol, une coiffe bien développée et de nombreux poils. » (*Lehrbuch*, p. 375.)

(2 *Loc. cit.*

structure singulière, ce même développement centrifuge des vaisseaux que le *S. Kraussiana* conserve dans toute son étendue. Souvenons-nous encore que les entrefourches des Sélaginelles sont le siége d'un accroissement intercalaire considérable, qui écarte beaucoup les dichotomies successives d'abord très-voisines. Imaginons maintenant que cet accroissement intercalaire, au lieu de s'opérer comme d'ordinaire à peu près uniformément dans toute l'étendue de l'entrefourche, au lieu de porter à peu près également sur tous les temps du dédoublement du faisceau, de la rotation de ses deux moitiés et de leur séparation, porte au contraire presque exclusivement sur cette région critique où le développement des vaisseaux est centrifuge, parce que le faisceau est dédoublé et que ses deux moitiés ont accompli leur rotation, mais sans être encore séparées; cela suffira pour que l'entrefourche ou le tronc principal possède dans toute son étendue cette structure qui d'ordinaire n'est que transitoire. C'est ce qui arrive dans le *S. Kraussiana*. La différence présentée par cette espèce n'est donc que secondaire; elle résulte d'une localisation différente de l'accroissement intercalaire. La division du faisceau et la rotation de ses deux moitiés se font brusquement, puis les choses demeurent ainsi dans toute l'étendue du tronc, après quoi l'écartement des deux faisceaux et la séparation des deux cylindres centraux s'opèrent de nouveau brusquement. L'anomalie signalée par MM. Nægeli et Leitgeb disparaît ainsi en s'expliquant.

Enfin, ces auteurs ont observé, comme nous, la confluence des systèmes vasculaires des deux troncs principaux à chaque dichotomie; mais ils ont rejeté l'explication que nous avons cru pouvoir déduire de nos études anatomiques. «Une coupe longitudinale de la tige du *S. Martensii*, perpendiculaire au plan de bifurcation, passe donc par les deux porte-racines, et l'on voit que leurs deux cylindres vasculaires se recourbent vers l'intérieur, se réunissent au milieu de la tige, puis courent parallèlement à l'axe jusqu'à l'angle de bifurcation où le cylindre vasculaire de la tige se divise en deux, et se réunissent aux branches de celui-ci.... Cette marche anatomique est susceptible d'une double interprétation. Ou bien les deux porte-racines, entièrement séparés en dehors, s'insèrent séparément sur la tige et ils ne réunissent que leurs cylindres vasculaires à la base; ou bien les deux porte-racines doivent, à cause de la manière de se comporter de leurs cylindres vasculaires, être considérés comme les branches d'un système originairement simple. La dernière explication nous paraît invraisemblable, parce que, comme nous le verrons plus tard, la position des deux vaisseaux primordiaux dans les deux porte-racines n'est pas la même que dans les branches d'une vraie bifurcation (1). »

Il me semble, au contraire, que cette explication est la seule qui convienne aux rapports anatomiques, et la raison invoquée pour la combattre me paraît sans valeur. La première bifurcation, en effet, n'est pas une dichotomie comme les autres, elle porte sur un système binaire et le ramène à l'unité; les suivantes portent, au contraire, sur ce type ainsi réduit et le conservent. Ces conditions d'origine différentes rendent illusoire toute comparaison entre la première dichotomie et les autres.

Isoetes. — La racine de l'*Isoetes lacustris* présente la même série de bifurcations successives dans des plans rectangulaires que nous venons d'étudier chez les Sélaginelles; elle possède aussi la même structure. Dans la partie supérieure du tronc principal ou d'une entrefourche quelconque, le cylindre central est formé d'un seul faisceau vasculaire centripète qui, dans le tronc principal supposé horizontal, tourne sa pointe en bas, et d'un arc de cellules libériennes diamétralement opposé. A mesure que l'on descend vers la dichotomie, l'unique faisceau vasculaire se dédouble, ses deux moitiés tournent de 90 degrés, de manière à se présenter leurs pointes, puis les deux cylindres centraux se séparent en séjournant longtemps côte à côte dans le même parenchyme cortical avant d'acquérir une gaîne propre et de former deux branches radicales distinctes. Il en résulte que le plan de la première bifurcation extérieure est perpendiculaire à la tige et que les plans des autres sont successivement rectan-

(1) *Loc. cit.*

gulaires. Mais dans les plantes de ce genre le cylindre central est lui-même excentrique par rapport au parenchyme cortical ; ce dernier est creusé d'une large lacune centrale contre la paroi de laquelle le cylindre libéro-vasculaire demeure attaché, et la génératrice de contact correspond à la pointe du faisceau vasculaire : il en résulte que dans les deux branches d'une même dichotomie les lignes de contact sont tournées l'une vers l'autre.

Le tronc principal unifasciculé de la racine s'insère-t-il sur la tige de la même manière que chez les Sélaginelles ? Y a-t-il un tronc commun fort court, attaché directement aux faisceaux de la tige et doué d'une structure binaire symétrique, c'est-à-dire possédant deux faisceaux vasculaires centripètes alternes avec deux groupes libériens ? Ce tronc primitif se bifurque-t-il à l'intérieur même du parenchyme cortical et dans le plan de l'axe, pour ne développer au dehors que sa branche inférieure, tandis que l'autre avorte, comme cela a lieu dans la plupart des Sélaginelles, en sorte qu'on n'aperçoit à l'extérieur que la moitié du système total qui constitue chaque racine ? L'affirmative est probable, mais il m'a été impossible, jusqu'à présent, de mettre ce point en évidence.

Phylloglossum. — Je n'ai pas pu, faute de matériaux, étudier la structure de la racine du *Phylloglossum Sanguisorba*, dont Kunze proposait dès 1843 (1) de faire le type d'un groupe intermédiaire aux Lycopodiacées et aux Ophioglossées, ressemblant aux premières par les organes de reproduction, aux secondes par les organes de végétation. Le travail posthume de Mettenius (2), sur cette plante intéressante, va nous permettre de combler cette lacune.

Semblable à cet égard aux Ophrydées, le *Phylloglossum* possède ordinairement deux tubercules souterrains : le plus âgé termine la tige ; l'autre s'attache latéralement à elle par un cordon, et est muni d'un bourgeon vers son sommet. La tige donne

(1) Kunze, *Bot. Zeit.*, 1843, I, p. 721.
(2) G. Mettenius, *Ueber Phylloglossum* (*Bot. Zeit.*, 29 mars 1867, p. 97).

naissance au-dessus du tubercule basilaire, d'abord à quelques racines adventives grêles (1-4) non ramifiées, puis au pédicule du nouveau tubercule, puis à un verticille de 2 à 11 feuilles, pour se prolonger en une hampe terminée par l'épi sporangifère. La première, formée des racines adventives, qui existe souvent seule, se forme vis-à-vis du nouveau tubercule.

Examinons maintenant la structure des tubercules et des racines. Le tubercule ancien, depuis l'insertion de la première racine adventive jusqu'à sa base, est exclusivement formé de parenchyme et ne contient pas de trace de faisceau vasculaire.

Dans les racines adventives, la position du cylindre vasculaire est excentrique comme dans la racine des Isoëtes ; il se trouve rapproché de la face inférieure de la racine ; une large lacune ou plusieurs petites le séparent du parenchyme cortical sur la face opposée.

Le pédicule du nouveau tubercule possède un faisceau vasculaire excentrique, plus rapproché de sa face inférieure. Ce faisceau se recourbe en haut dans la base du bourgeon que porte le tubercule, et il s'y éteint sans pénétrer ni dans le bourgeon, ni dans le nouveau tubercule, qui est, comme l'ancien, exclusivement parenchymateux.

Quoique peu explicites, ces observations de Mettenius suffisent cependant à montrer que la racine des *Phylloglossum*, bien qu'elle ne se bifurque pas, possède la structure unifasciculée que nous venons de décrire chez les Sélaginelles et les Isoëtes. Sa constitution s'explique encore par la bifurcation d'un tronc bifasciculé accomplie à l'intérieur du parenchyme cortical de la tige et dont la branche supérieure avorte ; elle n'est qu'une moitié de racine. Nous verrons bientôt que la même chose se présente chez les Ophioglosses.

Psilotum. — Le *Psilotum triquetrum* ne possède pas de racines. Ce sont les branches du rhizome abondamment couvertes de poils bruns absorbants, qui jouent ici le rôle physiologique dévolu ailleurs aux racines. MM. Nægeli et Leitgeb ont montré en effet que ces organes possèdent toujours des traces de feuilles plus ou moins évidentes qu'il faut quelquefois chercher jusque dans l'intérieur du parenchyme cortical. et que leur extrémité est toujours dépourvue de coiffe ; ce sont donc bien des tiges. Aussi avons-nous quelque peine à comprendre pourquoi, après avoir établi ce fait, ces botanistes s'expriment ainsi : « Les branches du rhizome du *Psilotum*, semblables aux racines, ont une grande analogie avec les porte-racines des *Selaginella*. Tous les deux se séparent des rhizomes ordinaires, principalement par la direction en arrière de l'accroissement et par le manque de feuilles visibles à l'extérieur, si petites qu'elles soient. Ils forment une catégorie particulière d'axes caulinaires, pour laquelle nous proposerions le nom de *rhizoïdes* (1). »

Il ne nous paraît y avoir aucune analogie de structure entre les prétendus porte-racines des *Selaginella* et les organes souterrains du *Psilotum*. Les premiers n'ont jamais de traces de feuilles, les seconds en ont toujours ; il est peu important que ces traces soient visibles à l'extérieur, du moment qu'elles existent. Les porte-racines des Sélaginelles, malgré l'absence de coiffe terminale, ne sont pas autre chose qu'une fraction de vraie racine. comme nous l'avons expliqué plus haut. Les organes souterrains du *Psilotum*, tout en jouant, grâce aux poils absorbants dont ils sont revêtus, le rôle physiologique dévolu d'ordinaire aux racines, n'en sont pas moins de véritables tiges (2). La prétendue catégorie intermédiaire des rhizoïdes n'a donc qu'une existence imaginaire.

Nous pouvons maintenant résumer ce que l'étude des Lycopodiacées vient de nous apprendre.

Considéré dans son ensemble, le système d'organes radicaux qui s'insère en un point de la tige, et dont une moitié peut avorter plus ou moins complétement, ne constitue qu'une seule et

---

(1) *Loc. cit.*, p. 152.

(2) Mettenius a montré de même que dans certaines espèces de Trichomanes (*Tr. concinnum, saxifragoïdes* et vingt-quatre autres) il n'y a pas de racines ; ce sont des branches ophylles du rhizome qui se revètent de poils absorbants particuliers (*Haarwuzel*) et jouent le rôle physiologique des racines absentes. (*Sur les Hyménophyllacées*, loc. cit.)

même racine divisée. Le tronc primitif de cette racine est construit sur le même type général que la racine des Fougères,
des Équisétacées et des Marsiléacées; mais il ne possède pas la
membrane rhizogène spéciale des Équisétacées, et sa membrane
protectrice est dépourvue de la puissance rhizogène dont elle est
douée chez les Fougères et chez les Marsiléacées. Ne pouvant
donc produire de radicelles, il se bifurque. Cette bifurcation
répétée réduit plus ou moins rapidement à l'unité le nombre
des faisceaux de deux espèces qui entrent dans la constitution du
cylindre central primitif; à partir de ce moment, les branches
successives ne sont plus symétriques que par rapport à un plan.

Si le nombre des faisceaux du tronc primitif est élevé, comme
dans les Lycopodes, ce n'est qu'après un certain nombre de
bifurcations que la simplication amène le type deux; à partir
de la dichotomie suivante, toutes les branches sont unifasciculées.
Si le tronc primitif ne possède lui-même que deux faisceaux
de chaque espèce, comme dans les Sélaginelles, c'est dès la première bifurcation, qui se fait de très-bonne heure, que la symétrie par rapport à l'axe disparaît, de sorte que les branches
primaires elles-mêmes n'ont, comme toutes les autres, dans leur
corps central, qu'un seul plan de symétrie.

Tantôt ces deux branches primaires se développent également
(*Selaginella Martensii, viticulosa*, etc.) ; tantôt l'une ou l'autre
d'entre elles avorte, et cet avortement est plus ou moins complet,
plus ou moins primitif. Dans certains cas, le cylindre central de
la branche avortée se constitue; mais il demeure enfoui avec
le tronc commun dans le parenchyme cortical de la tige où on
le retrouve aisément (*Selaginella cuspidata*, etc.) ; dans d'autres,
le cylindre central de la branche avortée ne paraît même pas
se constituer (*Isoetes, Phylloglossum*). Dans tous les cas, il est
nécessaire de tenir compte de cette branche avortée, de rétablir
par la pensée le tronc primitif antérieur à la première bifurcation, de considérer enfin la racine tout entière, si l'on veut retrouver la symétrie normale de l'organe par rapport à son axe.

Les Lycopodiacées nous ont offert un phénomène nouveau et
pour ainsi dire unique dans le règne végétal, puisqu'il ne se pré-

sente ailleurs que chez les Ophioglossées; c'est l'absence d'une membrane rhizogène spéciale ou d'une membrane protectrice capable de la suppléer, et par suite l'impossibilité de produire des radicelles. La racine ne s'y multiplie pas en donnant naissance, à sa surface, à une génération nouvelle de racines autonomes et semblables à elle-même, qui, à leur tour, en développeraient d'autres; elle demeure simple. Elle ne forme pas une colonie de racines complètes de génération différente implantées les unes sur les autres; elle ne constitue qu'une seule et même racine; mais cette racine se divise par dichotomie, sans qu'on ait aucunement le droit de considérer isolément une quelconque de ses branches comme équivalant anatomiquement à une radicelle ordinaire.

Ophioglossées.

La racine des *Botrychium* et celle des *Ophioglossum* s'insèrent sur la tige dressée en cinq séries un peu irrégulières en rapport avec la disposition quinconciale des feuilles. Elles sont épaisses et dépourvues de radicelles. Dans le *Botrychium Lunaria*, elles présentent quelquefois leurs extrémités bifurquées; j'ai toujours trouvé simples celles de l'*Ophioglossum vulgatum*. Les racines de ces deux plantes présentent d'ailleurs une structure fort différente et nous devons les décrire successivement.

Botrychium. — La section transversale d'une racine de *Botrychium Lunaria* montre sous l'épiderme un parenchyme cortical très-développé, formé de larges cellules amylifères hexagonales, à paroi un peu épaissie et d'un blanc brillant, disposées de façon à ne présenter ni séries radiales, ni couches concentriques bien nettes; dans la zone externe il n'y a pas de méats, la zone interne en possède de petits; c'est toute la différence. Les cellules de l'assise la plus interne de cette écorce, immédiatement appliquées contre le cylindre central, ont la même dimension et le même contenu amylacé que les autres; mais elles présentent dans le jeune âge, sur leurs faces latérales et transverses, une série de courts plissements parallèles qui se traduisent sur les sections transversales par des marques noires échelonnées de même largeur; ces plissements paraissent s'effacer plus tard, en même temps que les parois s'épaississent. L'assise corticale interne constitue donc ici, comme chez les Lycopodiacées, une membrane exclusivement protectrice ; il en résulte l'impossibilité pour cette racine de produire des radicelles.

Le cylindre central possède deux faisceaux vasculaires centripètes, diamétralement opposés. Chacun d'eux commence par un rang de trois ou quatre vaisseaux étroits qui sont tantôt en contact immédiat avec les cellules plissées, tantôt séparés d'elles par une assise de petites cellules dépourvues d'amidon et qui forment en face des vaisseaux une membrane périphérique au corps central. Ces premiers vaisseaux sont suivis de rangées successives de vaisseaux un peu plus larges, mais qui conservent ensuite le même diamètre jusqu'au centre. Ils ont tous une section arrondie, une paroi fort épaisse et munie de ponctuations ovales superposées, et ils sont formés de cellules empilées, à cloisons obliques persistantes et rayées. Lorsque, par les progrès de l'âge, les deux groupes vasculaires se sont réunis au centre, ils forment une large bande diamétrale renflée au milieu, et dans laquelle les vaisseaux sont sensiblement égaux entre eux, mais un peu plus étroits aux deux bouts.

Alternes avec ces deux faisceaux vasculaires, on voit deux arcs d'éléments libériens, à paroi épaissie et brillante; les éléments externes sont toujours directement en contact avec la membrane protectrice, et appartiennent ainsi à la même assise circulaire que les cellules extérieures aux premiers vaisseaux, quand elles existent. Ces arcs de cellules épaissies ont en dedans d'eux des cellules plus étroites, à paroi mince, à contenu sombre et granuleux, libériennes encore, et qui s'avancent jusqu'au contact des vaisseaux, sans laisser de cellules conjonctives bien distinctes.

Ainsi constituée, cette racine est insérée sur la tige de manière que ses deux faisceaux vasculaires soient latéraux, c'est-à-dire que la bande vasculaire soit perpendiculaire à l'axe de la tige.

Si la plupart des racines du *Botrychium Lunaria* présentent ainsi le type 2, j'en ai cependant rencontré quelques-unes d'un diamètre un peu plus grand, et construites sur le type 3. Les vaisseaux y forment alors une étoile à trois branches qui comprennent entre elles autant d'arcs libériens; par rapport à la tige il y a un faisceau vasculaire en bas et deux en haut. Sur une autre racine, j'observe, au voisinage de l'insertion sur la tige, trois faisceaux des deux espèces, et, à quelques centimètres de là, ce nombre est réduit à deux.

En résumé, la racine du *Botrychium Lunaria* possède la structure normale symétrique par rapport à son axe de figure, telle que nous la montrent les Fougères ; mais l'absence de membrane rhizogène la rend impuissante à produire des radicelles. Se divise-t-elle? C'est, comme toute branche binaire de la racine des Lycopodes, par une dichotomie dont chaque branche reçoit un des faisceaux vasculaires et deux demi-groupes libériens réunis en un arc libérien unique, diamétralement opposé à ce faisceau vasculaire. Cette dichotomie s'opère donc dans un plan perpendiculaire à la tige, et chaque branche n'étant qu'une moitié du tronc primitif, il n'y a pas lieu de s'étonner si elle possède cette structure anormale qui caractérise les dernières branches de la racine des Lycopodes et toutes les branches de la racine des Sélaginelles et des Isoëtes.

Ophioglossum. — La racine de l'*Ophioglossum vulgatum* a une structure très-différente au premier abord de celle du *Botrychium Lunaria ;* mais nous la ramènerons sans peine au même type.

Le parenchyme cortical est formé, sous l'épiderme, de larges cellules hexagonales qui ont, dans le jeune âge, leurs parois munies d'ondulations parallèles, et qui sont disposées en séries radiales et concentriques, mais qui plus tard perdent cette disposition régulière en même temps que leurs parois s'épaississent un peu, que leurs ondulations s'effacent et qu'elles se remplissent de fécule. Après ce léger épaississement, les cellules corticales se montrent munies sur leurs faces latérales de ponctuations disposées en spirale, et sur leurs faces transverses de deux séries de fines bandes d'épaississement parallèles qui se coupent à angle droit en formant un réseau ou grillage délicat (1). Les cellules de l'assise la plus interne de l'écorce qui se remplissent d'amidon comme les autres, présentent, sur leurs faces latérales et transverses, des plissements parallèles qui se traduisent par des marques noires sur la section transversale; elles forment donc une membrane protectrice immédiatement autour du cylindre central. Cette membrane ne renferme pas de cellules rhizogènes, et il n'y a pas de membrane rhizogène spéciale.

Dans le cylindre central, les premiers vaisseaux apparaissent sur un seul point de la circonférence; ils forment bientôt, au nombre de cinq ou six, un arc périphérique. Tantôt ces vaisseaux externes laissent entre eux et la membrane protectrice une rangée de cellules carrées, sans amidon, qui est la membrane périphérique du corps central ; mais, d'autres fois, les deux vaisseaux médians de l'arc sont immédiatement en contact avec les cellules plissées, et les latéraux seulement en sont séparés par l'assise périphérique. Derrière ces premiers vaisseaux il se forme successivement d'autres séries de vaisseaux à peine plus larges et scalariformes, et il se constitue en définitive un large triangle vasculaire, dont la base, un peu concave, dépasse le centre. En face de cet unique faisceau vasculaire centripète, se trouve un

(1) Au voisinage de son extrémité, toutes les cellules corticales de la racine sont claires; mais plus tard il est presque constant de voir plusieurs des assises de l'écorce externe remplies d'une masse jaunâtre ou brunâtre de protoplasma, tandis que les cellules de l'écorce interne sont pleines de fécule. On remarque aussi que les cellules à contenu brun sont envahies par un mycélium parasite formé de filaments rameux et articulés qui percent la paroi des cellules et s'y enroulent en pelote autour des masses protoplasmiques. Sous ce rapport, les racines de l'*Ophioglossum vulgatum* se comportent comme celles de certaines Orchidées. Schacht a en effet rencontré un mycélium parasite dans les cellules à matière brune de la racine de l'*Epipogon Gmelini*. M. Prillieux a étudié plus récemment ce fait dans la racine du *Neottia nidus-avis*, où ces filaments, aperçus d'abord par M. Schleiden, avaient été regardés par lui comme appartenant en propre au végétal (*Ann. des sc. nat.*, 4ᵉ série, 1856, t. V, p. 272). M. Prillieux a de plus constaté la présence de pareils filaments dans les racines des *Limodorum abortivum*, *Goodyera repens*, *Liparis Lœselii*, etc. Nous verrons plus tard que cette ressemblance n'est pas la seule entre l'Ophioglosse et le *Neottia nidus-avis*. J'ai trouvé assez souvent de semblables filaments de mycélium parasite enroulés autour des masses grisâtres de protoplasma dans les larges cellules de la zone moyenne de l'écorce de l'*Osmunda regalis* et de plusieurs autres Fougères.

arc de cellules libériennes à paroi notablement épaissie, blanche
et brillante, toujours en contact direct avec la membrane protectrice ; en dedans de cet arc viennent d'autres cellules libériennes, à paroi mince, et qui paraissent s'avancer jusqu'au
contact des vaisseaux sans interposition bien nette de cellules
conjonctives.

Ainsi constituée, cette racine s'insère sur la tige de telle manière que le faisceau vasculaire tourne sa pointe en bas, et que
le faisceau libérien occupe la face supérieure de l'organe.

La racine de l'*Ophioglossum lusitanicum* présente la même
structure et la même orientation.

Nous voyons donc que la racine de l'*Ophioglossum* correspond,
par sa structure, à la moitié de la racine du *Botrychium*, ou mieux
à l'une des branches de cette dernière racine quand elle est bifurquée. Très-différente par sa composition de celle du *Botrychium*,
elle se laisse cependant ramener au même type d'une manière fort
simple. Il suffit, en effet, de concevoir que la première bifurcation du tronc primitif qui, chez les *Botrychium*, tarde à se faire,
s'opère, dans les Ophioglosses, dans l'intérieur même du parenchyme cortical de la tige, et qu'elle y est accompagnée de
l'avortement constant de la branche supérieure. La racine des
Ophioglosses n'est donc qu'une moitié de la racine totale ; d'où
sa structure unifasciculée. Il faut la compléter par la pensée
pour retrouver la symétrie qui appartient à toute racine entière. Si elle vient à se diviser, nous savons à l'avance que ce
sera par dichotomie et dans un plan perpendiculaire à l'axe
de la tige.

Comparons maintenant les Ophioglossées avec les familles
précédemment étudiées. Par l'absence de cellules rhizogènes
comprises dans la membrane protectrice ou faisant partie d'une
membrane spéciale, et par l'impuissance où la racine se trouve
par conséquent de former de nouvelles racines autonomes, les
Ophioglossées diffèrent entièrement des Fougères, des Équisétacées, des Marsiléacées, et disons-le tout de suite, de toutes les
autres plantes vasculaires, excepté les Lycopodiacées. C'est donc
aux Lycopodiacées qu'elles viennent se rattacher par un lien

étroit, puisqu'elles partagent avec elles un caractère unique dans le règne végétal (1).

En outre, l'étude des Ophioglossées jette du jour sur quelques points difficiles de l'étude de la racine des Lycopodiacées, en nous montrant dans deux genres très-rapprochés et inséparables deux anneaux différents d'une chaîne qui était demeurée quelque peu interrompue dans cette dernière famille.

Chez les *Botrychium*, en effet, nous voyons une racine longuement développée, présenter le type 2 normal, pour se bifurquer plus tard en deux branches unifasciculées. Cela nous amène aux *Selaginella Martensii, viticulosa*, etc., où le tronc principal bifasciculé de la racine est très-court et se bifurque immédiatement en deux branches égales unifasciculées. De ce point nous passons aux *S. cuspidata, stolonifera, umbrosa, denticulata*, etc., où l'une de ces branches demeure excessivement faible, ce qui pourrait faire croire que l'autre est à elle seule la racine principale ; enfin, nous arrivons aux *Isoetes, Phylloglossum, Ophioglossum*, où l'une des branches étant totalement inaperçue, l'autre paraît être la racine tout entière, et présenterait, puisqu'elle est unifasciculée, une exception étrange, si l'on ne savait par la série des anneaux précédents la rattacher à la racine normale des *Lycopodium* et des *Botrychium*. En sorte que la série des transitions est : *Lycopodium, Botrychium, Selaginella viticulosa*, etc. ; *Selaginella cuspidata, umbrosa*, etc. ; enfin *Isoetes, Phylloglossum, Ophioglossum*.

---

(1) Ce rapprochement des Ophioglossées et des Lycopodiacées a déjà été fait à d'autres points de vue, mais qui paraîtront peut-être moins importants et moins décisifs. Ainsi, Kunze (*loc. cit.*) fait remarquer l'analogie qui existe, sous le rapport végétatif, entre les Ophioglosses et le *Phylloglossum*. On lit dans le *Traité de botanique* de MM. Decaisne et Lemaout, p. 658 : « Les sporanges renferment des spores lisses triangulaires, qui rapprochent les Ophioglossées des Lycopodiacées par l'intermédiaire du genre *Phylloglossum*. » Enfin, M. Hofmeister s'exprime ainsi : « La position de l'embryon du *Botrychium* sur le prothalle s'éloigne beaucoup de celle que présentent les Polypodiacées et les Rhizocarpées. Sous ce rapport, le *Botrychium* se rattache à ces Cryptogames vasculaires, qui ont, comme les Ophioglossées, le prothalle dépourvu de chlorophylle, c'est-à-dire aux Isoëtes et aux Sélaginelles. » (*Beiträge zur Kentniss der Gefässkryptogamen*, dans *Mémoires de l'Académie royale des sciences de Saxe*, 1857, t. V, p. 657.)

Mais l'histoire des racines des Ophioglosses serait singulièrement incomplète, si nous laissions de côté le rôle remarquable qu'elles jouent dans la reproduction de la plante.

Voyons d'abord comment s'opère le développement germinatif de la plantule issue du prothalle.

En isolant avec le plus grand soin, car elles se cassent très-facilement, les racines d'un grand nombre de plants d'*Ophioglossum vulgatum* dans le courant du mois de juin, on rencontre çà et là dans la terre une plantule issue de germination, et l'on finit par en recueillir un nombre suffisant pour offrir les divers états du développement.

Longtemps avant de produire sa première feuille, le mamelon incolore qui formera la tige développe successivement plusieurs racines. Il émet d'abord une racine horizontale grêle et souvent ondulée. Cette racine libre se termine donc, d'une part par son cône végétatif pointu, et de l'autre par un mamelon arrondi antérieur à elle, et qui est le rudiment de la tige. En cet état la plantule ressemble à un petit ver blanc ou grisâtre, long d'un centimètre environ et ayant moins d'un millimètre d'épaisseur. Plus tard, sans que le mamelon caulinaire se soit accru, il naît de lui une seconde racine en face de la première, et presque dans son prolongement ; cette racine, en s'inclinant dans la terre, fait un angle obtus avec la première, en sorte que la plantule a la forme d'un V renversé, dont le mamelon caulinaire occupe le sommet. Plus tard il se forme sur ce mamelon, toujours fort petit, une troisième racine à peu près à angle droit avec la direction des premières, ou plutôt à 2/5 de circonférence de la seconde. Ensuite apparaît une quatrième racine à peu près en face, ou, plus exactement, à 2/5 de circonférence de la troisième. C'est alors à une sorte de patte d'oiseau que la plantule ressemble. Ce n'est qu'après avoir ainsi formé ses quatre premières racines horizontales que le mamelon caulinaire produit sa première feuille sous forme d'une gaîne blanche assez courte, superposée à la première racine. La seconde feuille se forme ensuite en face de la première.

Pendant tous ces premiers développements, qui exigent un temps fort long, plus d'une année peut-être, la plantule est dépourvue de chlorophylle et vit à la manière des Champignons. On la trouve parfois adhérente par sa base à une petite lame brunâtre qui doit être le prothalle, et l'on vérifie que le plan des axes des deux premières racines, lequel contient aussi le plan de symétrie de la première feuille, coïncide avec le plan de symétrie du prothalle. Comme dans toutes les Cryptogames vasculaires, la forme asexuée se trouve donc liée ici à la forme sexuée par des rapports fixes de position, analogues à ceux qui rattachent l'embryon au lobe carpellaire transformé en ovule chez les Phanérogames. En résumé, les choses se passent chez l'*Ophioglossum vulgatum*, comme M. Hofmeister les a décrites depuis longtemps dans le *Botrychium Lunaria* (1).

Cette plante, issue du prothalle, une fois qu'elle est parvenue à l'état adulte, produit sur ses racines une génération de plantes nouvelles. Cette gemmation radicale s'opère de deux manières distinctes : tantôt c'est le cône végétatif de la racine qui se transforme lui-même en bourgeon caulinaire, c'est-à-dire que son développement ultérieur, obéissant désormais à d'autres lois, produit la plante nouvelle ; tantôt c'est sur un point quelconque de la racine primitive qu'apparaît un bourgeon adventif qui se développe ensuite. Quelques mots sur chacun de ces deux modes.

Si l'on isole avec soin, sans les briser, les racines d'une plante adulte, on en voit un certain nombre dont les extrémités coniques sont en voie d'allongement horizontal et ne présentent rien de particulier, mais au sommet d'autres racines on assiste à tous les degrés du développement que nous allons décrire. Le cône végétatif de la racine horizontale se relève d'abord vers le ciel et en même temps il s'arrondit en hémisphère et perd sa coiffe. Puis on voit poindre sur lui, en face de la racine qu'il termine, et presque dans son prolongement, une racine nouvelle *r* qui possède à peu près le diamètre de l'ancienne. Comme elle fait avec l'ancienne un angle obtus dans le plan vertical, comme elle est plus blanche qu'elle, comme elle est entourée à sa base d'un anneau brun, on voit qu'elle n'est pas le prolongement de l'ancienne, mais la pre-

---

(1) Hofmeister, *loc. cit.*, 1857, p. 657.

mière racine d'une plante nouvelle, dont la tige et les feuilles seront produites par le mamelon terminal transformé. Quand cette première racine a acquis une assez grande longueur, la première feuille F apparaît sur le cône végétatif. C'est une gaîne blanche longue de 2 centimètres environ, située à l'opposite de la jeune racine r, et par conséquent superposée à la racine génératrice R, qui paraît insérée sous elle sur la tige nouvelle. Puis il se fait une seconde feuille F' diamétralement opposée à la première, tantôt réduite encore à une gaîne, tantôt munie d'un limbe stérile. En même temps que cette seconde feuille, une seconde racine r' perce le mamelon caulinaire, à angle droit avec la première et du côté gauche de la première feuille. Bientôt après une troisième racine r'' se forme presque en face de la seconde r'. La plante nouvelle insérée sur le sommet de la racine de la plante ancienne a maintenant trois racines et deux feuilles, et son unique plan de symétrie coïncide avec le plan de symétrie de la racine génératrice, et par conséquent passe par l'axe de la plante ancienne.

Une quatrième racine r''' se forme plus tard dans l'angle qui sépare la première de la seconde et plus haut, à 2/5 environ à droite de la troisième. Puis une cinquième racine apparaît au-dessus de la racine génératrice, à 2/5 à droite de la quatrième, comme celle-ci est à 2/5 à droite de la troisième. En même temps une troisième feuille munie d'un limbe stérile se forme à peu près en superposition avec la seconde racine, c'est-à-dire à 2/5 à droite de la seconde feuille, et ainsi de suite. Les racines sont donc situées sur une spire quinconciale comme celle des feuilles et de même sens.

Ainsi se constitue, aux extrémités des racines qui rayonnent horizontalement autour de la tige verticale d'une plante issue de germination, toute une colonie circulaire de plantes nouvelles qui demeurent liées à la première pendant un certain temps, mais qui s'affranchissent plus tard. La tige primitive se résorbe en effet à sa base à mesure qu'elle s'allonge au sommet, et les racines inférieures se trouvent dissociées successivement de bas en haut ; une racine mère peut d'ailleurs aussi se résorber en son milieu. A son tour chaque nouvelle plante devient plus tard le centre d'une colonie, et ainsi de suite. Ce mode de végétation n'est pas sans analogie avec celui du Fraisier (1).

La nouvelle tige étant implantée sur la face supérieure de la racine génératrice, c'est-à-dire sur la face libérienne de son cylindre central, il en résulte que cette racine est orientée par rapport à la nouvelle tige comme elle l'est par rapport à l'ancienne. Sur les plants isolés qu'on extrait du sol en brisant les racines quand on ne prend pas de précautions, cette racine génératrice sera donc facilement prise pour la première racine de la plante, qui est au contraire née sur elle; elle occupe en effet la position que nous avons vue dans les plantules appartenir à cette première racine.

Ce remarquable mode de reproduction établit une analogie nouvelle entre l'*Ophioglossum vulgatum* et le *Neottia nidus-avis*. M. Prillieux a décrit (2) en effet, chez cette dernière plante, un mode de gemmation à l'extrémité des racines; seulement la mise en liberté des bourgeons s'y opère immédiatement par la ré-sorption annuelle du rhizome. La ressemblance est encore plus complète avec le *Phylloglossum Sanguisorba*. Nous avons vu plus haut, en analysant le travail de Mettenius, que le pédicule par l'intermédiaire duquel le tubercule nouveau s'insère sur la tige a la structure unifasciculée d'une racine ordinaire. Au point où finit le pédicule et où commence le tubercule, il y a un bourgeon tourné vers le ciel. L'ordre de développement de ces trois organes, c'est-à-dire du pédicule radical, du bourgeon qui le termine et du tubercule sous-jacent, est probablement le suivant. La racine se forme d'abord sur la tige, mais au lieu de s'allonger comme les autres, elle demeure courte; elle forme un bourgeon adventif à son sommet; enfin, sous ce bourgeon, le parenchyme cortical se renfle énormément en formant un tubercule exclu-

____

(1) On conçoit donc que ces racines génératrices horizontales qui réunissent pendant un certain temps les plantes filles à la plante mère aient été prises à tort pour des stolons par les auteurs descriptifs.

(2) Prillieux, *Structure anatomique et mode de végétation du* Neottia nidus-avis (*Ann. des sc. nat.*, 4e série, 1856, t. V, p. 279).

sivement cellulaire. Après quoi la tige mère se résorbe, la petite racine est mise en liberté avec son bourgeon terminal, qui s'allonge au printemps suivant en une plante nouvelle. Le *Phylloglossum* se reproduit ainsi par gemmation à l'extrémité de ses racines comme l'*Ophioglossum*, et cette analogie crée un lien de plus entre les deux familles.

Quant au second mode de gemmation radicale de l'Ophioglosse, voici en quoi il consiste. On trouve assez souvent, à la surface des racines anciennement brisées, ou des tronçons de racines, et à un centimètre environ de la cassure, une ou plusieurs petites productions dont on obtient assez facilement les divers états de développement. C'est d'abord un petit mamelon blanc à peine saillant à la surface de la racine brunâtre, et qui s'est formé à l'intérieur du parenchyme cortical qu'il a percé circulairement pour s'échapper. Sa base paraît correspondre au côté vasculaire du cylindre central. C'est le mamelon végétatif d'une tige nouvelle. On voit, en effet, poindre sur ce petit mamelon un cône pointu qui s'allonge en une racine grêle, en faisant avec la racine mère un angle tantôt droit, tantôt plus ou moins aigu ; quelquefois même cette petite racine suit la direction du tronçon auquel elle se superpose. Plus tard le mamelon primitif, toujours fort petit, produit une autre racine grêle, opposée à la première, puis une troisième et une quatrième à angle droit avec les deux premières. Ce n'est qu'après la formation de ces quatre premières racines que le mamelon caulinaire forme sa première écaille. La plantule issue d'un bourgeon adventif présente ainsi, par le faible développement de ses premières racines, beaucoup d'analogie avec la plantule issue d'un prothalle.

On voit donc que, si la tige de l'Ophioglosse ne se ramifie pas (1), et si ses racines demeurent simples, ces dernières possèdent cependant une merveilleuse propension à donner nais-

---

(1) La tige ne forme pas de bourgeons axillaires. Elle ne se divise pas en général ; mais il m'est arrivé plusieurs fois de voir deux tiges de même force insérées par un tronc commun à l'extrémité d'une racine génératrice ; elles provenaient de la bifurcation du bourgeon primitif. Quand la tige des Ophioglosses se divise, c'est donc par bifurcation terminale, comme celle des Lycopodiacées.

sance à des bourgeons terminaux ou latéraux, d'où naissent ensuite de nouvelles tiges et de nouvelles racines.

Résumé.

Si nous jetons maintenant un coup d'œil d'ensemble sur les résultats anatomiques obtenus par l'étude qui précède, nous voyons que, chez toutes les Cryptogames vasculaires, la racine se rattache au même type de structure. Partout, en effet, le cylindre central est formé par un certain nombre de faisceaux vasculaires centripètes, alternant sur le même cercle avec un pareil nombre de faisceaux libériens centripètes, ces deux ordres de faisceaux étant réunis en un cylindre plein par un tissu conjonctif plus ou moins développé. Partout encore une des assises corticales les plus internes possède sur les faces latérales et transverses de ses éléments les plissements échelonnés qui la caractérisent à l'état de membrane protectrice du cylindre central.

En ce qui concerne le cylindre central, la différence la plus saillante est relative à sa membrane périphérique. Développée dans les Fougères, les Marsiléacées et les Lycopodiacées, elle manque totalement dans les Prêles, et tout au moins en face des faisceaux libériens dans les Ophioglossées. Mais cette différence n'est peut-être pas bien considérable, car le rôle de cette membrane périphérique paraît peu important. Jamais, chez les Cryptogames vasculaires, elle ne concourt à la formation des radicelles.

Le parenchyme cortical, au contraire, offre des caractères différentiels intéressants. En général, ce sont les cellules de son assise la plus interne et la plus jeune qui sont revêtues sur leurs faces latérales et transverses de plissements échelonnés qui les engrènent solidement et en forment une membrane protectrice. Mais il y a deux degrés dans la spécialisation de cette membrane.

Tantôt, en effet, ces éléments plissés se comportent à tous les autres égards comme les cellules corticales ordinaires; comme elles, ils contiennent de l'amidon; comme elles, ils s'épaississent par les progrès de l'âge. Ils n'ont donc pas d'activité géné-

ratrice spéciale, et leur rôle est absolument passif et protecteur.
La racine principale ne peut, par conséquent, former de radicelles aux flancs de son cylindre central, et, si elle se divise, il
faudra que ce soit par bifurcation de sa cellule terminale. Elle
constitue alors un système qui ne représente jamais, quel que
soit le degré de complication qu'il atteigne, qu'une seule et
même racine, et qu'il faut toujours, par conséquent, envisager
tout entier en rétablissant par la pensée celles de ses branches
qui peuvent ne s'être pas développées, si l'on veut voir apparaître
la symétrie de structure de la racine par rapport à son axe idéal.
C'est le cas des Lycopodiacées et des Ophioglossées.

Tantôt, au contraire, ces éléments plissés se spécialisent
davantage par rapport aux autres cellules corticales. Ils n'épaississent et ne colorent jamais leur paroi, et leur contenu, dépourvu d'amidon, est un protoplasma azoté et finement granuleux ; ils conservent, en un mot, leur jeunesse et une grande
activité vitale. En effet, ce sont toujours certaines cellules de
cette membrane situées en face des faisceaux vasculaires qui,
par une série de segmentations désormais centrifuges, produisent une génération de racines nouvelles à la surface du cylindre
central de la racine primitive, dont la cellule terminale ne se
dédouble jamais. Il se forme des cellules-mères spéciales pour
les radicelles, et ces éléments rhizogènes appartiennent à la
membrane protectrice ; en d'autres termes, l'assise interne de
l'écorce constitue une membrane plus distincte que dans le premier cas, à la fois protectrice et rhizogène. Les choses se passent
ainsi dans les Fougères et dans les Marsiléacées.

Pour arriver aux Équisétacées, il faut faire un pas de plus
dans cette voie de localisation progressive des fonctions. Ce ne
sont plus, en effet, les cellules de la dernière assise de l'écorce,
mais celles de l'avant-dernière rangée qui s'engrènent par des
plissements échelonnés, et forment une membrane exclusivement protectrice, analogue à celle des Lycopodiacées et des
Ophioglossées, c'est-à-dire que, par les progrès de l'âge, elles
épaississent leur paroi, et perdent toute vitalité spéciale. Les
cellules de l'assise interne, au contraire, sont dépourvues de

plissements, mais douées en revanche d'une grande activité génératrice, et c'est dans certaines d'entre elles, situées en regard des faisceaux vasculaires, que naissent les radicelles. Il y a encore des cellules-mères spéciales pour les radicelles ; mais elles sont indépendantes des éléments protecteurs. En d'autres termes, l'assise interne de l'écorce, au lieu d'être exclusivement protectrice, ou bien à la fois protectrice et rhizogène, se dédouble en deux membranes superposées : l'externe exclusivement protectrice, l'interne exclusivement rhizogène. Il est remarquable que ce dédoublement de l'assise corticale interne coïncide avec l'absence d'épiderme au cylindre central, de manière qu'entre les cellules protectrices et les premiers vaisseaux il y ait toujours une assise cellulaire.

Au total, quand la racine fait sa première apparition dans le monde végétal, elle se montre dépourvue de cellules rhizogènes latérales ; mais, en revanche, elle dédouble sa cellule rhizogène terminale. Elle se divise donc sans se multiplier, et doit toujours être considérée dans son ensemble. Ce premier état nous est offert par les Lycopodiacées et les Ophioglossées. Puis apparaissent des éléments rhizogènes latéraux, et désormais la cellule terminale ne se dédouble plus. La racine se multiplie sans se diviser, et chaque branche du système peut être considérée isolément, puisqu'elle est en elle-même une racine complète et indépendante. Cette racine, si elle est binaire, s'insère toujours sur la précédente de manière que le plan de ses vaisseaux soit perpendiculaire au faisceau vasculaire vis-à-vis duquel elle se développe. Le degré croissant d'autonomie de ces cellules rhizogènes par rapport aux cellules protectrices, marque d'ailleurs la série des perfectionnements successifs. Ainsi dans les Fougères et dans les Marsiléacées, les cellules rhizogènes sont simplement empruntées à la membrane protectrice, dont tous les éléments revêtent à cet effet des caractères particuliers. Dans les Prêles, quoique appartenant toujours à la dernière assise de l'écorce, elles sont entièrement distinctes des éléments protecteurs, parce que les cadres de plissements échelonnés sont reportés sur l'avant-dernière rangée. Enfin nous pouvons dire tout de suite que dans les Phanérogames, cette indépendance des cellules rhizogènes et protectrices est bien plus grande encore, puisque les cellules-mères des radicelles n'y appartiennent plus à l'écorce.

Ceci posé, la symétrie de structure de la racine par rapport à son axe devient évidente dans tous les cas. Car dans les Fougères, les Marsiléacées et les Équisétacées où chaque branche du système radical est une racine indépendante, nous avons vu que le nombre des faisceaux de deux espèces qui constituent le cylindre central, nombre qui peut dépasser vingt dans la racine primitive, ne descend jamais au-dessous de deux ; et, d'autre part, dans les Lycopodiacées et les Ophioglossées, si ce nombre de faisceaux, qui peut atteindre seize à vingt dans le tronc principal, est bientôt ramené à l'unité dans les branches ultérieures et se conserve tel par la suite, et s'il est vrai qu'une telle branche, considérée isolément, ne possède qu'un seul plan de symétrie, nous savons qu'il n'est pas légitime de la considérer isolément, et qu'il faut toujours envisager le système dans son ensemble, en tenant compte des branches avortées, puisqu'il ne constitue qu'une seule et même racine.

Enfin, des différences secondaires se montrent dans chacun de ces groupes. Elles affectent surtout le nombre des faisceaux constitutifs de la racine primaire, le plus ou moins grand développement du tissu conjonctif, la disposition et la forme des éléments du parenchyme cortical, l'absence ou la présence de canaux gommeux et de vaisseaux tannifères, etc.

ÉTUDE PHYSIOLOGIQUE.

Constituée comme nous venons de le voir, la racine des Cryptogames vasculaires concentre dans ses tissus les liquides aspirés dans le sol par les poils épidermiques qui revêtent sa partie jeune et qui agissent comme autant de petits endosmomètres. Ces liquides, une fois introduits dans le corps de la racine, y cheminent, depuis le lieu d'absorption jusqu'au point où s'insère le tronc principal, pour se répandre de là dans la tige et ensuite dans les feuilles. D'autre part, la sève, transformée, élaborée dans les feuilles, revient à la tige qui la distribue aux racines insérées sur elle. Cette séve chemine dans la racine de la base au sommet; parvenue à la région encore jeune, mais déjà formée, elle apporte à la membrane rhizogène les éléments nécessaires à la production des radicelles; poursuivant ensuite sa marche, elle alimente d'abord l'achèvement des tissus récemment formés, puis en définitive le développement des tissus nouveaux du cône végétatif ; elle revient ainsi au delà de son point de départ. En mettant de côté le rôle absorbant joué par la région superficielle assez âgée pour avoir déjà des poils épidermiques, assez jeune pour les avoir encore à l'état d'activité, la racine se présente donc à nous comme un double canal, canal afférent et canal déférent. Comment s'y localisent ces deux courants inverses? telle est la question que nous allons chercher à résoudre par quelques expériences fort simples.

Les plantes des différentes familles soumises à l'expérience ont été les *Polypodium irioides* et *vulgare*, les *Equisetum hiemale* et *arvense*, le *Marsilea quadrifolia*, le *Selaginella cuspidata* et l'*Ophioglossum vulgatum*. Suivant le procédé bien connu et pratiqué depuis 1733, on a profité de la transpiration dont les feuilles sont le siége pour introduire des liquides artificiels dans la plante par la voie des racines. Dans une première série d'expériences le végétal aspirait successivement des dissolutions étendues de sulfate de fer et de cyanure de potassium ; dans une seconde série, une dissolution de fuchsine. Le résultat a été le même par les deux procédés et pour toutes les plantes.

Première série. — Soit un rhizome de *Polypodium irioides*, par exemple, garni de quelques feuilles sur sa face supérieure, et de quelques racines sur sa face inférieure. Après avoir coupé fraîchement au même niveau les extrémités des racines, on fixe le rhizome au bord d'un vase cylindrique aux deux tiers rempli d'une dissolution étendue de sulfate de fer, de manière que toutes les extrémités du faisceau de racines plongent d'environ 5 millimètres dans le liquide. Après vingt-quatre heures, on retire la plante, on lave les racines jusqu'à ce que l'eau de lavage ne précipite plus par le cyanure de potassium, puis on fixe le rhi-

zome de la même manière au-dessus d'un vase contenant une
dissolution de cyanure où plongent seulement les extrémités des
racines. Après vingt-quatre heures, la plante a conservé son
aspect normal ; on en lave de nouveau les racines, et l'on y fait
à diverses hauteurs des sections transversales et longitudinales,
en éliminant l'extrémité qui plongeait directement dans le
liquide, et qui s'est uniformément imbibée des deux dissolutions.

Tous les éléments anatomiques où, sous l'influence de la transpiration des feuilles, les deux solutions salines ont été successivement admises, et qui sont par conséquent la voie exclusive du
courant ascendant, se montreront colorés par un précipité bleu
intense et seront facilement distingués. Or, voici le résultat de
l'examen microscopique des sections.

Aucun des éléments de l'épiderme et du parenchyme cortical
n'a subi de changement, et il en est de même de la membrane
protectrice, et de la membrane rhizogène quand elle est distincte
de la protectrice, comme dans les Prêles. Dans le cylindre central, les cellules de la membrane périphérique, les éléments
allongés qui constituent les faisceaux libériens, enfin les cellules
conjonctives qui joignent ces faisceaux aux groupes vasculaires,
sont demeurés parfaitement incolores ; aucun des deux réactifs
n'y a pénétré. Les vaisseaux seuls et tous les vaisseaux sont colorés en bleu intense. La paroi épaissie de ces organes est
toujours colorée dans son épaisseur ; mais la cavité du vaisseau
est, suivant les sections, tantôt incolore, tantôt remplie, soit de
flocons ou de traînées grumeuses d'un bleu foncé, soit d'un
liquide bleu transparent. Cette différence tient sans doute à ce
que la colonne liquide qui parcourt le vaisseau est çà et là interrompue par des articles gazeux.

Ainsi il est démontré que le sulfate de fer et le cyanure de
potassium se sont élevés successivement dans la racine par la
voie seule des vaisseaux.

Seconde série. — Dans la seconde série d'expériences, j'ai
substitué aux deux dissolutions incolores aspirées successivement et réagissant dans l'intérieur une seule dissolution vive-
ment colorée par elle-même, et j'ai choisi une solution aqueuse

de fuchsine. Le résultat a été le même; les vaisseaux seuls et tous les vaisseaux se sont montrés colorés en rouge vif jusqu'à une hauteur d'autant plus grande, que l'expérience a duré plus longtemps, attestant ainsi qu'eux seuls sont le siége du courant liquide ascendant.

Il y a toutefois une différence dans la rapidité avec laquelle le liquide s'élève dans les vaisseaux de calibre différent. Il monte plus vite dans les vaisseaux étroits les premiers formés et les plus extérieurs; il est en retard dans les larges vaisseaux internes. Dans les sections transverses pratiquées dans la région que le liquide vient d'atteindre, les vaisseaux étroits en sont déjà remplis que les autres sont encore incolores.

On peut faire ici une objection. Il se pourrait que seule la paroi des vaisseaux eût le pouvoir de fixer en elle la matière colorante, ce qui expliquerait la coloration de ces organes sans qu'il fût légitime d'en conclure qu'eux seuls conduisent la dissolution. L'expérience montre qu'il n'en est pas ainsi. Plaçons une coupe transversale d'une racine non injectée dans une dissolution étendue et peu colorée de fuchsine; nous verrons, après quelques instants, non-seulement les vaisseaux, mais toutes les parois des autres cellules se teindre en rose intense; les éléments du liber en particulier fixent avec une grande énergie la matière colorante. Donc, si dans notre expérience, la paroi seule des vaisseaux se teint, c'est que ces éléments seuls sont traversés par la dissolution colorée. Cet effet général de teinture des coupes rend même nécessaire la précaution suivante. Il faut faire l'examen microscopique de la section de racine injectée, immédiatement après l'avoir plongée dans l'eau du porte-objet et le terminer rapidement. Bientôt, en effet, le liquide coloré contenu dans les vaisseaux s'épanche dans l'eau ambiante, et les particules de matière colorante vont se fixer sur les parois des cellules voisines, en produisant ainsi un effet secondaire qui pourrait induire en erreur, si l'on n'était averti.

La conclusion fort simple et fort nette de ces expériences (1)

___

(1) Nous examinerons dans une note placée à la fin de ce mémoire, à la suite des

est que, dans toutes les Cryptogames vasculaires, quel que soit le nombre, ordinairement binaire, des faisceaux vasculaires qui alternent avec les faisceaux libériens pour constituer le cylindre central de la racine, c'est par les faisceaux vasculaires seuls que se fait le transport ascensionnel des liquides puisés dans le sol, jusque dans l'intérieur de la tige. La fonction des faisceaux vasculaires se trouvant ainsi déterminée, celle des faisceaux libériens s'en déduit nécessairement. Comme ce paraît un fait certain que la pointe de la racine reçoit des feuilles les matières plasmiques qu'elles ont élaborées ; comme c'est un autre fait certain que les cellules libériennes se trouvent précisément remplies, à l'exclusion de toutes autres, de ces mêmes matières azotées, il paraît évident que les faisceaux libériens sont le siége de ce courant descendant nutritif.

Il semblerait naturel, d'après cela, de croire que les nouveaux développements dont certaines cellules de la membrane rhizogène deviennent le siége pour produire les radicelles doivent s'opérer en face du courant plasmique qui les alimente. Nous savons cependant qu'il n'en est rien, et que les cellules-mères des radicelles sont, au contraire, appuyées contre les courants ascendants.

Ainsi, des deux ordres de faisceaux dont l'alternance constitue essentiellement le cylindre central de la racine des Cryptogames vasculaires, les cellules conjonctives y étant assez peu développées d'ordinaire pour que nous ayons pu en négliger l'influence, sauf à l'étudier plus tard chez les Phanérogames, c'est par les faisceaux vasculaires que les liquides du sol montent, c'est par les faisceaux libériens qu'ils redescendent après s'être convertis dans les feuilles en séve élaborée. Les deux courants inverses, ainsi parfaitement localisés, alternent côte à côte et ne sont séparés que par les quelques cellules conjonctives, et il y a dans toute racine complète au moins deux courants de chaque espèce. Dans les *Selaginella*, *Isoetes*, *Phylloglossum*,

Dicotylédones, qui ont servi de préférence à ce genre de recherches, les résultats obtenus et les opinions professées par les premiers auteurs qui ont étudié, vers le milieu du dix-huitième siècle, la circulation des fluides dans les végétaux (note B).

Ophioglossum, dont la racine n'est, même dans son tronc principal, et par suite de l'avortement d'une des branches de la première dichotomie, qu'une moitié de racine, il n'y a qu'un seul courant ascendant et un seul courant descendant opposés dos à dos.

MONOCOTYLÉDONES.

ÉTUDE ANATOMIQUE.

Nous avons à établir que la racine des Monocotylédones est toujours construite sur un seul et même type fondamental, et que ce type est le même que celui que nous venons de retrouver chez toutes les Cryptogames vasculaires. Mais comme ce type de structure se manifeste dans cet embranchement avec des degrés de complication très-différents, nous devons, en traitant successivement un certain nombre d'exemples particuliers, fixer ces principales variations, pour dégager en définitive les caractères qui demeurent constants au milieu de ces modifications secondaires.

Pour commencer par le cas le plus simple, nous décrirons d'abord dans un certain nombre de plantes la structure de la racine principale, issue de l'allongement direct de la radicule de l'embryon, et nous la comparerons immédiatement à celle des racines adventives produites plus tard par la même plante adulte. Nous étudierons ensuite les racines adventives de quelques autres plantes dont nous n'avons pas pu suivre la germination, d'abord en nous élevant peu à peu de la forme ordinaire jusqu'aux plus puissamment organisées, ensuite en redescendant jusqu'aux plantes de cet embranchement qui possèdent dans leurs racines l'organisation la plus dégradée.

Structure de la racine principale comparée à celle des racines adventives de la même plante.

Suivons d'abord la germination de l'*Allium Cepa*. Étudions le pivot lorsque, simple encore, il a atteint une longueur d'environ

5 centimètres, et que les deux racines adventives opposées qui se développent sur la tigelle à droite et à gauche de la fente cotylédonaire et au-dessous de l'insertion du cotylédon uninervié, commencent à faire saillie. Les cellules de l'assise la plus interne de l'écorce viennent de se séparer par une paroi plane de celles de l'avant-dernière assise ; aplaties tangentiellement, elles ont leurs parois latérales et transverses pourvues de plissements échelonnés produisant sur la section les marques noires caractéristiques. Plus tard la paroi interne convexe s'épaissit et l'épaississement envahit peu à peu les faces latérales et transverses, tandis que la paroi externe seule, la dernière formée, conserve sa minceur primitive. L'assise la plus interne de l'écorce possède donc les deux caractères que nous verrons toujours par la suite appartenir à la membrane protectrice du cylindre central de la racine des Monocotylédones, c'est-à-dire les plissements d'engrenage quand les cellules sont jeunes, et plus tard l'épaississement en forme de fer à cheval. Il en résulte que cette membrane ne peut jouer qu'un rôle passif et protecteur, et comme elle termine le parenchyme cortical, ou bien la racine ne formera pas de radicelles, et les choses se passeront comme dans les Lycopodiacées et les Ophioglossées, ou bien si elle en produit, comme elle le fait en réalité, il faudra que ce soit par un mécanisme indépendant de l'écorce. De là un caractère différentiel par rapport aux Cryptogames vasculaires, qui, se maintenant par la suite entre elles et toutes les Phanérogames, creusera une séparation profonde entre les deux embranchements.

Cette membrane protectrice est suivie d'une assise de cellules carrées ou hexagonales, à paroi mince, qui alternent avec les cellules protectrices : c'est la membrane périphérique du cylindre central contre laquelle s'appuient les premiers vaisseaux et les premiers éléments libériens. C'est dans certaines cellules de cette membrane périphérique que se produisent les divisions qui amènent la formation des radicelles ; on peut donc lui donner le nom de membrane rhizogène, et nous verrons qu'il en est de même chez toutes les Phanérogames. Ainsi, deuxième caractère différentiel qui découle du premier : chez les Cryptogames vasculaires, la membrane rhizogène, tantôt contiguë à la protectrice, tantôt confondue avec elle, est toujours formée par l'assise la plus interne de l'écorce ; chez les Phanérogames, elle est toujours contiguë à la membrane protectrice, et est formée par l'assise périphérique du cylindre central.

Ce dernier possède deux groupes vasculaires cunéiformes, centripètes, et diamétralement opposés. Les vaisseaux y sont très-étroits, annelés et spiralés en dehors, puis de plus en plus larges à mesure qu'on s'approche du centre, où les deux files triangulaires se rencontrent. Ce centre est occupé, dans le tiers inférieur du pivot, par un seul très-gros vaisseau rayé, plus haut par deux, et dans la partie supérieure par trois.

De chaque côté de la bande vasculaire ainsi constituée, on voit un groupe de cellules étroites et longues, à section polygonale irrégulière, à paroi un peu épaissie et brillante, paraissant le plus souvent lisse, mais quelquefois revêtue de marques grisâtres, ovales, elles-mêmes finement ponctuées; le contenu de ces cellules est un protoplasma granuleux azoté, elles sont libériennes. Ce groupe libérien est réuni de chaque côté aux vaisseaux étroits, et vers le centre aux gros vaisseaux qui occupent le milieu de la lame par une rangée de cellules plus larges, hyalines, à paroi mince et non brillante, auxquelles nous donnerons, comme chez les Cryptogames vasculaires, le nom de cellules conjonctives.

Le plus grand nombre des plantules examinées ont montré ainsi deux faisceaux vasculaires et deux faisceaux libériens alternes; mais nous en avons trouvé une çà et là dont la racine avait trois lames vasculaires à 120 degrés l'une de l'autre, formant une étoile à trois branches, qui comprennent entre elles trois groupes libériens.

Dans le cas ordinaire, où la structure est binaire, le cotylédon correspond à l'un des faisceaux vasculaires du pivot; il ne reçoit de la tigelle qu'un seul faisceau libéro-vasculaire (1) provenant

____

(1) Voyez, à ce sujet, *Sur la structure des feuilles des Monocotylédones* (*Comptes rendus*, 1869, t. LXVIII).

comme toujours de deux branches réunies. Cette double origine demeure d'ailleurs indiquée dans le faisceau, pendant son parcours dans le cotylédon, car on y voit deux groupes libériens séparés, convergeant vers le même groupe vasculaire, ou même superposés à deux groupes vasculaires distincts qui se touchent par leurs pointes. La seconde feuille, diamétralement opposée au cotylédon, correspond à l'autre faisceau vasculaire du pivot; mais elle entraîne trois faisceaux, un médian et deux latéraux. Ainsi le plan vasculaire du pivot, prolongé en haut, contient les nervures médianes des premières feuilles distiques de la tige.

Les deux premières racines adventives qui naissent à droite et à gauche du cotylédon et au-dessous du point où il s'insère correspondent aux intervalles entre les faisceaux vasculaires du pivot, c'est-à-dire sont superposées à ses deux faisceaux libériens. Mais au niveau où elles se détachent de l'axe, la structure caractéristique du pivot a disparu, comme nous le verrons plus tard en traitant des limites anatomiques, et nous sommes déjà dans la tigelle; ces racines sont donc bien adventives.

Le pivot de l'*Allium Porrum* offre la même structure ordinairement binaire, rarement ternaire; mais dans cette plante il ne se forme qu'une seule racine adventive sous l'insertion du cotylédon. Elle est diamétralement opposée à sa nervure et correspond comme lui à un faisceau vasculaire du pivot. Il y a donc, sous ce rapport, une légère différence dans la germination de ces deux espèces.

En résumé, la racine principale des *Allium* possède, si l'on met de côté le caractère différentiel tiré de la membrane protectrice et de la membrane rhizogène, exactement la même structure que les racines, toutes adventives, des Fougères, des Équisétacées et des Marsiléacées.

Plus tard, quand la plante a acquis tout son développement, les nombreuses racines adventives qui se forment en cercle au-dessous des bases des feuilles ont une organisation un peu plus compliquée.

La zone interne du parenchyme cortical de la racine adventive de l'*A. Porrum* a ses cellules arrondies, disposées régulièrement à la fois en séries radiales et en cercles concentriques, et c'est la dernière de ses assises qui forme la membrane protectrice du cylindre central. Les cellules de cette membrane, fortement adhérentes entre elles ont, dans le jeune âge, leurs parois transversales et latérales munies vers leur milieu de plissements parallèles qui les enchevêtrent les unes aux autres. Plus tard ces plissements disparaissent parce que la paroi s'épaissit et se ponctue à la fois sur les faces interne, latérales et transverses, tandis que la paroi externe demeure mince. Le cylindre central commence par une assise de cellules à paroi mince alternes avec les protectrices, et qui forme la membrane génératrice des radicelles. Contre elle s'appuient les premiers vaisseaux. Il y a le plus souvent cinq, quelquefois six et sept lames vasculaires rayonnantes, dont le développement est centripète, et qui se touchent au centre par leurs larges vaisseaux. Entre les branches de l'étoile vasculaire ainsi constituée, et appuyés à l'assise rhizogène, se trouvent enfermés autant de faisceaux de cellules libériennes, à paroi lisse, brillante et légèrement épaissie. Ces faisceaux paraissent séparés des lames vasculaires par une assise de cellules conjonctives plus larges et hyalines.

Les radicelles se développent en regard des faisceaux vasculaires et résultent de la segmentation des cellules de l'assise périphérique du cylindre central qui séparent les vaisseaux étroits de la membrane protectrice. Elles sont donc insérées sur chaque racine adventive en autant de rangées verticales qu'elle contient de lames vasculaires et correspondent à ces lames. Elles ont la même structure que la racine mère, mais avec un type numérique inférieur, 4, 3 et même quelquefois 2, comme dans le pivot. Dans ce dernier cas, le plan vasculaire de la radicelle passe constamment par l'axe de la racine; les plans vasculaires de toutes les radicelles d'une rangée coïncident avec le plan de la lame vasculaire sur laquelle elles s'insèrent. Il en est de même pour toutes les radicelles d'ordre supérieur, où le type 2 se conserve désormais.

Tout ceci s'applique aux racines adventives de l'*Allium Cepa*, où les cinq à huit lames vasculaires commencent par une bande transverse de cinq vaisseaux étroits annelés, suivie de deux gros vaisseaux rayés, et s'appuient au centre sur un large vaisseau scalariforme (1).

Ainsi, quand on passe de la racine principale à la racine adventive de la même plante, la structure se conserve avec tous ses caractères essentiels ; il ne se fait qu'une complication numérique, une répétition des mêmes éléments, et, à mesure que s'élève le nombre des faisceaux constitutifs, il devient moins constant ; il s'abaisse ensuite progressivement dans les radicelles jusqu'à son minimum, qui est de deux.

Le *Lilium Martagon* germe comme les *Allium*, en développant dans l'air sa feuille cotylédonaire, d'abord repliée en anse et qui porte la graine à son sommet. La base du cotylédon, c'est-à-dire la partie inférieure de sa gaîne, est fort épaissie et forme déjà une sorte de petit renflement ou bulbe à la base de la plantule. Le pivot possède la même structure que celui des *Allium*. Sous la couche protectrice, on voit une assise génératrice continue pour les radicelles, puis deux lames centripètes et diamétralement opposées de vaisseaux, n'atteignant pas le centre et alternes avec deux groupes de cellules libériennes. Ces derniers sont réunis latéralement aux vaisseaux par quelques cellules conjonctives qui occupent aussi la partie centrale entre les vaisseaux les plus larges.

Le cotylédon correspond à l'un des faisceaux vasculaires du pivot ; il ne reçoit de la tigelle qu'un seul faisceau libéro-vasculaire, formé de deux branches qui se touchent par leurs pointes vasculaires, mais sont fort écartées par leurs groupes libériens. La seconde feuille, diamétralement opposée à la première, entraîne trois faisceaux ; sa nervure médiane correspond à l'autre faisceau vasculaire du pivot. Ainsi le plan vasculaire du pivot, qui contient aussi les axes et les plans vasculaires de toutes les radicelles qui s'y développent sur deux rangées, renferme encore les nervures médianes des premières feuilles distiques de la tige.

(1) La racine adventive du bulbe de l'*Agraphis nutans* présente aussi, sous la membrane protectrice plissée et sous la membrane rhizogène, cinq lames vasculaires venant s'appuyer au centre sur un large vaisseau scalariforme.

— Le pivot du *Tulipa Gessneriana* possède la même structure binaire; seulement on y trouve, entre la membrane protectrice et les vaisseaux les plus étroits, deux assises alternes de cellules à paroi mince; la membrane rhizogène y est double. Les racines adventives du bulbe présentent la même organisation, mais avec trois ou quatre faisceaux vasculaires aboutissant à un large vaisseau central, et autant de groupes libériens alternes formés chacun d'un petit nombre de cellules à paroi lisse, un peu épaissie et brillante, séparées des vaisseaux par une seule assise conjonctive. Sur ces racines adventives on remarque que la plus interne des deux rangées périphériques du cylindre central donne seule naissance aux radicelles dans les points qui correspondent aux lames vasculaires.

— Le cotylédon du *Bulbine annuum* se développe très-peu et demeure inclus dans la graine et hypogé; il possède une petite gaîne cellulaire ascendante, qui enveloppe la base de la seconde feuille. Une racine adventive se forme de bonne heure sur la tigelle exactement au-dessous de la ligne dorsale du cotylédon.

Sous les membranes protectrice et rhizogène, le cylindre central du pivot contient trois faisceaux vasculaires rayonnants et centripètes non confluents au centre et trois groupes alternes de cellules libériennes, à paroi mince et brillante, pleines de protoplasma grisâtre; ces faisceaux libériens sont réunis aux faisceaux vasculaires par des cellules hyalines, conjonctives, qui remplissent aussi l'espace laissé au centre entre les trois gros vaisseaux.

La première racine adventive correspond, comme le cotylédon qui lui est superposé, à l'intervalle entre deux lames vasculaires, par conséquent à un faisceau libérien du pivot. Le cotylédon reçoit de la tigelle deux branches libéro-vasculaires qui cheminent à quelque distance l'une de l'autre dans la gaîne, puis se rapprochent en émergeant horizontalement pour pénétrer dans la partie intraséminale de la feuille, tandis que le prolongement ascendant de la gaîne est exclusivement cellulaire. La seconde feuille, premier appendice vert de la plante, reçoit trois gros faisceaux de la tigelle; ils correspondent aux trois faisceaux vasculaires du pivot, et la nervure médiane de cette seconde feuille répond à la lame vasculaire directement opposée au faisceau libérien devant lequel s'est formé le cotylédon.

— L'*Iris Monieri* germe comme le *Bulbine annuum ;* son cotylédon demeure hypogé et développe une gaîne cellulaire ascendante qui entoure la base des feuilles suivantes. Le pivot se développe beaucoup et porte de nombreuses radicelles ; il est couvert de poils épidermiques courts depuis sa base renflée jusqu'à 4 centimètres environ de son extrémité.

Sous la membrane protectrice dont les plissements très-courts occupent, non pas le milieu des faces latérales et transverses, mais le tiers ou le quart à partir du centre, le cylindre central commence par une assise alterne de cellules tabulaires à parois minces et planes, qui est la couche génératrice des radicelles. Quatre faisceaux vasculaires rayonnants, opposés deux à deux, touchent d'une part cette assise rhizogène par leurs vaisseaux spiralés étroits, et de l'autre se réunissent au centre à un large vaisseau ponctué scalariforme, tardivement épaissi. Entre les branches de cette étoile, on voit quatre groupes de cellules libériennes étroites et longues, à paroi brillante, à contenu opaque, réunis aux lames vasculaires par une seule assise de cellules hyalines conjonctives. Si l'on remonte jusqu'à la base de la racine, on voit qu'à peu de distance du cotylédon le gros vaisseau central disparaît, les quatre lames vasculaires sont disjointes, et l'espace central est rempli par des cellules conjonctives de la même nature que celles qui bordent les faisceaux vasculaires en les séparant des libériens.

C'est vis-à-vis des vaisseaux que naissent les radicelles aux dépens de la segmentation des cellules correspondantes de la membrane rhizogène ; elles sont donc disposées sur le pivot en quatre rangées verticales. Le cotylédon correspond à un des faisceaux vasculaires du pivot. Il reçoit de la tigelle un seul faisceau libéro-vasculaire formé de deux branches qui se touchent par leur pointe vasculaire, et sont écartées par leur groupe libérien. La seconde feuille reçoit de la tigelle trois faisceaux, dont le médian, plus gros que les autres, correspond à la lame vasculaire du pivot

qui se trouve diamétralement opposée à celle qui répond au cotylédon. Ainsi l'un des deux plans vasculaires de la racine principale, qui comprend déjà les axes des radicelles de deux rangs
opposés, contient aussi, si on le prolonge vers le haut, les nervures
médianes de toutes les feuilles distiques de la tige.

Comparons cette organisation du pivot à celle des racines
adventives qui naissent sur le rhizome de la plante adulte.

La racine adventive de l'*Iris germanica* possède, sous la
couche protectrice, dont les cellules, d'abord plissées, ne tardent pas à s'épaissir beaucoup sur leurs faces interne, latérales
et transverses, une assise de cellules à paroi mince, qui donne
naissance aux radicelles. On y compte dix à quinze lames
vasculaires rayonnantes, dont la moitié seulement possèdent un
large vaisseau terminal. Autant de groupes libériens formés de
cellules étroites alternent avec elles, et sont comme elles appuyés à la membrane rhizogène. Ils sont reliés latéralement aux
vaisseaux par une ou plusieurs assises de cellules conjonctives
qui remplissent aussi toute la partie centrale, et qui, en s'allongeant et en s'épaississant, se transforment de bonne heure
en cellules fibreuses.

C'est en face d'un faisceau vasculaire que naissent les radicelles,
et par la segmentation des cellules correspondantes de la membrane rhizogène. Cette segmentation porte sur un arc assez
étendu pour embrasser et même dépasser trois faisceaux vasculaires ; il en résulte un large mamelon qui fait effort contre la
membrane protectrice, la disloque et s'allonge à travers le parenchyme cortical. La jeune radicelle insère son système vasculaire à la fois sur le faisceau médian et sur les deux latéraux,
et son système libérien sur les deux groupes libériens interca-
laires.

On voit donc qu'en somme la structure du pivot se conserve
dans les racines adventives avec une multiplication et une plus
grande variabilité dans le nombre des faisceaux vasculaires et
libériens constitutifs, et avec un développement plus grand du
tissu conjonctif.

— L'*Asphodelus tenuifolius* germe comme les *Allium* en développant son cotylédon à la lumière et soulevant sa graine hors de terre. Seulement il se forme ici, en outre, une tigelle hypocotylée qui soulève la base du cotylédon et la gemmule à deux centimètres environ de la base renflée et hérissée de poils de la racine principale. Sous la couche protectrice et la membrane rhizogène ordinaires, le pivot possède cinq faisceaux vasculaires rayonnants qui viennent s'appuyer au centre sur un large vaisseau scalariforme, et cinq groupes alternes de cellules libériennes étroites, réunis latéralement aux vaisseaux par une seule rangée de cellules conjonctives. Quand on s'approche du renflement basilaire de la racine, le vaisseau central disparaît, les lames vasculaires se raccourcissent, et toute la partie centrale est remplie de ces mêmes cellules conjonctives.

Les radicelles naissent en face des vaisseaux étroits et sont produites par la segmentation des cellules correspondantes de la membrane rhizogène; elles sont donc en cinq rangées verticales.

Le cotylédon reçoit de la tigelle trois faisceaux libéro-vasculaires, dont le médian correspond à l'une des lames vasculaires du pivot. La seconde feuille prend aussi trois faisceaux et est directement opposée à la première; les premières feuilles sont distiques.

L'*Asphodelus ramosus* présente avec l'espèce précédente quelques différences intéressantes, aussi bien dans sa structure qu'au point de vue morphologique. Cette plante forme un pivot très-développé, et qui ne tarde pas à se couvrir de radicelles. L'insertion du cotylédon se faisant immédiatement au-dessus de la limite de la racine, il n'y a pas de tigelle hypocotylée.

La gaîne cotylédonaire prend un allongement notable, mais le limbe demeure enfermé dans la graine, à proximité du sol; le cotylédon doit donc être dit hypogé. La première racine adventive est diamétralement opposée au cotylédon.

Après la couche protectrice et l'assise rhizogène, on trouve six lames vasculaires rayonnantes qui ne se rejoignent pas au centre, alternes avec autant de groupes de cellules libériennes étroites et longues. Ces faisceaux libériens sont réunis latéralement aux vasculaires par une assise de cellules conjonctives qui occupent aussi toute la partie centrale où l'on en distingue une ou deux plus larges que les autres.

Les radicelles se forment vis-à-vis des lames vasculaires, et sont sur six rangs; la segmentation des cellules de la membrane périphérique qui les produit porte sur un arc assez étendu, et, comme nous l'avons vu dans les racines adventives de l'Iris, c'est sur trois lames vasculaires que la radicelle implante ses vaisseaux. Le type numérique s'affaiblit dans la radicelle et y descend à cinq, quatre et trois faisceaux des deux espèces.

Le cotylédon reçoit de la tigelle, immédiatement au-dessus de sa limite, deux faisceaux émergeant de points éloignés. Ces deux faisceaux, comme dans le *Bulbine annuum*, demeurent fort écartés l'un de l'autre dans toute la gaîne, et pénètrent ainsi, sans se rapprocher et en demeurant presque diamétralement opposés, dans le limbe cylindroïde et intraséminal du cotylédon. La seconde feuille prismatique triangulaire, diamétralement opposée au cotylédon, reçoit au contraire, de la tigelle, trois faisceaux principaux; de même pour la troisième, qui est opposée à la seconde, etc.

Dans les exemples précédents, nous avons vu le type numérique du pivot s'élever peu à peu de deux à six; nous allons le voir s'élever davantage dans ceux qui suivent et en même temps devenir moins constant.

— Le cotylédon de l'Asperge est hypogé; le pivot s'y développe beaucoup et porte de nombreuses radicelles. Contre la membrane périphérique du corps central, qui suit la couche protectrice toujours pourvue de ses caractères ordinaires, s'appuient ordinairement six, quelquefois cinq ou sept faisceaux vasculaires rayonnants et centripètes, dont les premiers vaisseaux étroits et spiralés sont étalés en une série tangentielle, de sorte que la section du faisceau a la forme d'un T. Ces lames vasculaires ne s'avancent que jusqu'aux deux tiers environ de la longueur du rayon, et laissent par conséquent au centre un espace rempli par des cellules hyalines assez larges, qui les bordent elles-mêmes de chaque côté. Alternes avec ces lames et réunis à elles par ces cellules conjonctives, on voit autant de groupes libériens formés de cellules étroites et longues, à paroi lisse et brillante, à contenu sombre, granuleux et azoté. La structure demeure donc encore la même que dans les exemples précédents, mais le cylindre central se dilate en quelque sorte davantage, les faisceaux vasculaires ne confluent plus au centre où règne le tissu conjonctif, et, en même temps que leur nombre augmente, il perd de sa constance : telle racine qui a sept lames vasculaires à sa base, pourra n'en avoir que six ou cinq vers son milieu.

Les radicelles se forment en face de la rangée transverse des vaisseaux étroits, et par la segmentation des cellules correspondantes de la membrane périphérique du corps central ; elles sont donc, le plus souvent, disposées sur six rangées verticales.

Le cotylédon correspond à l'un des faisceaux vasculaires du pivot ; il reçoit de la tigelle un seul faisceau libéro-vasculaire qui se trifurque en émergeant. La seconde feuille reçoit de même un seul faisceau trifurqué, et elle se forme exactement à l'opposite du cotylédon. La troisième et la quatrième feuille sont aussi opposées, mais à des hauteurs inégales, et dans un plan perpendiculaire, de sorte que les divergences se succèdent ainsi : 0, 180, 90, 180, 90. D'ailleurs cette spire à divergences alternatives se transforme bientôt en une spire quinconciale à divergence constante.

Les racines adventives qui naissent plus tard à la base de la tige et de ses rameaux inférieurs, dont le premier se développe à l'aisselle de la deuxième feuille opposée au cotylédon, conservent la même structure fondamentale, mais parviennent à un type numérique beaucoup plus élevé ; le nombre des faisceaux s'y élève en effet, le plus souvent, à environ vingt-cinq (1). Tous les faisceaux vasculaires sont semblables et également développés. Chacun d'eux commence par une rangée transverse de cinq à sept vaisseaux étroits, appuyée contre la membrane rhizogène, puis

(1) Ainsi, sur 20 de ces racines prises au hasard, on en a observé 2 avec 20 faisceaux vasculaires, 2 avec 21, 2 avec 22, 2 avec 23, une avec 24, 8 avec 25, une avec 26, 2 avec 27, une avec 28, une avec 29. Sur les 25 lames, 20 à 21 seulement sont pourvues du gros vaisseau interne.

se continue par une série radiale terminée par un gros vaisseau ponctué qui manque à quelques lames. Les groupes libériens qui alternent avec ces lames vasculaires sont formés, en dehors, d'éléments étroits, à paroi lisse, suivis d'une ou deux cellules beaucoup plus larges, à paroi munie de ponctuations grillagées. Enfin, ces faisceaux de deux espèces sont réunis latéralement par des cellules conjonctives qui remplissent aussi toute la partie centrale. Par les progrès de l'âge ces cellules s'épaississent et deviennent fibreuses dans la région externe du cylindre central, mais, au centre, où elles sont plus larges, leurs parois demeurent minces et elles forment un parenchyme auquel son apparence a fait donner à tort le nom de moelle.

Les radicelles naissent en face des faisceaux vasculaires. Les segmentations tangentielles des cellules de la membrane rhizogène correspondantes, qui donnent naissance au mamelon radicellaire, se produisent sur un arc qui comprend trois lames vasculaires; le système vasculaire de la radicelle s'insère à la fois sur ces trois lames, et son système libérien sur les deux faisceaux libériens alternes.

— Le *Canna indica*, dont le cotylédon est également hypogé, forme un pivot puissant, qui se couvre de radicelles. En outre, la tigelle porte sous l'insertion du cotylédon des racines adventives au nombre de dix, elles-mêmes pourvues de nombreuses radicelles : les cinq plus puissantes forment un premier verticille inférieur ; les cinq autres, alternes avec les premières et insérées plus haut, sont plus grêles, et leur développement est postérieur. Le cotylédon est superposé à l'une des racines du second cercle et correspond à un intervalle entre deux racines inférieures.

La section du pivot nous montre, sous la couche protectrice et la membrane rhizogène ordinaires, sept lames vasculaires rayonnantes qui n'atteignent pas le centre et sept groupes libériens alternes. Ces derniers sont reliés aux vaisseaux par des cellules conjonctives qui rejoignent aussi les lames vasculaires entre elles, en occupant toute la partie centrale. Des racines adventives du premier cercle, quatre ont seulement six lames vascuaires qui s'appuient contre deux ou trois larges vaisseaux centraux; la cinquième en a sept, comme le pivot. Quatre des racines du second cercle ont seulement cinq rayons vasculaires appuyés contre un gros vaisseau central; la cinquième en a six.

Les radicelles, tant sur les racines adventives que sur le pivot, s'insèrent en face des faisceaux vasculaires et chacune sur une seule lame. Elles sont formées par la segmentation des cellules de la membrane rhizogène superposées aux vaisseaux étroits; elles sont donc disposées en autant de rangées qu'il y a de faisceaux vasculaires.

Comparons cette structure à celle des racines qui se développent sur le rhizome de la plante adulte. Le parenchyme cortical présente ses deux zones ordinaires; l'assise la plus interne de la zone à séries rayonnantes possède dans le jeune âge les plissements et plus tard le mode d'épaississement qui caractérisent la membrane protectrice. Une membrane rhizogène continue entoure le cylindre central. Treize à quinze faisceaux vasculaires courts, dont cinq seulement ont un large vaisseau interne un peu séparé des autres, alternent avec autant de groupes libériens arrondis formés de cellules étroites à paroi brillante et lisse. Ces deux ordres de faisceaux sont réunis par un tissu conjonctif qui devient de bonne heure fibreux, et qui remplit aussi toute la partie centrale en réunissant le gros vaisseau au reste de la lame à laquelle il appartient. C'est par la division des cellules rhizogènes superposées aux vaisseaux étroits, que sont formées les radicelles qui correspondent ainsi aux faisceaux vasculaires sur lesquels elles s'insèrent.

Nombre plus grand des faisceaux constitutifs des deux espèces, plus grand développement du tissu conjonctif qui les réunit en un cylindre solide, telles sont encore les seules différences entre les racines adventives de la plante adulte et celles que porte la plantule.

—Dans la famille des Palmiers, étudions d'abord la structure du pivot du *Phœnix dactylifera*.

Sous l'épiderme, on voit une couche subéreuse dont les cellules tabulaires à paroi mince sont disposées en séries radiales; puis une zone de cellules fibreuses provenant de la lignification de la couche génératrice de l'écorce externe ; puis un parenchyme à cellules polyédriques, irrégulièrement disposées, dont le diamètre croît d'abord vers le centre, et qui, vers l'intérieur, se disposent en séries radiales et concentriques en décroissant régulièrement jusqu'à la membrane protectrice qui en est la dernière assise. On retrouve ici la distinction ordinaire du parenchyme cortical en deux zones, l'externe centrifuge, l'interne centripète. Dans la partie interne de la zone extérieure se trouvent disséminés ou rangés en plusieurs cercles des faisceaux de fibres semblables aux fibres externes ; plus tard, le parenchyme se résorbe et de grandes lacunes se forment entre ces groupes fibreux. La membrane protectrice a, comme toujours, ses cellules tabulaires plissées sur les faces latérales et transverses dans le jeune âge, et plus tard fortement épaissies et canaliculées, excepté sur la face externe.

Le cylindre central commence par une assise continue de grandes cellules alternes avec les protectrices, à paroi mince et transparente. Contre cette membrane rhizogène s'appuient, dans la plantule que nous étudions, dix faisceaux vasculaires rayonnants et continus, dont six ont un vaisseau interne plus large que celui des quatre autres lames vers lesquelles ce vaisseau se projette quelquefois jusqu'au contact ; il en résulte quatre V vasculaires et deux lames indépendantes. Dix faisceaux libériens formés d'éléments étroits alternent avec les lames vasculaires et sont réunis latéralement à elles par du tissu conjonctif fibreux qui remplit aussi toute la région centrale au milieu de laquelle subsistent, vers la base du pivot, quelques cellules plus larges à paroi mince. L'épaississement des cellules conjonctives commence par celles qui séparent les vaisseaux moyens des groupes libériens alternes ; de là il progresse d'abord vers le centre, et ce n'est que plus tard que s'épaississent à leur tour et de dedans en dehors les cellules qui bordent les vaisseaux les plus étroits et qui confinent à la membrane rhizogène. Les radicelles s'insèrent sur les lames vasculaires en autant de rangées.

Examinons maintenant, pour la comparer à celle du pivot, la structure d'une grosse racine adventive de Dattier coupée à 20 centimètres environ de son extrémité (voy. p. 34). Nous y trouverons les mêmes caractères, sauf le plus large développement du cylindre central, où l'on compte une vingtaine de faisceaux alternes des deux espèces, sauf l'indépendance du plus large vaisseau interne chez un certain nombre des lames vasculaires, sauf encore l'existence de deux ou de quelques cellules de grand diamètre pourvues de ponctuations ovales grisâtres et pointillées à la partie interne des faisceaux libériens. Il y a donc disjonction de la lame vasculaire et plus grand développement radial du groupe libérien, qui devient lamelliforme en acquérant des éléments nouveaux ; mais ce développement radial n'est pas encore suivi de disjonction (1).

—Le *Seaforthia elegans* produit en germant trois racines d'âge différent et qui paraissent d'abord issues du même point. L'une d'elles, la plus développée, est le pivot de la plante ; la plus faible est une radicelle insérée sur la moyenne, et cette dernière est une racine adventive, car elle s'implante sur la tigelle au-dessus de la limite où cesse le pivot.

Le parenchyme cortical du pivot présente les deux zones ordinaires, et, dans la zone externe, certaines cellules s'allongent beaucoup plus que les autres, tout en gardant horizontales leurs parois transverses ; elles s'épaississent en même temps, et leur paroi gélatineuse et sans ponctuations est tellement molle, que le rasoir les déchire presque toujours. Le cylindre central, entouré par les membranes protectrice et rhizogène, a douze lames vasculaires courtes, dont six seulement sont munies d'un vaisseau beaucoup plus large et peu distant des autres ; d'où un certain nombre de V. Les faisceaux libériens alternes n'ont que des éléments étroits et dont la paroi paraît lisse. Ils sont reliés aux lames vasculaires par un tissu conjonctif fibrifié de très-bonne heure et qui remplit tout le centre ; les cellules conjonctives qui bordent la partie externe des lames demeurent longtemps minces, mais elles s'épaississent plus tard à leur tour.

Les radicelles naissent en face des faisceaux vasculaires ; elles

(1) Voyez, à ce sujet, Mirbel, *Nouvelles Notes sur le cambium* (*Ann. des sc. nat.*, 3ᵉ série, Bot., 1839, t. II, p. 321).

ont deux, trois ou quatre lames vasculaires et libériennes. Dans le premier cas, il y a un faisceau vasculaire en haut et un en bas ; le plan vasculaire de la radicelle passe par l'axe du pivot.

Les deux autres racines de la plantule sont construites de même, mais elles n'ont chacune que six faisceaux de l'une et de l'autre espèce. Sur trois plantules différentes, j'ai observé ces nombres 12, 6, 6 pour les trois racines ; sur une quatrième, 13, 6, 6 ; sur une cinquième, 12, 7, 6.

Examinons maintenant une racine adventive de la plante adulte ayant 15 millimètres de diamètre, coupée à une assez grande distance de son extrémité. La membrane protectrice a ses cellules entièrement épaissies, et sa cavité n'est plus représentée que par un petit point noir qui subsiste contre le milieu de la paroi externe. Les cellules de la membrane rhizogène sont ponctuées, mais ont conservé leur paroi mince. Suivant la hauteur, on compte de 80 à 90 lames vasculaires courtes, parmi lesquelles un certain nombre possèdent un large vaisseau interne un peu séparé des autres. Autant de lames libériennes ayant chacune, sur son bord interne, en contact avec les éléments étroits, quelques cellules plus larges et munies de ponctuations grillagées, alternent avec les faisceaux vasculaires. Des fibres conjonctives réunissent latéralement ces deux ordres de faisceaux en un anneau à la fois libérien, fibreux et vasculaire, entourant un parenchyme conjonctif à parois minces, qui occupe tout le centre et dans lequel sont disséminés des faisceaux de fibres analogues à celles de l'anneau. La zone moyenne de l'écorce renferme d'ailleurs aussi des faisceaux fibreux séparés par des lacunes dues à la résorption locale du parenchyme.

Ainsi la racine adventive ne présente avec le pivot d'autre différence anatomique qu'un nombre plus grand et plus variable des faisceaux constitutifs où les éléments larges sont plus développés, et une masse plus considérable de tissu conjonctif qui s'y différencie de deux manières, ici demeurant cellulaire, là devenant fibreux (1).

(1) Pour la racine adventive du *Diplothemium maritimum*, voyez Mohl, *De Palmarum structura*, p. XVIII, et la page 32 du présent volume.

— Poursuivons encore chez quelques plantes de la famille des Graminées l'étude anatomique du pivot et sa comparaison avec les racines adventives; elle nous apprendra un caractère nouveau.

La racine principale du Blé (*Triticum sativum*) possède sous l'épiderme une assise de larges cellules hexagonales contre laquelle s'appuient des séries rayonnantes de cellules arrondies et décroissant vers le centre qui laissent entre elles des méats ou des lacunes. L'assise corticale la plus interne est formée de cellules tabulaires, fortement adhérentes sur leurs faces latérales et transverses, où elles présentent les plissements échelonnés et les marques noires, caractéristiques de la couche protectrice ; par les progrès de l'âge, elles s'épaississent sur leur face interne bombée en dedans. Circonstance que nous n'avons encore nulle part rencontrée jusqu'à présent, les vaisseaux les premiers formés et les plus étroits, annelés et spiralés, sont directement appuyés contre la membrane protectrice du cylindre central. Suivis chacun d'un ou de deux vaisseaux plus larges, ils constituent six à huit lames vasculaires rayonnantes qui convergent vers un large vaisseau axile, quelquefois double, qu'elles n'atteignent pas. Entre deux lames consécutives, on trouve d'abord contre la couche protectrice un arc de quatre à six cellules larges alternes avec les protectrices, qui rejoint l'un à l'autre les deux vaisseaux les plus étroits vers lesquels le diamètre des cellules décroît rapidement. Ces arcs forment la membrane génératrice des radicelles, qui est ici interrompue en face des lames vasculaires. Après ces cellules et au milieu de l'arc qu'elles forment, sous les plus larges d'entre elles, on voit un groupe de trois ou quatre cellules libériennes étroites provenant de la division d'une cellule pentagonale primitive. Il est réuni latéralement aux lames vasculaires par une ou deux assises de cellules plus larges, hyalines, qui s'épaississent en fibres ponctuées par les progrès de l'âge. Le gros vaisseau central est séparé des groupes libériens par trois rangs, et des faisceaux vasculaires par deux rangs de ces mêmes cellules conjonctives.

Les racines latérales, déjà développées dans l'embryon, et dont l'évolution suit à peu de distance celle de la racine principale lors de la germination, prennent leur insertion sur la tigelle à droite et à gauche du cotylédon et au-dessous du point de départ du faisceau qui s'y rend ; ce sont donc des racines adventives. Elles possèdent d'ailleurs exactement la même structure que le pivot avec six à huit faisceaux vasculaires.

Les radicelles se forment, comme dans tous les exemples précédents, par la segmentation des cellules de la membrane périphérique du corps central ; comme ces cellules manquent devant les vaisseaux, il est impossible que les radicelles correspondent aux lames vasculaires comme c'était le cas jusqu'à présent. C'est en face des faisceaux libériens qu'elles doivent se constituer et qu'elles se constituent en effet. Elles insèrent leurs vaisseaux à droite et à gauche sur les deux lames vasculaires voisines. Elles sont donc encore disposées en autant de rangées verticales qu'il y a de lames vasculaires, mais ces rangées sont alternes avec ces lames et correspondent aux faisceaux libériens. Le type numérique de la radicelle est moins élevé que celui de la racine. Quand il se réduit à deux faisceaux de chaque espèce, les deux groupes vasculaires sont l'un en haut, l'autre en bas; en d'autres termes, le plan vasculaire de la radicelle passe par l'axe de la racine, et celui des filets libériens lui est perpendiculaire ; et, comme les radicelles du second ordre se forment sur ces filets libériens, on voit que le plan de leurs axes sera perpendiculaire au plan des axes des radicelles du premier ordre. La disposition que nous avons observée dans les Fougères reparaît ici, parce que les choses s'y passent pour les faisceaux libériens comme elles avaient lieu chez les Cryptogames vasculaires pour les faisceaux vasculaires.

La racine principale du Seigle (*Secale cereale*) présente les mêmes caractères que celle du Blé. Elle a un gros vaisseau central, et six à huit groupes de trois vaisseaux chacun appuyés directement contre la membrane protectrice. Seulement, en dedans des trois cellules libériennes étroites qui proviennent de la division de la cellule pentagonale externe, on voit une quatrième cellule également libérienne, mais beaucoup plus large.

La racine principale du Maïs (*Zea Mays*) a son cylindre central plus développé. Chacune des séries radiales de l'écorce interne se termine contre le cylindre central par une cellule plus aplatie, plus fortement adhérente à ses voisines de la même assise, portant dans le jeune âge les plissements caractéristiques sur ses faces latérales et transverses, et s'épaississant plus tard sur sa face interne ; ces cellules forment la membrane protectrice ordinaire ; souvent, à chaque élément de la pénultième assise corticale, correspondent deux cellules protectrices côte à côte. Contre elles s'appuie directement le premier vaisseau annelé de chacune des 12 à 17 lames vasculaires, suivi de trois ou quatre vaisseaux de plus en plus larges se succédant en chapelet. Un certain nombre de ces lames ont en outre un vaisseau beaucoup plus grand situé à quelque distance des autres, et formant un cercle interne de larges canaux. Entre les lames et contre les cellules protectrices, on voit un arc de cinq cellules plus grandes que les protectrices et qui décroissent de chaque côté de la médiane ; ce sont les cellules génératrices des radicelles qui forment une assise interrompue en face des vaisseaux. Derrière la grande cellule médiane, se trouvent quatre ou cinq cellules libériennes étroites suivies d'un ou deux éléments plus larges dont les parois m'ont semblé munies de taches grisâtres, et qui ont le diamètre des vaisseaux moyens. Le groupe libérien ainsi constitué est réuni latéralement aux lames vasculaires par une assise de cellules qui s'épaississent plus tard en fibres ; deux assises d'éléments semblables relient les lames vasculaires et les groupes libériens aux grands vaisseaux internes. Ceux-ci sont réunis entre eux, et toute la région centrale est occupée par les mêmes cellules qui acquièrent au centre un plus grand diamètre. Toutes ces cellules conjonctives se fibrifient avec l'âge et l'épaississement s'opère d'abord autour des vaisseaux, pour marcher ensuite vers le centre.

Les radicelles naissent comme dans le Blé, en face des faisceaux libériens, parce que les cellules qui les forment n'existent pas en dehors des vaisseaux. J'ai vu toutefois en quelques points de certaines sections, la membrane rhizogène se continuer en dehors des vaisseaux par une ou deux cellules beaucoup plus étroites que les autres, ce qui n'empêche pas les racines de se former toujours dans les cellules rhizogènes les plus larges, c'est-à-dire vis-à-vis du faisceau libérien.

Le Sorgho (*Sorghum vulgare*) a sa racine principale organisée comme celle du Maïs. On y voit le plus souvent huit lames vasculaires dont quatre sont pourvues d'un large vaisseau plus interne et isolé, alternes avec huit faisceaux libériens; le tout réuni en un cylindre solide par des cellules conjonctives se fibrifiant plus tard. La membrane rhizogène est interrompue en face des lames vasculaires, et les radicelles naissent, par conséquent, en face des faisceaux libériens.

Il en est de même pour le pivot de la Larmille (*Coix lacryma*), dont le cylindre central possède environ douze lames vasculaires, six courtes et six plus profondes, munies d'un large vaisseau, alternes avec douze faisceaux libériens, le tout réuni par un puissant tissu conjonctif fibreux. La membrane rhizogène manque d'ordinaire en face des lames vasculaires, et les radicelles naissent devant les faisceaux libériens; mais, une fois, j'ai vu une radicelle naître, par exception, en face d'une lame vasculaire et y insérer ses vaisseaux.

Enfin, je dois rappeler ici que M. Nägeli a signalé dans le Riz (*Oryza sativa*) ce singulier mode d'insertion des radicelles (voyez p. 56), qui paraît ainsi être général chez les Graminées.

Ce caractère se conserve d'ailleurs dans les racines développées sur le rhizome de la plante adulte, comme on peut le voir sur l'*Hordeum bulbosum*, par exemple. Sous la couche protectrice, la membrane rhizogène est divisée en une série d'arcs de sept à neuf cellules, séparés l'un de l'autre par un vaisseau externe. Les cellules médianes de l'arc sont beaucoup plus grandes que les autres, qui décroissent rapidement de chaque côté. Les radicelles sont formées en face des faisceaux libériens et implantent leurs vaisseaux de chaque côté, sur les deux lames vasculaires voisines. Ces lames vasculaires sont courtes et au nombre de seize à vingt; la moitié environ possèdent un large vaisseau séparé des autres; au centre se voit un gros vaisseau isolé. Elles alternent avec autant de groupes libériens, et le tout est réuni par un puissant tissu conjonctif fibreux.

Il en est de même dans les racines adventives du *Paspalum Michauxianum*. Les groupes vasculaires formés de deux à trois vaisseaux chacun, tantôt touchent directement les éléments plissés de la membrane protectrice, tantôt en sont séparés par une cellule étroite et non rhizogène. D'un groupe à l'autre règne un arc de larges cellules rhizogènes contre le milieu duquel s'appuie un faisceau libérien formé de quatre cellules étroites provenant de la division d'une cellule pentagonale primitive par des cloisons parallèles à ses côtés. Ce faisceau libérien est rattaché de chaque côté aux faisceaux vasculaires par deux rangs de cellules conjonctives qui s'épaississent en fibres d'un jaune brillant, et qui remplissent aussi toute la région centrale.

— Cet intéressant caractère anatomique se retrouve-t-il chez les Cypéracées ? Examinons à cet effet les racines adventives du rhizome du *Cyperus longus*. La zone interne de l'écorce puissamment développée comprend environ cinq assises concentriques de cellules arrondies à paroi brune, disposées en séries rayonnantes et décroissant régulièrement vers l'intérieur ; les cellules de la dernière de ces assises concentriques qui continuent exactement les séries radiales, sont colorées en jaune clair et ont les caractères ordinaires aux cellules protectrices. Le cylindre central commence par une rangée de cellules alternes avec les protectrices, à paroi mince, allongées suivant le rayon, rangée continue sur toute la périphérie et contre laquelle s'appuient les premiers vaisseaux ; c'est la membrane rhizogène. Il y a environ vingt-quatre lames vasculaires courtes, dont dix environ se continuent par un large vaisseau un peu séparé des autres, alternes avec autant de faibles faisceaux libériens, le tout réuni par un tissu formé de fibres très-étroites qui remplit aussi le grand espace laissé au centre.

Les radicelles s'insèrent en face des lames vasculaires, et se forment par la segmentation des cellules correspondantes de la membrane périphérique. Les choses reviennent donc ici à leur état ordinaire et se passent autrement que chez les Graminées.

Il en est de même dans le *Carex brizoides* où les lames vasculaires sont tellement courtes qu'elles se réduisent souvent à un seul vaisseau appuyé contre la membrane rhizogène continue. Les cellules arrondies des séries radiales de l'écorce interne, situées en dehors de la membrane protectrice, s'épaississent en fibres brunes, et l'écorce externe a aussi sous sa couche subéreuse une bande de fibres jaunes irrégulièrement disposées.

Les racines des Cypéracées possèdent donc la structure ordinaire et sont dépourvues du caractère particulier propre aux Graminées.

En résumé, l'anatomie comparée du pivot des Monocotylédones, qui vient de faire l'objet de ce paragraphe, nous a montré que cet organe possède la plus grande uniformité de structure avec des différences dans le nombre des faisceaux des deux espèces, dans la quantité des éléments qui les constituent ainsi que dans leur développement radial, enfin dans l'abondance du tissu conjonctif qui les relie entre eux. D'autre part, la comparaison que nous nous sommes attachés à faire des racines adventives de la plante adulte avec sa racine principale et des racines secondaires avec les racines primaires nous a fait voir qu'il n'existe également entre ces organes de diverse origine que des différences de même nature, c'est-à-dire des différences de quantité. Ces différences sont essentiellement secondaires, puisqu'elles ne dérivent, en définitive, que d'un plus grand développement en diamètre de la racine et de son cylindre central. La modification la plus importante que nous ayons à signaler est relative à la membrane rhizogène, qui est toujours formée par l'assise périphérique du cylindre central. Ordinairement continue autour de ce cylindre central, cette membrane produit les radicelles de manière que leur centre s'appuie sur un faisceau vasculaire; mais chez les Graminées, elle est interrompue en face des lames vasculaires, et les radicelles, ne pouvant plus naître en regard des vaisseaux, se développent en face des faisceaux libériens.

Ce résultat acquis, continuons maintenant notre exposé par

l'étude d'un certain nombre de racines adventives prises chez les plantes dont nous n'avons pas pu étudier le pivot, et choisissons nos exemples, d'une part chez les végétaux qui présentent des racines de plus en plus puissamment développées, pour montrer les degrés successifs de complication que peut atteindre le type normal décrit dans le paragraphe précédent, sans jamais s'altérer dans ses traits fondamentaux, et d'autre part chez les plantes qui possèdent des racines de plus en plus simples, afin de faire voir comment ce type normal peut se simplifier et se dégrader sans perdre toutefois ses caractères essentiels, ou du moins sans se transformer en un type nouveau et distinct du premier.

Structure de quelques racines adventives de plus en plus complexes.

Souvenons-nous que dans les exemples précédents nous avons déjà observé trois complications dans le type normal tel qu'il s'est présenté à nous dans la plupart des Cryptogames vasculaires et dans les pivots monocotylédonés les plus simples. Ce sont l'accroissement et dès lors la variabilité du nombre des faisceaux constitutifs, le développement abondant du tissu conjonctif dans la région centrale, et la disjonction des éléments internes des lames vasculaires. Nous allons, dans les exemples suivants, voir s'accentuer ces différences et en voir apparaître d'autres dans le même sens ; seulement la complication portera tantôt séparément, tantôt à la fois sur les trois tissus constitutifs du cylindre central : faisceaux libériens, faisceaux vasculaires et tissu conjonctif.

— Tandis que les racines grêles des Orchidées terrestres, par exemple celles de l'*Epipactis atro-rubens*, possèdent un type numérique faible, le type 4, et un tissu conjonctif peu développé, puisque les lames vasculaires viennent se toucher au centre (1), les racines plus épaisses des Orchidées épiphytes, au

(1) Les racines du *Listera ovata* ont six ou sept lames vasculaires se touchant presque au centre, alternes avec autant de groupes libériens réunis aux vaisseaux par quelques cellules conjonctives.

Le grand diamètre des racines renflées du *Neottia nidus-avis* est dû au développe-

contraire, sont remarquables par le grand développement du tissu conjonctif et le faible développement relatif des faisceaux vasculaires et libériens dans le sens radial.

Ainsi la racine aérienne des *Brassia*, par exemple, possède, sous une membrane protectrice dont les cellules ont leur paroi mince et munie sur ses faces latérales et transverses de plissements qui

ment du parenchyme cortical; le cylindre central y est fort étroit. Les cellules de la dernière assise corticale, exactement superposées à celle de l'avant-dernière rangée, présentent sur leurs faces latérales et transverses les plissements parallèles et les marques noires caractéristiques de la membrane protectrice. Le cylindre central commence par une assise de cellules à parois minces et planes, alternes avec les protectrices, et qui est la membrane rhizogène produisant les radicelles, quand il s'en forme, en face des lames vasculaires. Ces dernières, au nombre de quatre ordinairement, quelquefois de trois, sont formées d'une rangée rayonnante de trois ou quatre vaisseaux assez étroits, bordés de chaque côté par une rangée de larges cellules conjonctives qui occupent aussi le faible espace laissé au centre entre les lames qui ne se rejoignent pas. Alternes avec les vaisseaux, on voit sous la membrane rhizogène quatre groupes arrondis d'éléments libériens fort étroits.

Si je rappelle ces caractères, bien qu'ils soient normaux, c'est que M. Prillieux a décrit en termes assez peu exacts la structure des racines de cette plante et des autres Orchidées : « La partie centrale, dit-il, est occupée par un faisceau fibro-vasculaire formé de longues cellules à parois assez minces qui ressemblent de tout point à des fibres ligneuses jeunes et représentent l'élément fibreux, et de vaisseaux annelés, réticulés et ponctués. Les vaisseaux sont irrégulièrement disposés à l'intérieur du faisceau ; ils forment d'ordinaire 3-5 groupes ; mais il ne me semble pas possible de les regarder comme disposés en anneau autour d'une partie centrale qui pourrait être considérée comme une moelle (voy. Irmisch, *Beiträge zur Biologie der Orchideen*, 1853, p. 23).

« La présence d'une sorte de moelle à l'intérieur des racines des Orchidées est assez commune, il est vrai; cependant l'analogie me paraît devoir repousser dans le cas présent une pareille disposition. En effet, tandis que toutes les Ophrydées que j'ai examinées présentent à leur racine des vaisseaux disposés en anneau autour d'une région centrale occupée par des fibres plus grosses que les extérieures, et que l'on peut comparer à une moelle, au contraire les plantes de la même tribu que le *N. nidus-avis*, telles que les *Epipactis, Cephalanthera, Limodorum, Goodyera*, etc., ont des vaisseaux irrégulièrement disposés ou groupés au centre et rien qu'on puisse comparer à une moelle. C'est à ce dernier type qu'il convient de rapporter la structure de la racine du *N. nidus-avis*, ainsi que me paraît du reste l'indiquer l'observation directe.» (*De la structure et du mode de végétation du Neottia nidus-avis*, dans les *Ann. des sc. nat.*, 4e série, 1856, t. V, p. 274.)

Nous savons que dans les deux cas la disposition des vaisseaux, ainsi que celle des groupes libériens qui ont échappé à M. Prillieux, est la même, et que c'est le développement inégal du tissu conjonctif en rapport avec le diamètre inégal du cylindre central, qui fait toute la différence.

se traduisent par des marques noires échelonnées, un cylindre central très-large. Une membrane rhizogène continue le revêt et sépare les premiers vaisseaux de l'assise protectrice. Les lames vasculaires rayonnantes sont nombreuses, fort courtes, et tous les vaisseaux s'y touchent. Les faisceaux libériens arrondis qui alternent avec elles sont formés de cellules étroites, accompagnées sur le bord interne de deux ou trois éléments plus larges et grillagés. Les deux espèces de faisceaux sont réunis latéralement par des cellules conjonctives étroites et longues, qui remplissent aussi tout le vaste espace central où elles acquièrent un plus grand diamètre. Par les progrès de l'âge, ces cellules conjonctives se fibrifient d'abord tout autour des vaisseaux médians, puis derrière les faisceaux libériens; la lignification dépasse ensuite les derniers vaisseaux, derrière lesquels il se fait encore trois ou quatre rangs de fibres plus larges, après quoi elle s'arrête. Les larges cellules de la région centrale gardent donc leur paroi mince et ponctuée, et laissent entre elles de petits méats aérifères ; elles prennent ainsi les caractères de la moelle des tiges, mais ce n'est qu'une moelle secondaire, un tissu conjonctif transformé en un parenchyme à larges cellules. Il arrive aussi que la fibrification progresse plus tard vers l'extérieur, envahit les cellules qui bordent les premiers vaisseaux formés, et même se propage jusqu'aux cellules rhizogènes qui sont superposées aux faisceaux libériens , en environnant ceux-ci d'un anneau fibreux complet, tandis que les deux ou trois cellules rhizogènes superposées aux lames vasculaires conservent, avec leur activité génératrice, la minceur de leurs parois.

Les choses se passent de même dans les *Dendrobium*, où la membrane protectrice elle-même, tout aussi bien que la membrane rhizogène, épaissit uniformément ses trois cellules superposées aux faisceaux libériens et qui sont beaucoup plus grandes que les autres, tandis que les quatre cellules plus petites qui correspondent aux faisceaux vasculaires conservent leur paroi mince.

— Les racines adventives d'un jeune plant d'*Agave americana* possèdent les caractères normaux : membrane protectrice, dont les cellules, d'abord plissées et minces, s'épaississent beaucoup plus tard, excepté sur leur face externe ; membrane rhizogène continue à cellules minces ; un grand nombre (11-16) de faisceaux vasculaires courts dont le gros vaisseau interne est contigu aux autres, ou n'en est séparé que par une ou deux assises conjonctives, alternes avec autant de faisceaux libériens formés de cellules étroites ; enfin, un tissu conjonctif fibreux réunissant les deux ordres de faisceaux, et occupant toute la région centrale.

— La racine aérienne des *Spironema*, de la famille des Commélynées, possède, après l'épiderme, la couche subéreuse et les deux zones ordinaires du parenchyme cortical plusieurs fois décrites, un large cylindre central entouré d'une membrane protectrice à cellules fortement épaissies et canaliculées en dedans, et qui est, comme toujours, la dernière assise de la zone corticale interne. Le cylindre central commence par une membrane rhizogène à cellules minces et transparentes. Les 19-24 lames vasculaires rayonnantes sont fort courtes et formées chacune de deux ou trois vaisseaux étroits annelés et spiralés, et d'un ou quelquefois deux vaisseaux larges dont la paroi est munie de grandes ponctuations carrées, disposées en séries horizontales et verticales. Les groupes libériens alternes n'ont que des cellules étroites. Entre eux et les vaisseaux, se trouve un rang de cellules plus larges, hyalines, qui ne s'épaississent que bien après la lignification du tissu de même nature qui remplit tout le centre. La fibrification marche d'abord depuis le bord du gros vaisseau jusqu'au centre, après quoi elle progresse entre les faisceaux libériens et vasculaires jusqu'à la membrane rhizogène.

— De même la racine de l'*Alpinia nutans* a, sous les membranes protectrice et rhizogène ordinaires, un large cylindre central où une trentaine de lames vasculaires, dont le gros vaisseau interne est isolé des autres, alternent avec autant de groupes libériens ayant plusieurs larges éléments sur leur bord interne. Un tissu conjonctif fibreux réunit le tout et occupe la partie centrale où ses cellules sont plus larges et ont gardé leurs parois minces.

— La racine adventive des Aroïdées nous offre, dans les genres à végétation terrestre, le type ordinaire avec des lames vasculaires courtes et continues, et des faisceaux libériens arrondis, également continus et formés exclusivement de cellules étroites, tel en un mot que nous venons de le décrire dans les exemples précédents. Mais, chez un grand nombre des plantes de cette famille qui ont une tige élancée et épiphyte, l'organisation de la racine aérienne acquiert un développement plus avancé dont nous trouverons plus tard d'autres exemples encore chez les *Dracœna*, les *Cyclanthus* et les *Pandanus*

Parmi les plantes de la première catégorie, nous pouvons prendre pour exemple l'*Alocasia odora*. Sous l'épiderme, le parenchyme cortical comprend comme d'ordinaire deux zones distinctes : l'externe, dont le développement est centrifuge, a ses cellules polyédriques, irrégulièrement disposées, serrées sans laisser de méats, et leur diamètre croît vers l'intérieur. Là elles se disposent peu à peu avec régularité, de sorte que dans la zone interne, les cellules sont carrées, disposées à la fois en séries rayonnantes et en cercles concentriques, de manière à laisser entre leurs coins arrondis des méats quadrangulaires ; leur dimension diminue à mesure qu'on s'approche du cylindre central et leur développement est centripète. La zone externe seule est parcourue par des laticifères rameux. La dernière assise de la zone interne revêt des caractères particuliers. Ses cellules, fortement unies, ne laissent entre elles aucun méat, et leurs parois latérales et transverses sont munies de plissements parallèles, et par conséquent de marques noires échelonnées sur les sections ; elles paraissent s'épaissir peu par les progrès de l'âge. Sous cette membrane protectrice, le cylindre central commence par une assise de cellules lisses de même taille que les protectrices et alternes avec elles ; c'est la membrane rhizogène contre laquelle s'appuient les premiers vaisseaux et les premiers éléments libériens.

Les lames vasculaires rayonnantes, au nombre de quatorze à seize environ, sont toutes également développées et continues ; le diamètre des vaisseaux y augmente rapidement de dehors en dedans, et le développement en est centripète. Les vaisseaux externes, fort étroits et les premiers épaissis, sont annelés et spiralés, mais non déroulables ; les moyens sont scalariformes ; les plus larges sont munis de spires souvent bifurquées et réunies en réseau par des bandes longitudinales ; ils s'épaississent les derniers. Tous ces vaisseaux sont formés de cellules superposées, d'autant plus longues qu'elles sont plus étroites, et leurs parois transverses, persistantes et munies de bandes horizontales d'épaississement séparées par de larges ponctuations ovales, sont fortement obliques. Sur la coupe transversale, la trace de cette paroi est en général perpendiculaire au rayon.

Les faisceaux libériens qui alternent avec ces lames vasculaires rayonnantes sont aussi tous semblables et formés de cellules étroites et longues, à section hexagonale, à cloisons transverses horizontales, à paroi lisse, assez mince, blanche, brillante et comme gélatineuse, à contenu grisâtre, granuleux et azoté ; on n'y voit pas d'éléments larges. A droite et à gauche du faisceau libérien, se trouve un vaisseau laticifère à suc chargé de tannin.

Ces faisceaux libériens n'avancent pas jusqu'au contact des lames vasculaires, mais ils en sont séparés par des cellules hyalines plus larges et moins longues, qui s'épaississent et deviennent fibreuses par les progrès de l'âge, tandis que les cellules libériennes conservent indéfiniment leur structure. Enfin toute la région centrale est occupée par ces mêmes cellules conjonctives, qui acquièrent souvent vers le centre un plus grand diamètre. La marche de la lignification des cellules conjonctives, qui est plus ou moins rapide selon les espèces, précoce chez les unes, où elle devance l'épaississement des derniers vaisseaux, tardive chez les autres, et c'est le cas de l'exemple actuel, cette marche est essentiellement centripète. Ce sont, en effet, les cellules qui bordent de chaque côté la région moyenne des lames vasculaires, en les séparant des faisceaux libériens qui s'épaississent d'abord ; puis ces lames fibreuses se rejoignent par la lignification des cellules conjonctives qui bordent en dedans les faisceaux libériens et les vaisseaux les plus larges, de sorte qu'un anneau solide, à la fois fibreux, libérien et vasculaire, et de plus en plus épais, entoure le tissu cellulaire conjonctif qui occupe la région centrale et qui se réduit à mesure. Ce parenchyme central présente les caractères d'une moelle, et l'on trouve des espèces où les choses restent indéfiniment en cet état. Mais cette moelle des racines n'a pas la même valeur que la moelle des tiges ; elle n'est pas comme dans la tige la partie centrale du parenchyme primordial, elle n'est pas primitive ; elle résulte de la transformation des cellules centrales du cylindre cambial primitif qui, au lieu de s'allonger et de s'épaissir, se sont élargies en demeurant minces : c'est une moelle secondaire. On comprend donc comment dans des espèces voisines, tantôt on la rencontre, tantôt pas, sans que cette différence ait aucune importance. Chez l'*Alocasia odora* et la plupart des Aroïdées, la lignification envahit peu à peu les cellules centrales du cylindre cambial primitif. Ce n'est le plus souvent qu'après son achèvement, que les cellules conjonctives les plus externes, celles qui bordent les vaisseaux les plus étroits contre la membrane rhizogène, et dont la paroi est restée mince jusqu'alors, s'épaississent à leur tour de dedans en dehors.

Les radicelles se forment par la segmentation des cellules de la membrane rhizogène qui sont en face des vaisseaux ; il en résulte qu'elles s'insèrent sur chaque lame vasculaire, et leur disposition régulière en séries longitudinales s'en déduit. Le nombre des faisceaux y diminue avec le diamètre du cylindre central.

Les différences que présentent, par rapport à celles de l'*Alocasia odora*, les Aroïdées suivantes, sont tout à fait secondaires: *Alocasia metallica, Colocasia antiquorum, Xanthosoma violaceum, Dracunculus vulgaris, Typhonium trilobatum, Arisœma atrorubens, Syngoniun auritum, Philodendron crinipes, lacerum,* etc. *Homalonema rubescens, Aglaonema simplex, Dieffenbachia picta, Richardia africana, Lasia ferox, Spathiphyllum lancœfolium, Anthurium Miquelanum, crassinervium, lucidum, reflexum,* etc. *Monstera argyreia, Raphidophora pinnata, Acorus gramineus, Sparganium ramosum,* etc. Ces différences portent en effet, ou sur quelques particularités de structure du parenchyme cortical, comme la présence ou la forme des vaisseaux laticifères, des canaux oléorésineux ou gommeux, des poils fibreux des méats, ainsi que des lacunes et canaux aérifères ; comme l'épaississement en fibres de certaines de ses cellules, par exemple, celles qui bordent les éléments qui sécrètent la résine (*Philodendron*), ou celles qui entourent le cylindre central en dehors de la membrane protectrice, tantôt dans toute son étendue (*Spathiphyllum*), tantôt seulement en face des faisceaux libériens, vis-à-vis desquels s'épaississent aussi les cellules rhizogènes et protectrices (*Anthurium*) ; comme enfin la lignification rapide ou la minceur persistante et plus ou moins complète des parois des éléments conjonctifs (1).

La seconde forme de structure que présentent surtout les racines aériennes des Aroïdées épiphytes n'est qu'une modification de la précédente, issue d'un développement diamétral plus considérable du cylindre central.

Prenons pour exemple la racine adventive aérienne du *Monstera repens*. Sous l'épiderme, dont les cellules se prolongent en poils bruns, on trouve plusieurs rangées de cellules tabulaires fort épaissies et canaliculées, superposées en séries rayonnantes qui se continuent par des cellules semblables, incolores, à paroi mince et douée de reflets irisés : c'est une couche subéreuse issue de la bipartition répétée d'une assise unique de cellules sous-épidermiques primitives. Le parenchyme sous-jacent est formé de cellules polyédriques contenant des grains de chlorophylle dans la région externe, remplies de grains composés d'amidon dans la région interne où elles sont plus larges. Puis viennent quelques assises de cellules disposées en séries radiales et qui constituent la zone interne ordinaire de l'écorce. Quelques-unes de celles qui sont situées en dehors de l'antépénultième assise s'épaississent beaucoup et forment un anneau solide autour du corps central. Les éléments des trois dernières rangées conservent au contraire leurs parois minces, et ceux de l'assise la plus

---

(1) Voyez, pour plus de détails sur les variations secondaires observées dans ces diverses plantes, mes *Recherches sur la structure des Aroïdées* (*Ann. des sc. nat.*, 5ᵉ série, 1866, t. VI).

interne sont plissés sur leurs faces latérales et transverses, et constituent la membrane protectrice.

Le cylindre central commence par une assise de cellules plus larges, à paroi mince et non plissée, la membrane rhizogène, contre laquelle viennent s'appuyer, d'une part les premiers vaisseaux, d'autre part les premiers éléments libériens; cette membrane est souvent doublée par une seconde et quelquefois par une troisième rangée de cellules alternes et plus petites. Les lames vasculaires, au nombre de 30 à 40 suivant les racines, sont fort inégalement développées dans le sens du rayon, et les plus courtes alternent régulièrement avec les plus longues. Dans chacune de ces dernières, les vaisseaux les plus larges et les plus internes, au nombre de quatre ou cinq, sont séparés entre eux et du faisceau externe qui a la même structure que la lame totale des Aroïdées précédemment étudiées, par des fibres conjonctives qui remplissent aussi toute la partie centrale. Les larges vaisseaux les plus internes ainsi isolés, ont jusqu'à $0^{mm},220$ de diamètre; ils sont munis de ponctuations ovales, scalariformes, et formés chacun par une file verticale de cellules à parois transverses, obliques, permanentes, munies de bandes horizontales épaissies séparées par de larges plaques ovales où la membrane primitive paraît souvent résorbée. Ils contiennent très-souvent de nombreuses vésicules pariétales à membrane mince.

Les groupes libériens lamelliformes qui alternent avec les faisceaux vasculaires sont inégaux comme eux, et les plus déve-loppés sont, comme eux, interrompus. Le groupe externe qui correspond au groupe simple des exemples précédents, est for-mé, en dehors, d'éléments allongés très-étroits, et, en dedans, de quelques cellules beaucoup plus larges, bordées de cellules étroites. Puis, ce premier groupe est suivi sur le même rayon de plusieurs autres groupes (jusqu'à cinq dans les lames libé-riennes les plus développées), séparés entre eux et du faisceau externe par des fibres conjonctives. Chacun de ces faisceaux libériens isolés est formé le plus souvent d'un seul, mais quel-quefois de deux ou trois larges tubes à paroi mince de $0^{mm},040$

de diamètre environ, entourés d'une gaîne de cellules étroites.

Pour l'une comme pour l'autre espèce de faisceaux, les lames radiales les plus développées alternent régulièrement avec d'autres qui le sont moins, en sorte que l'organe total conserve sa symétrie par rapport à son axe. Le nombre des vaisseaux les plus larges disposés sur le cercle où aboutissent les séries vasculaires les plus longues sera, par exemple, de six sur trente faisceaux vasculaires, et, sur ce cercle intérieur, ils alternent avec six canaux libériens isolés, un peu plus extérieurs.

En somme, les faisceaux vasculaires et libériens lamelliformes sont beaucoup plus développés radialement et ils sont disjoints : telle est la seule différence importante entre cette racine et les précédentes. On voit, en outre, qu'il y a parallélisme complet de structure entre ces deux espèces de lames disjointes, comme il y a entre elles alternance régulière de position. Dans le tissu conjonctif fibreux où ils sont isolés, les larges vaisseaux et les larges tubes libériens pourront au premier abord paraître disséminés ; mais, par une étude attentive, ils se laissent rattacher au plan radial auquel chacun d'eux appartient.

Ajoutons qu'ici, comme nous l'avons vu dans d'autres Monocotylédones, la lignification du tissu conjonctif commence autour du large vaisseau interne du groupe le plus extérieur, et qu'elle a déjà atteint le centre quand les vaisseaux internes et la ceinture de cellules étroites qui les borde immédiatement ne sont pas encore épaissis. Au contraire, les cellules conjonctives qui séparent latéralement les vaisseaux étroits des éléments étroits de la lame libérienne conservent fort longtemps leur paroi mince, sans pouvoir néanmoins être confondues avec les cellules libériennes dont elles se distinguent à la fois par la forme, l'éclat, la dimension et le contenu.

Les radicelles se forment en face des lames vasculaires par la segmentation des cellules correspondantes de la membrane rhizogène simple ou double.

La structure que nous venons d'analyser se retrouve, avec quelques différences secondaires du même ordre que celles que nous signalions chez les Aroïdées du premier groupe, et parmi lesquelles je citerai l'absence ou la présence de poils fibreux dans les méats de l'écorce, non-seulement dans les grosses racines aériennes des autres plantes de la tribu des Monstérinées : *Heteropsis ovata, Monstera surinamensis* et *Adansonii, Tornelia fragrans, Raphidophora angustifolia, Scindapsus pictus*, etc., mais encore chez certains *Philodendron* à tige élancée, comme le *Philod. micans*, et chez certains *Anthurium*, comme l'*Anth. digitatum*, etc.

— C'est encore à ce mode de structure que se rattachent les grosses racines adventives des *Dracœna*.

Sous l'épiderme, l'écorce est formée d'une couche subéreuse et d'un parenchyme cortical où l'on distingue les deux zones ordinaires, mais qui est dépourvu de faisceaux fibreux, et elle se termine par une membrane protectrice avec son double caractère habituel. Le cylindre central commence par une membrane rhizogène continue produisant les radicelles par la segmentation de celles de ses cellules qui correspondent aux lames vasculaires. Les nombreuses lames libériennes et vasculaires alternes sont disjointes, et il suffit que les larges tubes internes des deux espèces se trouvent fort peu déplacés latéralement, pour qu'ils paraissent disséminés dans le large tissu conjonctif qui occupe toute la région centrale. Celui-ci se fibrifie d'abord autour de chaque groupe de manière à former avec lui des faisceaux fibro-libériens ou fibro-vasculaires épars dans le parenchyme ; mais plus tard la lignification paraît gagner peu à peu tout le tissu intermédiaire.

— Enfin, la racine des Pandanées se rattache encore à cette modification du type ordinaire, mais avec une petite complication qui mérite peut-être une mention spéciale.

Le parenchyme cortical de la racine du *Pandanus javanicus*, considérée sur une section voisine de son extrémité, possède de nombreux faisceaux de fibres blanches disséminés, comme nous l'avons vu chez les Palmiers. Il est limité à l'intérieur par une assise de petites cellules tabulaires plissées comme à l'ordinaire sur leurs faces latérales et transverses : c'est la membrane protectrice. Le cylindre central commence par une membrane rhizogène à deux ou trois rangs, contre laquelle s'appuient de très-nombreux faisceaux rayonnants vasculaires et libériens régulièrement alternes. Ces deux sortes de lames, projetées au loin vers le centre, sont interrompues, et leurs fragments sont séparés par des cellules conjonctives de trois espèces. Autour de tous les groupes vasculaires et libériens, elles s'épaississent de bonne heure en fibres ; ces gaînes fibreuses englobent en même temps plusieurs larges vaisseaux et plusieurs larges cellules libériennes, et forment ainsi dans la région centrale des massifs plus ou moins puissants, à la fois fibreux, libériens et vasculaires ; sauf les groupes périphériques, je ne vois pas dans le *P. odoratissimus* de faisceaux exclusivement fibro-libériens ou fibro-vasculaires. Entre ces massifs, et s'insinuant de chaque côté des lames vasculaires périphériques jusqu'au contact de la membrane rhizogène, est un parenchyme dont les cellules, séparées de très-bonne heure par des méats, contiennent de l'amidon. Enfin, au milieu de ce parenchyme conjonctif, on voit çà et là, entre les massifs, des groupes de fibres blanches très-épaisses, entièrement analogues aux fibres du parenchyme cortical.

Ainsi, la disjonction ordinaire des lames libériennes et des lames vasculaires se trouve compliquée ici par la formation, dans le tissu conjonctif dont le fond demeure parenchymateux, de gaînes fibreuses autour des groupes libériens et vasculaires, et de faisceaux fibreux surnuméraires d'une autre nature et semblables à ceux du parenchyme cortical : tel est le caractère de la racine des *Pandanus*.

Les radicelles s'y forment en face des lames vasculaires, et leur base s'appuie sur cinq à sept de ces lames. Mais, malgré le grand nombre de ces dernières qui peut atteindre jusqu'à cent cinquante, j'ai observé sur plusieurs racines que les radicelles sont insérées en quatre, ou en six, ou en huit rangées, ce qui montre que leurs axes ne s'appuient que sur certaines lames vasculaires privilégiées.

— Les racines du *Cyclanthus bipartitus* offrent la même particularité, mais les fibres brillantes y sont plus larges, moins épaissies et disséminées par groupes de deux ou trois seulement dans le parenchyme cortical et dans le parenchyme conjonctif qui sépare les gaînes fibreuses dans le cylindre central (1).

— Enfin la racine du *Freycinetia Banksii*, douée de nombreux faisceaux fibreux corticaux, présente dans son cylindre central la même structure que celle des *Pandanus*, à deux différences près. D'abord les massifs disséminés dans toute la région interne sont toujours, ou fibro-vasculaires, ou fibro-libériens. Les premiers ne contiennent en général qu'un seul large vaisseau, au centre d'une gaîne fibreuse peu épaisse; les seconds, au contraire, enferment ordinairement plusieurs larges cellules libériennes, rangées à la périphérie d'un puissant axe fibreux. En second lieu, le parenchyme conjonctif qui sépare ces massifs est dépourvu de faisceaux exclusivement fibreux analogues aux faisceaux corticaux.

Nous voici maintenant parvenus au plus haut degré de complication qu'atteigne la racine chez les Monocotylédones. Partis de la racine principale grêle et fugitive, telle qu'elle se forme à la germination, nous nous sommes élevés peu à peu jusqu'aux puissantes racines adventives que possèdent les plus grands arbres de cette classe lorsqu'ils ont atteint l'âge adulte. Sauf quelques différences secondaires en rapport avec le diamètre croissant du cylindre central, telles que le développement de plus en plus grand du tissu conjonctif, la multiplication croissante des faisceaux vasculaires et libériens alternes, l'allongement central de plus en plus grand de ces lames vasculaires et libériennes, suivi bientôt de leur dislocation en tubes distincts séparés par le tissu conjonctif au sein duquel ils paraissent disséminés; sauf ces différences secondaires, dis-je, cette longue étude nous a montré partout un type uniforme de structure, et, si l'on met à part la position différente de la membrane rhizogène, ce type est le même que celui que nous avons déjà rencontré et analysé chez les Cryptogames vasculaires.

Il nous faut maintenant compléter cette démonstration en sui-

____

(1) Voy. *Anatomie des Pandanées et des Cyclanthées* (*Ann. des sc. nat.*, 5e série, 1866, t. VI). Voyez aussi, pour la racine des *Pandanus*, Nägeli, *Beiträge*, I, 1858.

vant une marche inverse. De l'organisation moyenne nous nous sommes élevés peu à peu à la plus compliquée; nous devons redescendre à la plus simple, et voir si le type uniforme, qui ne se perd pas quand la racine se complique autant que possible, se conserve encore quand elle se simplifie autant qu'il lui est donné de le faire. Nous allons donc étudier ce que devient l'organisation de la racine dans les plantes dégradées que l'on rencontre particulièrement parmi les plantes aquatiques de cet embranchement : Pontédériacées, Alismacées, Joncaginées, Butomées, Hydrocharidées, Naïadées et Lemnacées.

Structure de quelques racines adventives de plus en plus simples.

Comme les plantes d'une même famille naturelle sont susceptibles de présenter dans la structure de leurs racines des degrés très-différents de simplification, je disposerai mes exemples dans l'ordre du développement décroissant du système vasculaire.

— L'épiderme de la racine du *Pontederia crassipes*, composé de cellules allongées et très-étroites, à paroi noirâtre, est suivi par une assise d'éléments plus courts et très-larges où des cellules simples alternent avec des paires de cellules superposées. Aux plus internes de ces dernières s'ajustent les murs unisériés qui séparent les grandes lacunes rayonnantes et qui se continuent par les séries radiales de la zone interne de l'écorce, dont les éléments, disposés en même temps en cercles concentriques, ne laissent entre leurs coins arrondis que des méats en forme de losange. Les cellules de l'assise la plus interne sont tabulaires et revêtues, sur leurs faces latérales et transverses, des courts plissements échelonnés qui caractérisent la membrane protectrice.

Le cylindre central commence par une membrane rhizogène contre laquelle s'appuient, suivant le diamètre des racines, six à dix faisceaux vasculaires non confluents au centre. Chacun d'eux comprend en général trois vaisseaux qui se suivent sur le rayon, mais ce n'est que dans trois ou quatre de ces séries radiales que le vaisseau interne acquiert un très-grand diamètre. Au milieu de l'arc qui sépare deux vaisseaux externes consécutifs et contre la membrane rhizogène, se trouve un faisceau libérien formé quelquefois de trois cellules, comme dans le Blé, mais assez souvent aussi d'un seul élément à section pentagonale. Cette cellule libérienne est reliée de chaque côté aux vaisseaux par un seul rang de cellules conjonctives, et des cellules conjonctives semblables séparent aussi les gros vaisseaux internes dans la région centrale.

Les radicelles se forment en face des faisceaux vasculaires, aux dépens de la segmentation des cellules correspondantes de la membrane périphérique du cylindre central ; elles sont donc disposées en autant de séries longitudinales. Sous les cellules étroites et longues de l'épiderme noirâtre, le parenchyme cortical y présente d'abord une rangée de huit à douze très-larges cellules, puis une seconde assise d'éléments moins larges, superposés aux premiers, et laissant entre eux des méats quadrangulaires ; enfin, une troisième rangée de cellules tabulaires, superposées aux précédentes, mais beaucoup plus étroites et plus longues, plissées sur les faces latérales et formant la membrane protectrice. Le cylindre central est extrêmement étroit et ne contient, sous la membrane périphérique, qu'un seul rang de cellules, entourant, au nombre de huit assez souvent, une cellule centrale. Deux de ces huit cellules, diamétralement opposées, deviennent des vaisseaux annelés, et la cellule centrale qui les sépare produit aussi un vaisseau semblable. Des trois cellules qui séparent de chaque côté les deux vaisseaux externes, la médiane est libérienne, les deux autres conjonctives. J'ai vu des radicelles plus grêles où la zone externe de l'écorce ne comptait que six, et la membrane protectrice que cinq éléments, et où le corps central, encore plus étroit, n'avait en tout que quatre cellules : deux vaisseaux annelés séparés par deux cellules libériennes. La membrane rhizogène et les cellules conjonctives ne s'étaient pas développées ; ces sortes de radicelles sont donc impuissantes à produire des radicelles secondaires.

— Sous les larges cellules de l'épiderme, on trouve dans la racine du *Triglochin maritimum* une rangée d'éléments plus étroits, à parois épaissies et colorées en jaune brun, suivie de deux assises alternes de cellules plus larges, incolores, ajustées sans méats : c'est l'écorce externe, dont les éléments décroissent, comme on sait, vers l'extérieur. Viennent ensuite les séries radiales et concentriques où les éléments décroissent vers l'intérieur et laissent entre leurs coins arrondis des méats en forme de losange. Par la résorption locale du parenchyme, il se forme dans la partie externe de cette zone de grandes lacunes aérifères qui ont ainsi une tout autre origine que celles du *Pontederia crassipes*. Les cellules de la dernière assise corticale ont, dans le jeune âge, leur paroi mince et munie sur les faces latérales d'une série de plissements échelonnés, mais plus tard elles s'épaississent très-fortement, excepté sur leur face externe.

Le cylindre central possède, sous sa membrane périphérique, ordinairement cinq faisceaux vasculaires rayonnants qui ne se rencontrent pas tout à fait au centre, où ils laissent entre eux quelques cellules conjonctives. Chacun d'eux contient trois ou quatre vaisseaux, et dans deux ou trois d'entre eux seulement le vaisseau interne acquiert un très-grand diamètre. Au milieu de l'arc qui sépare les premiers vaisseaux formés on voit, adossée à la membrane rhizogène, une cellule libérienne à section pentagonale, à contenu sombre, à paroi mince et brillante, qui constitue à elle seule le faisceau libérien, et qui est reliée latéralement aux vaisseaux par un seul rang de cellules conjonctives.

— Dans la racine de l'*Aponogeton distachyum*, il y a sous l'épiderme deux assises de cellules à paroi mince et brunâtre formant la zone externe ; puis viennent les séries rayonnantes et concentriques d'éléments décroissant vers l'intérieur et séparés par des méats en forme de losange qui décroissent de la même manière. Il n'y a ici ni les lacunes rayonnantes de dissociation des *Pontederia*, ni les lacunes irrégulières de résorption des *Triglochin*. Les cellules tabulaires de l'assise corticale interne ont leur paroi mince, plissée sur les faces latérales et un peu colorée en brun sur la face externe ; elles forment une membrane protectrice.

Le cylindre central est revêtu par une membrane périphérique contre laquelle s'appuient ordinairement quatre faisceaux vasculaires qui viennent se toucher au centre. Chacun d'eux commence par un vaisseau annelé étroit (ou par deux vaisseaux annelés côte à côte), derrière lequel se forme un large vaisseau spiralé. Ces quatre grands vaisseaux se pressent l'un contre l'autre au centre. Quelquefois un ou deux de ces seconds vaisseaux demeurent étroits, et il n'y a que trois ou deux larges vaisseaux centraux ; cela varie le long de la même racine. Au milieu de l'arc qui sépare deux vaisseaux externes consécutifs, on voit, contre la membrane rhizogène, une large cellule libérienne à section pentagonale, reliée aux vaisseaux de chaque côté et en dedans par deux rangs de cellules conjonctives plus étroites.

— La racine adventive de l'*Alisma Plantago* possède sous l'épiderme une assise de grandes cellules subdivisées chacune par une cloison en deux utricules rectangulaires superposées, et qui représente à elle seule la zone corticale externe. Elle est suivie d'une zone de cellules à section circulaire disposées à la fois en couches concentriques et en séries radiales, décroissant vers le centre et laissant entre elles des méats en forme de losange qui décroissent de la même manière. Les cellules de l'assise la plus interne sont plus petites, tabulaires, intimement unies, et plissées sur les faces d'union, c'est-à-dire sur leurs faces latérales et transverses ; elles forment une membrane protectrice avec ses caractères ordinaires.

Le cylindre central commence par une assise de cellules à paroi mince et alternes avec les cellules protectrices : c'est la membrane rhizogène continue. Il possède dans certaines racines six, dans d'autres cinq groupes vasculaires formés chacun de deux vaisseaux étroits spiralés ou annelés, placés l'un derrière l'autre, le plus interne venant s'appuyer contre un large vaisseau ponctué scalariforme qui occupe l'axe de la racine et dont la paroi, d'abord épaissie, se trouve résorbée dans la racine âgée. Dans l'intervalle entre deux rayons vasculaires, on voit, appuyé contre la membrane rhizogène, un groupe de quelques (3-5) cellules libériennes étroites qui est réuni aux vaisseaux latéraux et au gros vaisseau central par un seul rang de cellules conjonctives.

Les radicelles sont produites par la division des cellules de la membrane rhizogène qui sont superposées aux faisceaux vasculaires ; elles correspondent donc à ces faisceaux et forment autant de rangées.

— La racine du *Damasonium stellatum* possède de même, sous les membranes protectrice et rhizogène ordinaires, quatre paires de vaisseaux annelés étroits, rangées autour d'un large vaisseau spiralé central.

— C'est encore le même degré de simplicité que présente la racine de l'*Hydrocleis Humboldtii*. Sous l'épiderme, une seule assise de larges cellules, quelquefois dédoublée, représente l'écorce externe ; puis vient un cercle de grandes lacunes séparées par des plans rayonnants unisériés qui aboutissent à la zone corticale interne, formée comme partout ailleurs d'assises circulaires et de séries radiales qui continuent les murs interlacunaires. La rangée interne, dont les éléments plus petits et tabulaires ont leur paroi plissée sur les faces latérales et transverses, est une membrane protectrice ordinaire. Elle est suivie d'une membrane rhizogène continue contre laquelle s'appuient le plus souvent quatre, mais quelquefois aussi trois ou cinq faisceaux vasculaires formés chacun de deux vaisseaux superposés, spiralés ou annelés. Ces quatre paires de vaisseaux s'appuient à leur tour contre un large vaisseau ponctué central. Assez souvent le premier des deux vaisseaux externes se forme seul, et chaque faisceau vasculaire, réduit à un seul élément, se trouve séparé du gros vaisseau central par une cellule conjonctive. Au milieu de l'intervalle entre deux faisceaux vasculaires et contre la membrane rhizogène se trouve une large cellule pentagonale à paroi mince et brillante, constituant à elle seule le faisceau libérien ; elle tourne un de ses sommets en dehors où ses deux faces correspondantes s'appuient à deux cellules périphériques, et elle est bordée sur ses trois autres faces par un rang de trois à cinq cellules plus petites, qui sont, à leur tour, réunies latéralement aux vaisseaux externes et en dedans au vaisseau central par une seule rangée de cellules conjonctives.

La racine est entièrement privée de ces canaux laticifères dépourvus de paroi propre, mais bordés de petites cellules spéciales qui abondent dans le parenchyme de la tige et des feuilles.

Les radicelles s'insèrent sur les quatre vaisseaux externes et sont disposées en autant de rangées. Dans ces radicelles, comme aussi dans les racines les plus grêles du rhizome, le gros vaisseau manque et le cylindre central demeure constitué, sous la membrane rhizogène, par deux ou trois vaisseaux étroits appuyés l'un contre l'autre au centre, et qui ont entre eux, dans chaque angle, une cellule libérienne étroite. Le système libéro-vasculaire de la racine se trouve donc réduit ici, comme nous l'avons déjà vu dans le *Pontederia crassipes*, par la diminution excessive du diamètre du cylindre central, à ses termes les plus simples, puisque chaque-faisceau vasculaire ne possède qu'une seule file verticale de cellules vasculaires, c'est-à-dire un seul vaisseau étroit, et chaque faisceau libérien, qu'une seule file d'éléments libériens étroits, sans interposition entre les deux de cellules conjonctives. Nous sommes ramenés, sous ce rapport, à la structure des radicelles les plus grêles des *Equisetum* et des *Marsilea*. Le type général se maintient toutefois, puisque le cylindre central de cambium, tout réduit qu'il est à son minimum de cellules, quatre ou six par exemple, se différencie encore suivant la même loi.

— Les racines adventives du *Potamogeton lucens*, verticillées au-dessous des nœuds de la tige, réalisent un type un peu plus simple. L'épiderme est formé de grandes cellules se développant çà et là en longs poils. Il est suivi, comme dans le *Triglochin*, par une assise de cellules plus étroites, à paroi un peu épaissie, et par une seconde rangée de cellules plus larges, à paroi mince : c'est l'écorce externe. Puis viennent les séries rayonnantes et concentriques de la zone interne. Les cellules de la première série circulaire sont étroites, allongées suivant le rayon, et laissent entre elles des lacunes hexagonales ; les autres se touchent latéralement, ont une section carrée et ne laissent entre leurs coins arrondis que des méats en forme de losange. Les éléments de la dernière rangée de cette zone ont leur paroi mince et pourvue, sur les faces latérales et transverses, des plissements échelonnés et des marques noires qui caractérisent la membrane protectrice.

Sous la membrane rhizogène, le cylindre central possède quatre faisceaux vasculaires réduits chacun à un seul vaisseau annelé ou spiralé ; ces quatre vaisseaux étroits s'appuient contre un large vaisseau central que l'on voit double quand la section intéresse une des cloisons obliques qui en séparent les cellules constituantes. Alternes aux vaisseaux étroits, on trouve autant de faisceaux libériens réduits chacun à une seule cellule à section pentagonale, séparée des vaisseaux étroits et du vaisseau central par un rang de trois ou quatre cellules conjonctives.

— Les faisceaux vasculaires se réduisent davantage encore dans la racine de l'*Hydrocharis Morsus-Ranæ*. Sous l'épiderme on voit deux rangs alternes de larges cellules constituant la zone corticale externe. Le second rang présente alternativement deux cellules plus petites et une plus grande. Cette dernière se continue par des murs rayonnants interlacunaires formés d'une seule série de cellules allongées radialement, et qui viennent s'ajuster aux cellules arrondies de l'antépénultième assise corticale. L'avant-dernière rangée est encore formée de cellules arrondies, superposées aux précédentes et aux suivantes et laissant en dehors et en dedans des méats quadrangulaires. Enfin, les éléments tabulaires de la dernière assise sont fortement unis entre eux par un cadre de plissements échelonnés, et ils constituent une membrane protectrice.

Le cylindre central commence par une rangée de petites cellules claires, alternes aux protectrices ; c'est la membrane rhizogène contre laquelle s'appuient, en deux points diamétralement opposés, deux larges vaisseaux à paroi assez peu épaissie pour que les cellules de bordure rebondissent dans l'intérieur, et munie d'une spirale délicate à tours fort rapprochés. Ces vaisseaux sont formés de cellules séparées par des cloisons transverses obliques et rayées, de sorte que, quand la section intéresse une de ces cloisons, l'organe paraît double. Ils sont réunis au centre

par trois à cinq rangées de cellules conjonctives. Il n'y a donc
pas ici de large vaisseau axile, et chaque faisceau vasculaire est
réduit, comme l'était le faisceau libérien dans les exemples précédents, à un seul et assez large élément. De plus, le nombre de
ces faisceaux vasculaires est ramené aussi à son minimum, qui
est de deux. Au milieu des intervalles qui séparent ces deux
vaisseaux et contre la membrane rhizogène, on voit deux faisceaux
libériens formés chacun d'un groupe de cellules étroites, terminé de chaque côté par une cellule plus large, à section pentagonale. Ces faisceaux libériens sont réunis latéralement aux
vaisseaux par un rang de ces mêmes cellules conjonctives qui
remplissent aussi toute la partie centrale. Sur d'autres racines,
j'ai trouvé quelquefois trois vaisseaux séparés par trois faisceaux
libériens.

Ainsi, au point de vue du nombre et de la constitution des faisceaux vasculaires, la racine de l'*Hydrocharis* présente la structure
la plus simple possible ; mais elle est, en revanche, en ce qui
concerne la structure des faisceaux libériens et le développement
du tissu conjonctif, plus perfectionnée que celles que nous avons
décrites plus haut.

— Dans la série de racines que nous venons d'étudier, le
nombre des faisceaux vasculaires va diminuant, et dans chacun
d'eux les vaisseaux deviennent de moins en moins nombreux,
mais ils atteignent toujours leur développement normal. Il en est
autrement dans les plantes dont il nous reste à parler.

On sait que dans les végétaux aquatiques, les vaisseaux, après
avoir plus ou moins épaissi leur paroi, ont une tendance marquée
à la résorber pour se convertir en lacunes. On sait aussi qu'il y a,
suivant les organes et suivant les plantes, des différences considérables dans la phase du développement où cette résorption se
manifeste. Suivant les organes, car chez l'*Aponogeton*, l'*Alisma*,
l'*Hydrocleis*, etc., elle est plus tardive dans la racine que dans la
tige et dans la feuille, et quand elle s'y montre, elle frappe d'a-
bord le grand vaisseau central ; les vaisseaux externes peuvent
conserver très-longtemps leur paroi. Suivant les plantes, car s'il
y a des végétaux où cette résorption ne commence que lorsque

les vaisseaux sont complétement épaissis, il en est d'autres où
elle est si prompte, qu'on a peine à saisir le moment où le vaisseau commence à acquérir ses marques caractéristiques, et que
l'on peut admettre qu'elle frappe la paroi de la cellule vasculaire
avant que son épaississement ait eu lieu d'une manière bien sensible : tel est, par exemple, l'*Elodea canadensis*. Ceci posé, rappelons-nous la structure de la racine de l'*Hydrocleis Humboldtii* dans
cet état où chaque faisceau vasculaire ne comprend qu'un seul
vaisseau moyen séparé du large vaisseau central par une cellule
conjonctive, et admettons que la paroi de tous les vaisseaux y
soit résorbée de très-bonne heure, peu de temps après qu'elle
a commencé à s'épaissir, nous aurons alors exactement, comme
je vais le faire voir, la structure de la racine de l'*Elodea canadensis.*

Sous l'épiderme, on voit une assise de larges cellules formant
l'écorce externe; puis vient une zone épaisse de cellules qui
laissent d'abord entre elles de petites lacunes irrégulières bordées par six à huit éléments, mais qui se rangent vers l'intérieur
en séries radiales et concentriques et ne présentent plus que des
méats quadrangulaires. La dernière assise corticale, formée de
cellules tabulaires, engrenées sur leurs faces de contact par un
cadre de plissements échelonnés, est une membrane protectrice
et comprend 18-22 éléments.

Le cylindre central commence par une membrane périphérique dont les éléments allongés alternent avec les cellules protectrices. Sous cette membrane on distingue, suivant les racines,
quatre ou cinq cellules équidistantes, plus larges que les voisines,
dont la section est un polygone à six, sept ou huit côtés, et dont
la paroi semble résorbée, car les faces de contact des cellules de
bordure font saillie dans l'intérieur. Bien que cette résorption
paraisse avoir eu lieu avant que la paroi ait acquis, d'une façon
bien nette, les épaississements qui caractérisent les cellules vasculaires, il n'en est pas moins vrai que chacune de ces lacunes
est un vaisseau résorbé et correspond à un faisceau vasculaire
réduit à son premier élément. Le centre du cylindre est occupé
par une large cellule vasculaire dont la paroi est également résor-

bée de bonne heure, et qui est bordée par un rang de 10-14 cellules étroites et longues qui la séparent des quatre ou cinq lacunes vasculaires périphériques; cette lacune centrale correspond au large vaisseau axile des *Alisma, Hydrocleis, Potamogeton*, etc. Toutes ces lacunes vasculaires sont remplies d'un liquide un peu sombre, qui brunit par les progrès de l'âge. Au milieu de l'intervalle qui sépare deux canaux externes consécutifs, on voit, appuyée à la membrane périphérique, une large cellule libérienne à section pentagonale, orientée comme celle des *Hydrocleis*, bordée en dehors par deux cellules périphériques et séparées latéralement des petites lacunes, et en dedans de la grande par deux rangées de cellules conjonctives plus étroites. Il en résulte qu'entre les cellules libériennes pentagonales et la lacune centrale, il y a deux assises cellulaires, tandis qu'il n'y en a qu'une seule entre les petites lacunes et la grande (1).

On voit donc que le cylindre central de la racine de l'*Elodea canadensis* est constitué, sous la membrane rhizogène, par quatre ou cinq faisceaux vasculaires réduits à un seul élément, rangés autour d'un large vaisseau axile dont ils sont séparés par une seule cellule conjonctive, et par quatre ou cinq faisceaux libériens alternes, réduits aussi à un seul élément et réunis aux vaisseaux par deux rangs de cellules conjonctives; seulement, la paroi de tous les vaisseaux se détruit avant que leur différenciation soit achevée (2). En un mot, cette racine possède la struc-

---

(1) L'impression de ce mémoire était déjà fort avancée, lorsque j'ai eu la bonne fortune de découvrir sur la paroi mince et flasque, mais non encore résorbée, des cellules vasculaires externes et de la grande cellule centrale, une spirale délicate, à tours espacés d'environ quatre fois son épaisseur, qui caractérise définitivement ces éléments comme de véritables vaisseaux spiralés. Si la paroi du vaisseau central se résorbe, en effet, d'assez bonne heure, il m'a semblé au contraire que la mince paroi spiralée des vaisseaux externes persiste très-longtemps. Seulement, cette paroi est assez flasque pour que les cellules conjonctives qui la bordent et la compriment fassent saillie dans l'intérieur. Nous savons qu'il en est de même dans l'*Hydrocharis*.

(2) La même chose a lieu sans doute dans l'*Hydrilla verticillata*, que je n'ai pas pu examiner. M. Caspary a décrit (*les Hydrillées*, dans les *Ann. des. sc. nat.*, 4ᵉ série, 1858, t. IX) la structure de la racine de ces deux plantes dans les termes suivants. Pour l'*Hydrilla verticillata* : « Comme la tige, la racine manque de moelle ; elle a un faisceau central de cellules conductrices entourées de parenchyme court, et

ture d'une racine d'*Hydrocleis Humboldtii*, où tous les vaisseaux seraient, de très-bonne heure, transformés en lacunes par la résorption de leurs parois. Elle se rattache donc à un type de structure encore assez élevé, surtout si on le compare à celui des plantes qui suivent, et où nous verrons cette même résorption hâtive se combiner avec une organisation beaucoup plus élémentaire du cylindre central.

— Sous l'épiderme, la racine du *Najas major* présente une assise de larges cellules après laquelle commencent immédiatement les séries radiales et concentriques d'éléments qui décroissent progressivement vers le centre, et qui laissent entre eux, d'abord, de petites lacunes irrégulières, puis des méats en forme de losange, de plus en plus étroits. Toutes ces cellules ont leurs faces munies de ces ondulations parallèles qui ont été, depuis Hedwig, signalées par plusieurs auteurs, notamment par M. Caspary, dans le parenchyme des plantes les plus diverses (1). Les élé-

ce faisceau présente à son centre un canal comme celui de la tige. » (P. 39.) Pour l'*Elodea canadensis :* « Au milieu se trouve un faisceau de cellules conductrices qui offre à son centre un canal contenant, non pas de l'air, mais un liquide, et circonscrit par 10-11 cellules. Faute de matériaux suffisants, je ne puis dire en ce moment si ce canal était d'abord un vaisseau comme celui de la tige..... Je n'ai pu reconnaître de gaine protectrice dans cette racine. Elle n'a pas non plus de moelle. » (P. 374.) Enfin plus loin, comme s'appliquant également aux deux plantes : « Comme la tige, la racine manque de moelle ; elle se compose uniquement d'un faisceau central de cellules conductrices sans gaine protectrice, et d'un parenchyme dans lequel on ne voit pas de canaux, mais seulement des méats intercellulaires longitudinaux. » (P. 390.)

Nous venons de voir que dans l'*Elodea canadensis*, comme dans toutes les autres Monocotylédones, l'assise interne de l'écorce forme, grâce aux plissements échelonnés des faces latérales et transverses, une membrane protectrice autour du cylindre central. En outre, dans sa manière de considérer les cellules allongées du cylindre central, M. Caspary me paraît avoir commis deux erreurs : 1° en les regardant toutes comme de même nature ; 2° en les assimilant toutes aux cellules allongées qui occupent la même position dans la tige, et qui, désignées par lui sous le nom de « cellules conductrices », sont regardées avec raison comme étant de nature libérienne. Ces deux erreurs conduisent ce botaniste à admettre l'identité de structure de la racine et de la tige. Une analyse plus délicate de ces éléments allongés nous en a montré de quatre sortes : des cellules périphériques dont quelques-unes peuvent devenir rhizogènes, des cellules libériennes, des cellules vasculaires imparfaitement différenciées et de bonne heure résorbées, enfin des éléments conjonctifs, et nous a permis ainsi de retrouver dans cet organe les vrais caractères de toute racine.

(1) Voy. Caspary, *loc. cit.*, p. 333, et *Bot. Zeitung*, 1853, p. 801.

ments tabulaires de l'assise corticale interne possèdent, au milieu
de leurs faces latérales et transverses, d'étroits plissements échelonnés qui se traduisent, sur les sections, par des marques noires
très-nettes; ils forment une membrane protectrice qui compte
quinze cellules environ.

Le cylindre central commence par une assise périphérique
d'éléments allongés alternes avec les cellules plissées : c'est la
membrane rhizogène. Puis vient une rangée de cellules semblables aux précédentes et alternes avec elles, entourant, au nombre de 8-12 environ, une large cellule centrale dont la paroi est
résorbée de bonne heure, et qui se trouve dès lors transformée en
un canal rempli d'un liquide trouble qui occupe aussi toutes les
autres cellules allongées du cylindre central. Cette grande cellule
axile me paraît destinée, comme celle de l'*Elodea canadensis*, à
former un large vaisseau central, pareil à celui des *Potamogeton*;
mais, dans les cellules qui l'entourent, je n'ai réussi jusqu'à présent à apercevoir aucune trace de différenciation en cellules vasculaires, libériennes et conjonctives, et l'on sait que, dans les cas
ordinaires, c'est dans cette assise que la différenciation s'accom-
plit tout d'abord. La racine s'est donc trouvée arrêtée dans son
développement aussitôt après la formation des cellules périphériques et des cellules cambiales internes. Parmi ces dernières, la
centrale seule accuse, par son grand diamètre, sa destination
ultérieure; les autres demeurent toutes semblables et à l'état
cambial. La racine du *Najas major* est donc une racine de *Potamogeton lucens* arrêtée dans son développement, c'est-à-dire,
dans laquelle les trois ou quatre vaisseaux étroits et les trois ou
quatre cellules libériennes alternes, ainsi que les cellules conjonctives qui les séparent, éléments qui font tous partie de
l'assise qui suit la membrane rhizogène, demeurent à l'état
cambial, tandis que la cellule centrale résorbe sa paroi au lieu
de l'épaissir.

—La racine de l'*Althenia filiformis*, étudiée par M. Prillieux (1),

(1) Prillieux, *Recherches sur la végétation et la structure de* l'Althenia filiformis
(*Ann. des sc. nat.*, 5ᵉ série, 1864, t. II). — « Les racines sont entièrement dépourvues de vaisseaux. L'axe de chaque racine est occupé par un faisceau de cellules allon-

me semble, autant que j'en puis juger par la figure 1 de la planche 16, présenter une structure toute semblable à celle du *Najas major*, c'est-à-dire que le cylindre central possède, sous la membrane rhizogène, une assise de cellules non différenciées bordant une lacune centrale.

— La racine du *Phucagrostis major*, décrite par M. Bornet (1), me paraît encore offrir le même arrêt de développement, la même absence de différenciation; mais le cylindre central y renferme un plus grand nombre de cellules allongées, et il ne contient pas de large cellule axile destinée à former un gros vaisseau central et se transformant en lacune. Toutefois, si j'ai bien interprété les figures 2 et 3 de la planche XI, il y a des endroits dans cette racine où la différenciation du vaisseau externe de chaque faisceau vasculaire s'achève, et en même temps, sans doute, celle des cellules libériennes voisines; c'est aux insertions des radicelles. La radicelle se forme, comme toujours, aux dépens des segmentations des cellules de l'assise périphérique du cylindre central, qui sont situées en face de l'un des faisceaux vasculaires non différenciés. Alors, sur tout le diamètre du cercle d'insertion du cône radicellaire, les éléments de la file contiguë aux cellules rhizogènes achèvent leur développement et forment un vaisseau spiralé à cellules courtes. C'est sur cette portion de vaisseau que s'insèrent quelques cellules vasculaires de nouvelle formation, qui se dirigent dans la radicelle; mais les vaisseaux de la radi-

gées très-étroites et à parois fort minces, à l'intérieur desquelles est une matière brunâtre (dans les échantillons que j'ai observés et qui ont été conservés dans l'alcool). Ces cellules (cellules conductrices) laissent entre elles une lacune qui s'allonge dans l'axe du faisceau. Autour de ce faisceau central est une rangée de cellules allongées dont le diamètre est un peu plus grand que celui des cellules conductrices, dont les parois sont un peu plus épaisses, et qui peuvent être considérées comme formant une sorte de gaîne plus résistante qui protége le paquet de cellules conductrices. » (P. 182.)

(1) Bornet, *Recherches sur le* Phucagrostis major (*Ann. des sc. nat.*, 5e série, 1864, t. I). — « On trouve au centre de la racine un faisceau composé de fibres étroites et serrées. Ce faisceau ne renferme pas de vaisseaux, mais il est entouré d'une double rangée de cellules grosses et courtes qui tiennent lieu du système vasculaire. » (P. 43.) — Je ne puis pas bien comprendre pourquoi M. Bornet déclare que ces deux assises externes, qui sont très-probablement notre membrane rhizogène et notre membrane protectrice, « tiennent lieu du système vasculaire ». Ces deux membranes sont en effet toujours présentes quand le système vasculaire acquiert tout son développement.

celle ne sont ainsi achevés qu'à leurs amorces mêmes ; dans toute la longueur de l'organe ils demeurent à l'état cambial.

— Enfin la Vallisnérie d'abord, et les Lemnacées ensuite, vont nous offrir un état de dégradation plus profond encore que les exemples précédents, parce que le cylindre central s'y trouve arrêté dans une phase plus précoce de son développement.

— Sous l'épiderme de la racine du *Vallisneria spiralis*, est une assise de grandes cellules qui représente à elle seule la zone corticale externe ; elle est suivie de trois à cinq assises concentriques de cellules à section circulaire disposées en séries rayonnantes et laissant entre elles, d'abord de petites lacunes hexagonales, dans la première rangée, puis des méats quadrangulaires décroissant vers le centre comme les cellules elles-mêmes. La dernière de ces assises est formée de cellules aplaties, intimement unies ensemble au nombre de neuf à douze en une membrane protectrice et légèrement plissées sur leurs faces de contact ; d'où, sur les sections, de faibles marques noires, souvent assez difficiles à apercevoir. Le cylindre central fort étroit commence par la membrane rhizogène ordinaire, formée de neuf à douze cellules allongées alternes avec les protectrices, et cette membrane entoure une large cellule centrale que j'ai vue plusieurs fois subdivisée en quatre et qui est rapidement transformée en lacune. Cette cellule centrale, enveloppée par la membrane rhizogène, est la cellule-mère du système libéro-vasculaire de la racine, ou plutôt du cylindre cambial dont la différenciation ultérieure produirait ce système. Seulement, au lieu de constituer ici, comme d'ordinaire, un cylindre de cellules cambiales qui se différencient ensuite localement ou persistent en cet état, cette cellule demeure stationnaire et même sa paroi disparaît de très-bonne heure pour faire place à un canal rempli, comme les cellules de la membrane périphérique et même celles de la membrane protectrice, d'un liquide granuleux sombre.

C'est là, comme on le voit, une dégradation plus profonde que celle de la racine de l'*Elodea canadensis*, plus profonde même que celle du *Najas major*, et l'on commettrait une erreur en assimilant la lacune centrale de la racine de ces deux plantes, qui provient de la résorption d'un simple vaisseau, au canal de la Vallisnérie, qui résulte de la disparition de toute la partie du cylindre central, intérieure à la membrane périphérique.

— Sous l'épiderme, le parenchyme cortical de la racine du *Spirodela polyrhiza* commence par une rangée de larges cellules formant la zone externe, et dans laquelle un élément plus grand alterne régulièrement avec deux plus petits; quelques-unes de ces cellules renferment un liquide coloré en rouge carmin. Puis vient un cercle de six à neuf lacunes triangulaires, séparées par des murs rayonnants unisériés et superposés aux grandes cellules de l'assise sous-épidermique. Ces murs viennent s'appuyer directement au centre, sur les cellules de l'assise interne de l'écorce. Ces dernières sont plus étroites et plus longues, aplaties, et munies sur leurs faces latérales de légers plissements échelonnés qui les caractérisent comme cellules protectrices. Elles sont remplies d'un liquide sombre, finement granuleux, qui occupe aussi toutes les cellules du cylindre central.

Ce dernier commence par une rangée de six à neuf cellules étroites et longues, alternes avec les protectrices, et qui représente la membrane rhizogène ordinaire. Elle entoure une cellule centrale, un peu plus large, qui paraît se transformer en lacune, et qui est remplie, comme les éléments protecteurs et rhizogènes, d'un liquide trouble. Ici encore, comme dans la Vallisnérie, le cylindre central, après avoir formé sa membrane périphérique, se réduit à sa cellule-mère; les cellules cambiales de la région interne ne se forment pas.

— L'épiderme de la racine du *Lemna minor* est formé de cellules alternativement plus petites et rectangulaires, et plus grandes et pentagonales, paraissant dépourvues de chlorophylle. Aux premières sont superposées autant de très-larges cellules, huit à dix ordinairement, munies de grains verts et se terminant en dedans par une face bombée : c'est l'écorce externe. Les cellules de l'assise suivante, abondamment pourvues de chlorophylle, sont plus longues et moins larges, à section arrondie, et elles laissent, en dehors et en dedans, des méats en forme de losange.

Enfin, les éléments de la quatrième et dernière assise de l'écorce, superposés aux précédents, encore plus étroits et plus allongés, dépourvus de chlorophylle et remplis d'un liquide sombre, présentent sur leurs faces latérales les plissements échelonnés qui caractérisent la membrane protectrice.

Le cylindre central est formé par la membrane périphérique ordinaire dont les cellules très-longues entourent, au nombre de huit à dix, une cellule centrale plus large ; c'est la cellule-mère du cylindre de cambium, frappée d'arrêt de développement avant d'avoir pu se diviser en cellules cambiales. Je n'ai pas pu voir avec certitude que la paroi propre de cette cellule fût résorbée et qu'elle fût transformée en canal. Elle est remplie, comme les cellules périphériques, du même liquide sombre que nous avons signalé dans les cellules protectrices.

La racine du *Lemna trisulca* offre la même organisation.

Ainsi, les *Lemna minor* et *trisulca* présentent, dans le cylindre central de la racine, les mêmes caractères anatomiques que le *Lemna polyrhiza*. Mais le parenchyme cortical, par l'absence de grandes lacunes séparées par des murs rayonnants unisériés, possède une organisation plus simple, et cette différence caractéristique vient appuyer la séparation générique du *Lemna polyrhiza* (*Spirodela polyrhiza*), établie par M. Schleiden d'après d'autres considérations.

En résumé, dans les racines de plus en plus simples étudiées dans ce paragraphe, l'écorce a toujours deux zones distinctes limitées en dehors par l'épiderme, en dedans par la membrane protectrice, et le cylindre central possède toujours une membrane périphérique qui contient les cellules rhizogènes et une région intérieure. C'est sur cette région interne que portent les modifications secondaires, produites par une dégradation progressive où nous distinguerons quatre états principaux : 1° La cellule-mère de la région interne se divise pour constituer un cylindre de cambium, et les éléments de ce cylindre se différencient complétement pour former des cellules vasculaires, libériennes et conjonctives. Mais le nombre des faisceaux vasculaires et libériens, et des lames conjonctives, va décroissant, et en même temps le nombre des éléments qui constituent chacun de ces faisceaux. Ce dernier nombre est finalement ramené à l'unité, mais le premier ne descend jamais au-dessous de deux (*Alisma, Hydrocleis, Potamogeton, Hydrocharis*, etc.). 2° La différenciation locale du cylindre de cambium s'opère encore, mais elle est in—complète en ce sens que les cellules, clairement désignées pour devenir des vaisseaux, résorbent leurs parois avant que leur épaississement se soit opéré d'une manière sensible (*Elodea*, etc.). 3° La différenciation locale du cylindre de cambium ne s'opère pas dans l'assise située au-dessous de la membrane rhizogène et dans laquelle elle se manifeste tout d'abord dans les cas ordinai—res. La cellule centrale seule est, par son grand diamètre, dési—gnée comme vasculaire, et se transforme bientôt en canal (*Najas, Althenia ?*) ; ou bien même aucune cellule ne paraît désignée à l'avance (*Phucagrostis ?*). 4° Enfin, la cellule-mère de la région interne ne se divise pas; elle s'arrête dans son développement et même résorbe sa paroi avant d'avoir formé le cylindre de cam—bium qui se trouve remplacé tout entier par une lacune (*Vallis—neria*, Lemnacées) (1).

On voit encore, par l'exemple de l'*Hydrocharis*, de l'*Elodea* et de la Vallisnérie, et par celui de l'*Aponogeton* et du *Najas*, que

(1) La structure de la racine de la Vallisnérie et des Lemnacées est susceptible d'une autre interprétation, c'est-à-dire qu'on peut déterminer d'une autre manière l'unique assise du cylindre central. On peut dire, en se rappelant ce qui arrive dans les radi—celles les plus grêles du *Pontederia crassipes*, qu'ici c'est la membrane rhizogène ordinaire qui manque, soit que la racine soit incapable en effet de produire des radi—celles, soit que cette formation soit reportée sur la membrane protectrice. Alors l'as—sise qui entoure la cellule centrale correspondrait à la seconde assise du *Najas major*, c'est-à-dire à celle qui, dans les cas ordinaires, contient les premiers vaisseaux et les premiers éléments libériens, et qui dans le cas actuel ne se différencie pas, et la cellule centrale serait un vaisseau axile imparfaitement différencié. La Vallisnérie et les Lem—nacées rentreraient alors dans le cas du *Najas*, mais avec cette circonstance cependant, signe d'une dégradation plus profonde, de n'avoir pas de membrane rhizogène. Cette seconde interprétation, plus simple à de certains égards que la première, m'a paru moins conforme à la loi des corrélations anatomiques, c'est-à-dire qu'il m'a paru plus exact d'appliquer cette loi à la détermination des tissus douteux en procédant de dehors en dedans, qu'en procédant de dedans en dehors.

ces divers états de dégradation peuvent se retrouver dans les plantes de la même famille naturelle.

Résumé.

L'étude anatomique de la racine, poursuivie dans ce chapitre à travers plus de vingt familles de plantes monocotylédones et à travers les divers modes d'origine, normale ou adventive, principale ou secondaire, dont l'organe est susceptible, nous montre partout le même type de structure, modifié par de nombreuses variations secondaires.

Partout l'écorce présente sous l'épiderme deux zones bien distinctes et se termine par une membrane plissée et protectrice. Partout le cylindre central commence par une membrane rhizogène, quelquefois discontinue comme dans les Graminées; et toutes les fois que la partie sous-jacente se constitue et se différencie, cette différenciation a lieu suivant la même loi, et cette région se compose d'un certain nombre de faisceaux vasculaires centripètes, alternes avec un pareil nombre de faisceaux libériens, également centripètes, auxquels ils sont réunis par des cellules conjonctives. Comme ce nombre n'est jamais inférieur à deux, la structure du cylindre central est toujours symétrique par rapport à son axe.

La racine principale continue ordinairement la tige, de manière que le cotylédon corresponde à l'un de ses faisceaux vasculaires.

Les radicelles se forment toujours aux dépens des segmentations de certaines cellules de la membrane périphérique du cylindre central; d'où une différence importante par rapport aux Cryptogames vasculaires. En général, ces cellules rhizogènes sont situées en face des faisceaux vasculaires; les radicelles s'insèrent donc directement sur ces faisceaux et sont disposées en autant de séries longitudinales. Mais les Graminées font exception; à cause de l'interruption de la membrane périphérique en face des vaisseaux, les radicelles s'y produisent vis-à-vis des faisceaux libériens.

Dans tous les cas, la radicelle est constituée essentiellement comme la racine, et quand l'organisation du cylindre central est binaire, les deux faisceaux vasculaires s'appuient directement sur le faisceau d'insertion, c'est-à-dire qu'il y en a un en haut et un en bas, tandis que les deux faisceaux libériens sont, l'un à droite et l'autre à gauche ; d'où une seconde différence caractéristique par rapport aux Cryptogames vasculaires.

La modification secondaire la plus importante, marquant l'état extrême de la dégradation, est présentée par ces plantes où la partie du cylindre central, intérieure à la membrane périphérique, se résorbe avant de se constituer et est remplacée par une lacune (Vallisnérie, Lemnacées). La racine ne possède alors ni vaisseaux, ni cellules libériennes, ni cellules conjonctives, et le rôle qui est dévolu d'ordinaire à ces éléments dans la circulation des fluides doit se trouver en partie reporté sur les cellules de la membrane périphérique et de la membrane protectrice. La dégradation est déjà moins profonde quand le cylindre de cambium se constitue, mais sans se différencier (*Najas*, *Phucagrostis* ?). Elle est moins marquée encore quand il se différencie d'une manière incomplète, c'est-à-dire, de façon que les cellules appelées à devenir des vaisseaux résorbent leurs parois au début même de leur épaississement. La racine possède alors des faisceaux libériens et des cellules conjonctives, mais, au lieu de vaisseaux, on n'y trouve de bonne heure que des lacunes (*Elodea*) (1). Elle est moins accusée surtout, dans les plantes où le cylindre central ne résorbe la paroi de ses vaisseaux que fort tard, après qu'ils sont depuis quelque temps entièrement épaissis, et en commençant par les plus larges d'entre eux (*Alisma*, *Hydrocleis*, etc.). La racine possède alors pendant un certain temps des vaisseaux, des cellules libériennes et des éléments conjonctifs, mais en vieillissant tous ses vaisseaux peuvent se trouver transformés en lacunes. Cet arrêt de développement plus ou moins primitif de la partie du cylindre central intérieure à la membrane rhizogène, et cette résorption plus ou moins précoce de ses éléments vasculaires, produisent une première série de modifications liées à la végétation aquatique.

(1) Voyez la première note de la page 168.

Quand la différenciation locale de cette région est complète et définitive, on trouve d'autres sources de variations secondaires beaucoup plus abondantes : 1° dans le nombre des faisceaux vasculaires et libériens qui alternent côte à côte contre la membrane rhizogène, nombre qui n'est jamais inférieur à deux, mais qui peut dépasser cent, qui est assez fixe dans une même espèce quand il est petit, mais qui devient très-variable, suivant les racines, et aussi le long d'une même racine dès qu'il dépasse cinq ; 2° dans le diamètre et la forme, mais surtout dans le nombre des éléments qui constituent chaque faisceau vasculaire et chaque faisceau libérien, nombre qui peut se réduire à l'unité, mais qui peut devenir assez grand pour que le faisceau se disloque, ainsi que dans le développement plus ou moins abondant, et dans le degré de fibrification du tissu conjonctif qui sépare ces faisceaux et qui paraît pouvoir s'annuler dans les radicelles les plus ténues. Ces deux sources de modifications secondaires sont, jusqu'à un certain point, liées entre elles, car elles dépendent toutes deux, dans une certaine limite, du développement diamétral plus ou moins considérable du cylindre central.

A son tour, le parenchyme cortical, par la forme et la disposition de ses éléments, par l'absence ou la présence de couche subéreuse, de vaisseaux ou de canaux laticifères, de faisceaux fibreux, de lacunes aérifères de dissociation ou de résorption, de poils intralacunaires, etc., est l'objet d'un certain nombre de variations secondaires.

Enfin, on voit se dérouler toute la série de ces modifications secondaires, aussi bien en comparant entre eux les pivots des différents végétaux ou les racines adventives des diverses plantes de même âge, qu'en parcourant dans une même plante le pivot et les radicelles d'ordre successif issues de lui, ou bien une racine adventive et les radicelles qu'elle produit, ou bien encore les diverses racines adventives primaires qui se forment sur la plante aux différentes périodes de sa végétation.

Au total, nous voyons qu'en tenant compte de l'extrême dégradation qui résulte chez quelques plantes submergées de la résorption prématurée ou de l'absence de différenciation de

la région interne du cylindre central, le même type de structure régit la racine de toutes les plantes de l'embranchement
des Monocotylédones. Depuis le Dragonnier et le Vaquois jusqu'à la Morrène et au Potamot, on trouve ce type réalisé plus
ou moins complétement et avec mille variations secondaires,
mais il conserve toujours ses mêmes caractères essentiels ; partout l'écorce et le cylindre central obéissent aux mêmes lois de
différenciation. Enfin, si l'on met à part la membrane rhizogène
qui, toujours distincte de la protectrice, est formée chez les
Monocotylédones par l'assise périphérique du cylindre central,
ces lois de différenciation sont précisément celles qui régissent
la formation de la racine des Cryptogames vasculaires.

ÉTUDE PHYSIOLOGIQUE.

Nous devons maintenant, comme nous l'avons fait pour les
Cryptogames vasculaires, essayer de déterminer par l'expérience
le rôle physiologique des quatre espèces d'éléments et de tissus
que nous avons vus entrer dans la composition du cylindre
central de la racine : membrane rhizogène, lames vasculaires,
faisceaux libériens, tissu conjonctif. Nous nous attacherons surtout à ce dernier tissu sur le rôle duquel l'étude des Cryptogames vasculaires n'a pu nous apprendre que peu de chose,
puisqu'il n'y était que faiblement représenté.

Prenons pour sujets d'expériences deux plantes. L'une aura
des racines grêles issues de germination, où le tissu conjonctif
sera moyennement développé, et on l'étudiera avant l'épaississement de ces cellules conjonctives : ce sera une Graminée, par
exemple. L'autre sera munie de racines adventives épaisses à
lames vasculaires et libériennes disloquées, et le tissu conjonctif,
puissamment développé, y sera étudié d'abord à l'état cellulaire, puis à l'état fibreux : ce sera le *Monstera repens*, par
exemple.

Soumettons successivement ces deux plantes aux deux modes
d'expérimentation décrits à propos des Cryptogames vasculaires,
et même à un procédé moyen consistant à faire aspirer seule-

ment une des deux dissolutions incolores de sulfate de fer et de cyanure de potassium, et à traiter les sections par la dissolution complémentaire qui révèle la présence de la première dans tous les éléments où elle se trouve.

On fait germer des grains de Blé sur un liége troué, flottant à la surface de l'eau, où les racines s'allongent. Quand elles ont atteint une longueur suffisante, et qu'il s'est formé plusieurs feuilles vertes, on retire quelques plantes, et après avoir coupé les extrémités des racines principales, afin de substituer, à l'absorption trop lente par les poils épidermiques, l'ascension directe par la section, on leur fait aspirer pendant douze heures une dissolution étendue de sulfate de fer; après quoi on lave avec soin les racines, et on les fait plonger pendant douze autres heures dans une dissolution de cyanure de potassium. La plante paraît avoir souffert de ce traitement, car ses feuilles sont toutes penchées vers la terre.

En mettant à part l'extrémité même de l'organe, où tous les tissus ont été directement imbibés par les dissolutions, on procède ensuite à l'examen microscopique des sections pratiquées à diverses hauteurs dans la racine, pour rechercher les tissus traversés par les deux liquides, et qui se reconnaîtront immédiatement au précipité bleu dont ils sont imprégnés.

Tous les éléments de l'écorce, de la membrane protectrice et de l'assise rhizogène sont parfaitement incolores. Il en est de même dans le corps central pour les cellules libériennes et pour les cellules conjonctives. Les vaisseaux seuls ont leur paroi colorée en bleu foncé; seuls ils ont donc conduit successivement dans la tige les deux dissolutions aspirées à la pointe des racines par la transpiration des feuilles. Seulement on remarque que, si l'on s'élève peu à peu dans la région où le liquide vient d'arriver récemment, les deux ou trois vaisseaux qui forment chaque lame rayonnante sont seuls colorés; le gros vaisseau central ne l'est pas encore, ce n'est que plus tard que le liquide y arrivera. La vitesse d'ascension décroît donc à mesure que le diamètre du vaisseau augmente, et c'est par le vaisseau le plus étroit, le premier formé, celui qui s'appuie contre la membrane rhizogène, que les liquides arrivent tout d'abord à la tige.

La même coloration bleue, pareillement localisée dans les vaisseaux, s'obtient si, après l'absorption du sulfate de fer, on traite immédiatement les sections de la racine par une goutte de dissolution de cyanure de potassium.

Enfin on arrive avec la plus grande netteté à la même conclusion, si l'on fait aspirer par les racines de la jeune plante une dissolution de fuchsine. Après quelques heures, la dissolution a pénétré jusque dans la tige et dans les feuilles, dont elle colore les nervures en rouge intense en les rendant visibles au dehors. Les sections des racines montrent que les seuls éléments anatomiques où se trouve le liquide rouge sont les cellules vasculaires.

La même expérience, reproduite avec d'autres plantules de Graminées, comme le Maïs, le Sorgho, etc., et avec les plantules d'autres Monocotylédones, comme l'Ail, l'Asphodèle, l'Asperge, le Balisier, le *Seaforthia*, etc., a donné le même résultat.

Ainsi c'est exclusivement par les lames vasculaires de son cylindre central que la racine principale des Monocotylédones conduit jusque dans la tige les liquides qui pénètrent par sa section sous l'influence de la transpiration des feuilles. Les cellules conjonctives qui séparent ces lames des faisceaux libériens, au moins tant qu'elles gardent leurs parois minces, ne contribuent pas directement à cette ascension. On voit donc qu'au point de vue physiologique, ces cellules n'ont qu'un rôle secondaire à remplir, comme on pouvait du reste déjà le conclure de l'étude anatomique qui nous a montré ce tissu très-variable en puissance et même absent dans un certain nombre de cas, comme dans la plupart des radicelles les plus grêles. Sous ce double rapport, le mot de tissu conjonctif nous paraît exprimer convenablement cette infériorité de rôle vis-à-vis des deux ordres de faisceaux de première importance que ce tissu sert à réunir.

Cette infériorité physiologique résultera encore avec plus d'évidence de l'étude des plantes où nous avons vu ce tissu acquérir son développement maximum.

Soumettons, par exemple, au même procédé expérimental la racine du *Monstera repens*, dont nous avons décrit avec détail (page 153) la composition anatomique. Séparons une branche de *Monstera repens*, munie de plusieurs feuilles et de deux grosses racines adventives insérées près de sa base. Coupons ces racines à 20 centimètres de leur insertion et assujettissons la branche au sommet d'un vase contenant les dissolutions actives, de manière que les deux racines plongent d'un centimètre environ dans le liquide. La branche aspire d'abord pendant vingt-quatre heures une solution de sulfate de fer, puis pendant le même temps une solution de cyanure de potassium ; elle ne paraît aucunement souffrir de ce traitement. On s'assure pourtant que les dissolutions sont parvenues toutes deux à la tige. Pour savoir quel chemin elles ont suivi dans la racine, on fait l'examen microscopique des sections pratiquées à diverses hauteurs dans cet organe en mettant à part la partie plongée et directement imbibée. A 5 centimètres, par exemple, du niveau du liquide absorbé, on voit qu'aucune cellule de l'épiderme, de la couche subéreuse, du parenchyme cortical, des membranes protectrice et rhizogène ne s'est colorée. Dans le large cylindre central les différents groupes libériens appartenant aux nombreuses lames libériennes disjointes sont parfaitement intacts. Il en est de même pour les cellules conjonctives encore minces qui séparent latéralement, sous la membrane rhizogène, les vaisseaux étroits des éléments libériens, et pour les fibres conjonctives qui remplissent tout le reste du cylindre ; aucun des éléments du tissu conjonctif ne s'est coloré. Les vaisseaux seuls, et tous les vaisseaux, sont colorés en bleu foncé, aussi bien ceux qui forment le groupe externe de chaque lame vasculaire disjointe que les autres vaisseaux isolés plus ou moins larges qui se rattachent à ce groupe. Les délicates cellules pariétales que ces derniers contiennent souvent dans leur cavité sont également bleuies. Quant aux cellules conjonctives qui bordent le vaisseau et qui s'épaississent les dernières, elles sont parfaitement incolores.

Ainsi, c'est par les vaisseaux seuls que les deux dissolutions salines aspirées par la section de la racine, sous l'influence de la transpiration des feuilles, ont traversé successivement cet organe pour se rendre dans la tige.

Les sections pratiquées de plus en plus haut dans la racine présentent le même aspect, avec cette seule différence qu'à partir d'une certaine hauteur, on voit la coloration disparaître peu à peu des vaisseaux larges dans l'ordre de leurs diamètres, tandis qu'elle persiste dansles vaisseaux étroits extérieurs. Les liquides s'élèvent donc d'autant plus vite dans les vaisseaux qu'ils sont plus étroits.

Tel est le résultat fort net de l'expérience, si elle ne se prolonge pas longtemps, c'est-à-dire si l'on considère une région de la racine où les liquides, amenés par les vaisseaux comme nous venons de le voir, n'ont pas séjourné longtemps. Si, au contraire, l'expérience se prolonge, le résultat définitif est un peu plus compliqué, et l'on serait porté à croire que la voie d'ascension est moins simple que nous ne l'avons dit, si l'on ne savait dégager le fait principal des phénomènes secondaires qu'il engendre, en l'observant d'abord isolé, puis en étudiant comment ceux-ci se produisent.

On voit, en effet, d'abord les cellules conjonctives qui entourent le vaisseau se colorer peu à peu, puis les fibres voisines de proche en proche, de sorte que bientôt chaque groupe vasculaire ou chaque vaisseau isolé se trouve entouré d'une gaîne de fibres conjonctives colorées comme lui, mais dont la teinte décroît uniformément depuis la paroi du vaisseau, où elle est le plus intense, jusqu'aux fibres les dernières colorées, où elle est très-faible. A mesure que l'expérience se prolonge, ces gaînes colorées vont s'épaississant progressivement ; elles finissent par se joindre, et le tissu conjonctif tout entier est envahi finalement par une teinte bleue qui tend à devenir uniforme. Les choses se passent donc comme si, à partir du vaisseau, d'abord seul occupé, il y avait une irradiation latérale des liquides dans les fibres conjonctives. La perméabilité des parois vasculaires fait comprendre qu'en effet une telle pénétration latérale par voie d'imbibition doit avoir lieu dans les tissus voisins.

Ainsi, le liquide qui monte suit la voie des vaisseaux : c'est là le courant principal ; c'est là le lit du fleuve. Mais à partir de cette artère incessamment parcourue, le liquide qui en imbibe la paroi se diffuse peu à peu dans les cellules voisines, lorsqu'elles sont passées à l'état fibreux, comme les eaux du fleuve imprègnent les champs qui bordent ses rives, sans que l'on songe jamais à dire que ses bords humides soient, au même titre que son lit, le siége du courant.

Le tissu conjonctif, qu'il soit cellulaire ou fibreux, peu ou puissamment développé, n'a donc pas de rôle direct à jouer dans l'ascension des liquides par la racine, et il peut manquer sans que cette fonction en souffre. Les cellules qui le constituent, tant qu'elles ont leur paroi mince et leur contenu actif, n'exercent même aucune action sur les liquides colorés des vaisseaux ; mais quand elles deviennent ou sont devenues fibreuses et poreuses, elles soutirent par voie d'osmose et d'imbibition latérale, aux courants qui montent par les lames vasculaires, les éléments aqueux et salins, et aux courants qui redescéndent par les lames libériennes les aliments carbonés et azotés, qui sont nécessaires d'abord à leur épaississement, ensuite à leur incrustation.

Ajoutons que les résultats tant primitifs que secondaires de cette expérience se retrouvent avec une netteté incomparable, si l'on fait absorber à la racine une dissolution intense de fuchsine. Ils demeurent d'ailleurs les mêmes quand on répète l'expérience avec les racines adventives des nombreuses plantes monocotylédones que nous avons étudiées à ce point de vue(1).

Notre conclusion sera donc générale, et, de plus, les termes

---

(1) Je ne connais pas d'expériences analysées anatomiquement au sujet de l'ascension des liquides dans les racines monocotylédonées. M. Unger, en 1849, répétant une expérience de Biot, déjà réalisée par La Baisse en 1733 sur la Tubéreuse, a coloré des fleurs de Jacinthe blanche en arrosant les racines de la plante avec le suc rouge des baies de *Phytolacca decandra.* Ce savant botaniste a bien étudié les éléments des faisceaux vasculaires de la tige et des fleurs par où le transport de la matière colorante a lieu ; mais il n'est pas question dans son mémoire de rechercher la voie que le liquide a suivie dans son passage à travers la racine. Nous aurons d'ailleurs à revenir plus tard sur ce travail. (Unger, *Aufnahme von Farbestoffen bei Pflanzen,* in *Denkschriften der Akad. der Wiss.,* I. Wien, 1849.)

dans lesquels nous la formulerons seront ceux dont nous nous sommes déjà servi pour la racine des Cryptogames vasculaires, sauf en ce qui concerne l'imbibition latérale du tissu conjonctif corrélative de sa lignification (voy. p. 122). On remarquera cependant que si dans la presque totalité des Monocotylédones les cellules-mères des radicelles sont, comme dans toutes les Cryptogames vasculaires, appuyées contre les courants vasculaires ascendants, dans les Graminées, au contraire, c'est au contact des courants plasmiques descendants que les radicelles se constituent.

DICOTYLÉDONES.

ÉTUDE ANATOMIQUE.

Nous venons de voir que la racine des Cryptogames vasculaires et celle des Monocotylédones possèdent, en tous les points essentiels, une structure identique, et que de plus elles conservent indéfiniment cette similitude d'organisation. Le cylindre central, en effet, ne s'y épaissit jamais ; tel il est quand il vient d'achever sa constitution, tel il se conserve toujours.

Il en est autrement de la racine des Dicotylédones, et nous aurons à y distinguer deux états anatomiques distincts et successifs. Le premier état, l'organisation primaire que la racine possède lorsqu'elle est jeune encore, mais lorsque déjà tous ses éléments anatomiques ont achevé leur différenciation, est, comme nous le démontrerons, identique avec l'état unique et permanent de la racine des Cryptogames vasculaires et des Monocotylédones. Mais plus tard il se forme dans le cylindre central primitif, et par le jeu d'une couche génératrice qui n'existait pas dans les végétaux précédents, des productions secondaires, à la fois vasculaires, libériennes et conjonctives qui épaississent de plus en plus la racine et y dissimulent plus ou moins le type primitif. Dès l'apparition de ces productions nouvelles la période secondaire commence. Nous aurons à analyser les diverses manières dont le jeu variable de la zone génératrice engendre ces formations secondaires, et à montrer comment on continue, dans tous les cas, à reconnaître, sous le voile qui les recouvre, les caractères essentiels de l'organisation primaire (1).

Tantôt cette zone génératrice entre en fonction de fort bonne heure; la période primaire est alors très-courte et l'identité avec les Cryptogames vasculaires et les Monocotylédones fugitive. Tantôt elle n'agit que fort tard, et pendant longtemps la structure de la racine demeure celle d'une Cryptogame vasculaire ou d'une Monocotylédone.

Ici les productions secondaires se développent en abondance, parce que la vie de la racine est longue, ou parce que le jeu de la zone génératrice est rapide et continu. Là, au contraire, en petite quantité, parce que la durée de la racine est courte ou l'action de la zone génératrice lente et éphémère.

Mais, dans tous les cas, tôt ou tard, peu ou beaucoup, toujours il se forme des productions secondaires dans le cylindre central de la racine des Dicotylédones; jamais il ne s'en produit chez les Monocotylédones. Ce caractère me paraît général et propre à définir les deux embranchements.

Ainsi, deux points sont à établir dans l'étude qui va suivre : 1° l'identité de structure avec les Cryptogames vasculaires et les Monocotylédones pendant toute la période primaire, ce qui nous permettra de poser ensuite la définition générale de la racine; 2° la différence avec ces deux embranchements, qui résulte de l'existence constante d'une période secondaire.

Dans l'exposé des preuves, qui nécessitera l'étude anatomique d'un certain nombre d'exemples pris dans les diverses familles dicotylédonées, nous considérerons d'abord les racines principales et leurs radicelles, telles qu'elles se constituent au moment

---

(1) Je ne pourrai pas toutefois entrer ici dans tous les développements que comporte cette vaste question. Il y a, en effet, dans le mode de formation des productions secondaires, des variations considérables dans la même famille et qui doivent servir à caractériser anatomiquement les genres. Cette étude détaillée et comparée ne peut se faire que par monographies; elle est du domaine de l'anatomie comparée, non de celui de l'anatomie générale, qui nous occupe seule ici. C'est dans les caractères particuliers fournis par les formations secondaires qu'il faut chercher, tant dans la racine que dans la tige, les éléments de la détermination anatomique des végétaux dicotylédonés.

de la germination, en les comparant aux racines adventives que produit la tige adulte. Nous examinerons ensuite les racines adventives de quelques plantes dont nous n'avons pas pu suivre la germination, en les choisissant parmi les plus développées et parmi les plus simples, parmi celles où les productions secondaires se forment rapidement et en grande abondance, et parmi celles où leur développement est de plus en plus tardif et de plus en plus faible, jusqu'à paraître nul.

Structure primaire et secondaire de la racine principale comparée à celle des racines adventives de la même plante.

Commençons par l'étude anatomique de la racine dans les diverses plantes de la division des Gymnospermes, c'est-à-dire des familles des Conifères, des Cycadées et des Gnétacées.

Conifères. — Le *Biota orientalis* forme en germant une tigelle hypocotylée surmontée de deux cotylédons (1). Le parenchyme cortical du pivot a ses cellules hexagonales disposées irrégulièrement sans méats et grandissant vers le centre ; la zone interne ordinaire à cellules disposées en séries rayonnantes et concentriques n'existe pas bien nettement. L'avant-dernière assise corticale possède un caractère spécial. Ses cellules, à section carrée ou hexagonale, ont au milieu de leurs faces latérales et transverses une bande d'épaississement saillante en dedans et arrondie, et les bandes des cellules voisines se correspondent exactement. Cette bande d'abord blanche, et devenant plus tard jaune clair, forme un cadre rectangulaire qui donne beaucoup de solidité à la cellule (2). La dernière assise de l'écorce est

----

(1) Quand la gemmule est développée, ses feuilles, qui n'atteignent guère que la moitié des dimensions des cotylédons, sont disposées de la façon suivante. Il y en a d'abord deux en croix avec les cotylédons ; puis un verticille de quatre feuilles correspondant aux intervalles entre les deux premières paires, puis un second verticille quaternaire alterne avec le précédent, puis un troisième alterne avec le second. La disposition par verticilles de quatre succède ainsi à la décussation qui règne dans les deux premières paires de feuilles. De même pour le Cyprès.

(2) Ordinairement les cellules de la pénultième assise sont seules munies de ces cadres solides ; mais on voit quelquefois, çà et là, une cellule de l'antépénultième

formée de cellules moins larges, aplaties, souvent alternes avec
les précédentes, à contenu clair et doué de reflets irisés, à paroi
mince et pourvue, sur les faces latérales et transverses, des
plissements parallèles et des marques sombres qui caractérisent
la membrane protectrice. La paroi de ces éléments se colore de
bonne heure en rouge, excepté dans les trois cellules qui correspondent à chaque faisceau vasculaire. Plus tard l'écorce tout
entière devient rouge brun.

Le cylindre central, dont la teinte claire contraste alors sur la
section avec la couleur sombre de l'écorce, commence par une
membrane rhizogène formée de deux assises alternes de cellules
à contenu grisâtre, à paroi mince et non plissée, contre laquelle
s'appuient les lames vasculaires et les faisceaux libériens. Il y a deux
faisceaux vasculaires opposés, cunéiformes, d'abord courts, mais
qui, par leur développement centripète, se rejoignent bientôt au
centre en formant une bande diamétrale, renflée au milieu, et
amincie sur les bords. Chaque faisceau commence par une ou
deux rangées transverses de trois ou quatre vaisseaux fort étroits,
à paroi sombre, annelés et spiralés, à anneaux et tours de spire
assez écartés. Ils sont suivis de vaisseaux à paroi plus épaisse et
d'un jaune clair, à section polyédrique, qui s'élargissent peu à
peu jusqu'au centre et qui ont la paroi munie sur chaque face
d'une série d'aréoles grises, entourant une ponctuation en forme
de boutonnière oblique. Ces vaisseaux aréolés sont, comme les
vaisseaux externes, formés de cellules superposées à parois
transverses obliques persistantes et ponctuées.

Alternes avec ces deux lames vasculaires, on voit, adossés à la
membrane rhizogène, deux arcs de cellules larges et longues,
à section hexagonale, à paroi peu épaissie, mais brillante et
flasque, contenant un protoplasma grisâtre et finement granuleux. Ces cellules ont toutes les propriétés des éléments libériens, mais elles sont remarquables par leur grand diamètre.

Enfin, ces deux arcs libériens sont réunis à la bande vascu-

---

assise épaissie de cette manière, et alors la face par laquelle cette cellule est en contact
avec l'assise interne est aussi munie d'une bande d'épaississement qui a son analogue
dans la cellule interne.

laire par deux rangs de cellules de nature différente, beaucoup plus étroites, auxquelles nous donnerons ici, comme précédemment, le nom de cellules conjonctives, en faisant remarquer toutefois que c'est la plus externe de ces deux rangées conjonctives qui deviendra plus tard, par la bipartition répétée de ses éléments, la source de toutes les formations secondaires.

Il n'y a pas de canaux résinifères dans cette organisation primaire. Les trois cellules protectrices qui correspondent aux vaisseaux externes, et qui se bornent à prendre une teinte jaunàtre quand toutes leurs congénères deviennent rouge violacé, contiennent seules de gros globules empilés d'une matière résineuse.

Les radicelles se forment en face des faisceaux vasculaires et par la segmentation des cellules correspondantes de la membrane rhizogène. Elles insèrent leurs vaisseaux directement sur ceux de la lame en deux points superposés l'un à l'autre, et leurs éléments libériens à droite et à gauche sur les deux faisceaux libériens voisins. Elles sont donc disposées en deux séries opposées, et, comme les cotylédons correspondent aussi aux deux lames vasculaires du pivot, le plan vertical qui comprend les axes de toutes les radicelles primaires, contient aussi les nervures médianes des deux cotylédons. D'ailleurs, le plan vasculaire de chaque radicelle, construite exactement comme le pivot, coïncide avec le plan vasculaire de celui-ci, et, par conséquent, les radicelles secondaires, tertiaires, etc., auront toutes leurs axes dans le même plan. Le corps tout entier de la racine principale se ramifie donc idéalement dans un seul et même plan vertical, qui est le plan des nervures médianes des deux cotylédons.

Les pivots jeunes du *Cupressus sempervirens*, du *Thuia occidentalis*, du *Taxus baccata*, etc., possèdent la même structure binaire du cylindre central et les mêmes rapports symétriques des radicelles et des cotylédons ; ils ont aussi en dehors de la membrane protectrice rouge une assise de cellules pourvues de bandes d'épaississement qui forment des cadres rectangulaires, et l'on y constate la même absence de canaux résineux. On rencontre cependant çà et là une plantule de Cyprès, de Thuia, ou d'If, dont le pivot possède trois faisceaux vasculaires alternes avec trois arcs libériens ; alors la plantule a trois rangées de radicelles ; mais elle a aussi trois cotylédons qui répondent aux trois lames vasculaires.

Dans ses traits essentiels la structure primaire que nous venons de décrire est identique avec l'organisation définitive d'un *Polypodium*, par exemple, ou d'un *Allium*.

Les mêmes caractères d'organisation se rencontrent, mais sur un type numérique plus élevé et assez souvent quinaire, dans les jeunes racines ou radicelles d'origine adventive détachées de plants adultes obtenus par boutures.

Suivons maintenant sur une racine de *Taxus baccata*, par exemple, les changements qui s'introduisent dans le cylindre central par les progrès de l'âge.

Soit d'abord une racine d'un an. On voit au centre la lame vasculaire diamétrale primitive renflée en son milieu et bordée de chaque côté par quelques rangées de cellules conjonctives étroites et longues qui ont conservé leur paroi mince. Ces élé-ments conjonctifs, qui contiennent un protoplasma sombre et dont la paroi devient d'un jaune rougeâtre sur les sections, conservent pendant un certain temps le pouvoir de se multiplier, car il n'y en avait d'abord qu'une seule assise. Refoulée à la périphérie, on trouve la membrane protectrice dont les cellules, pour obéir à l'extension du cylindre central, se sont élargies tangentiellement et divisées par quelques cloisons radiales non plissées. L'assise de cellules à cadres, ne pouvant céder, se dé-chire bientôt en entraînant dans sa rupture tout le parenchyme cortical brunâtre ; de sorte qu'après cette exfoliation, c'est l'assise protectrice colorée en rouge qui devient pendant quelque temps l'épiderme de la racine. Aux extrémités du diamètre perpendi-culaire à la lame vasculaire, et séparés seulement de l'assise pro-tectrice par quelques rangées de cellules subéreuses en dehors et corticales en dedans, provenant du double développement de la membrane rhizogène, on voit les arcs libériens primitifs. Les parois brillantes et flasques des larges cellules qui les constituent se sont ployées sur elles-mêmes sous l'influence de la pression interne. Tout ce qui s'étend, d'une part entre ces arcs libériens et le tissu conjonctif, d'autre part, sur le diamètre perpendiculaire, entre les cellules rhizogènes et les premiers vaisseaux étroits, constitue les productions secondaires de la racine.

Ces formations secondaires sont issues d'un arc générateur qui se développe au bord interne de chacun des groupes libériens primitifs aux dépens de la plus externe des deux rangées de cellules conjonctives. Ces deux arcs agissent d'abord chacun de son côté sans qu'il se forme de nouveaux éléments en dehors des lames vasculaires ; mais, dès que, dans son déplacement vers l'extérieur, la circonférence à laquelle ils appartiennent arrive à dépasser les vaisseaux externes, leurs bords se rejoignent par l'intermédiaire d'un dédoublement interne des cellules rhizogènes, et il se forme ainsi une zone génératrice continue dont les produits entourent désormais la bande vasculaire primitive et le tissu conjonctif d'un anneau complet et uniforme. L'action de ces arcs d'abord, et plus tard de cette couche continue, est double, c'est-à-dire qu'elle forme à la fois de nouveaux éléments en dehors d'elle en direction centripète, et de nouveaux éléments en dedans d'elle en direction centrifuge, tandis qu'elle se conserve toujours intercalée entre ces deux zones. En dehors de lui, l'arc générateur intralibérien produit des cellules larges tabulaires, à paroi brillante et un peu épaissie, disposées très-régulièrement à la fois en séries radiales et en cercles concentriques. Après trois assises de cellules claires, on en voit une noire, dont l'aspect est dû à des granules très-sombres accumulés contre les parois. Des trois cellules claires, la médiane est renflée et pleine d'amidon en automne, les deux autres, aplaties et flasques, sont grillagées sur leurs faces latérales. Il se forme, la première année, deux couches claires séparées par deux assises sombres. Les séries radiales alternent de temps à autre avec une série radiale de cellules à paroi mince, allongées suivant le rayon et remplies d'amidon. Cet ensemble d'éléments dont le développement est centripète, constitue le liber secondaire superposé au liber primaire. Il est dépourvu de canaux résineux. En dedans de lui, l'arc générateur produit, à partir des cellules conjonctives et de dedans en dehors, un massif ligneux formé de cellules longues à section carrée disposées à la fois en cercles concentriques et en séries radiales qui continuent les séries d'éléments libériens tabulaires; leur paroi épaissie est spiralée, et en outre aréolée sur les faces latérales et ponctuée sur les antéro-postérieures; elles sont superposées par des cloisons transverses obliques de manière à former des vaisseaux de même nature que ceux qui occupent la région médiane de la bande vasculaire primitive. Il ne se fait dans ces séries radiales, même à leur bord interne contre le tissu conjonctif, aucun vaisseau étroit annelé et spiralé; ces derniers demeurent donc localisés dans la racine aux pointes externes des deux lames primitives. Les séries radiales de vaisseaux spiro-aréolés sont de temps à autre séparées par des séries radiales simples de cellules ponctuées, remplies d'amidon, fort courtes et allongées suivant le rayon; elles continuent à travers l'arc générateur les séries de cellules semblables qui traversent le liber secondaire, et forment ainsi des rayons qui vont du tissu conjonctif au liber primaire. Les rayons vasculaires joints aux rayons celluleux alternes constituent le bois secondaire. Il est dépourvu de canaux résineux.

Ces deux faisceaux secondaires, libérien et ligneux, à développement inverse, superposés sur le même rayon, demeurent séparés par l'arc générateur qui les a formés et qui continue à les enrichir de nouveaux éléments, de sorte que le faisceau double libéro-ligneux secondaire qu'ils constituent va toujours en s'épaississant et refoule toujours de plus en plus en dehors le groupe libérien primitif auquel il est superposé. Il arrive donc un moment où les bords des arcs générateurs sont amenés en regard l'un de l'autre, un peu en dehors des vaisseaux primitifs. Ils s'unissent alors en une couche continue par l'intermédiaire d'une assise de cellules qui appartiennent à la région interne du parenchyme produit par la membrane rhizogène dédoublée et qui se comportent désormais comme ces arcs eux-mêmes. A partir de ce moment, c'est donc par un anneau libéro-vasculaire uniforme et complet que se termine la formation secondaire de la première année. En face des lames vasculaires primitives, cet anneau est traversé par un rayon celluleux unisérié qui unit les premiers vaisseaux formés aux quelques rangées de cellules corticales périphériques issues du bord interne de la membrane rhizogène, dont le bord externe a produit en même temps une couche subéreuse rouge, à cellules tabulaires disposées en séries radiales. Il n'y a pas de canal résinifère au début de ce rayon, en face des vaisseaux externes.

Dans une racine de quatre ans, on compte dans le liber secondaire huit couches claires séparées par autant d'assises sombres, et quatre anneaux ligneux ; ni le bois, ni le liber ne renferment de canaux résinifères. Les larges cellules du liber primaire ont été de plus en plus comprimées à la fois de dedans en dehors par le jeu externe de l'arc générateur du faisceau secondaire, et de dehors en dedans par le jeu interne de la zone génératrice du parenchyme cortical secondaire et de la couche subéreuse, laquelle est formée par la membrane rhizogène. Leurs parois flasques ont donc été ployées, amenées au contact et fortement pressées de manière à former une masse compacte, brillante, stratifiée et douée de reflets irisés. Ces arcs feuilletés, désormais sans action physiologique, paraissent être déchirés et exfoliés par la suite du développement.

Au centre, les cellules conjonctives à paroi rougeâtre et amylacées sont plus développées que dans la racine d'un an ; elles ont même traversé en son milieu la bande vasculaire, en isolant ainsi de nouveau les deux faisceaux primitifs.

Telle est la structure de la racine de l'If dans sa période secondaire. On voit qu'on y retrouve facilement les diverses productions primitives malgré les changements opérés dans leur position relative, et que, ces points de repère une fois déterminés, on fixe aisément par rapport à eux la nature et la disposition des nouveaux tissus formés.

Sauf de légères différences qui résident surtout dans la structure du parenchyme cortical primitif et du liber secondaire, et qui servent à caractériser les genres, on retrouve la même organisation primaire sur le type 2 et le même mode de formation des productions secondaires dans la racine normale de toutes les Taxinées et Cupressinées; le lecteur en jugera par les quelques exemples suivants :

La racine du *Cephalotaxus pedunculata* a, comme celle de l'If, des cadres d'épaississement sur les cellules de l'avant-dernière assise corticale. Les productions secondaires forment d'abord deux faisceaux distincts, et plus tard un anneau libéro-vasculaire continu, dépourvu de canaux résinifères qui manquent aussi en face des deux faisceaux vasculaires primitifs. Le liber secondaire est formé de cellules toutes semblables, d'abord tabulaires et rangées en séries radiales, mais bientôt élargies, ovoïdes et disposées sans ordre; elles ont leur paroi mince et sont remplies d'amidon. Par la structure du liber secondaire, les *Cephalotaxus* diffèrent donc beaucoup des Ifs.

La racine du *Torreya nucifera* possède, en dedans de l'assise sous-épidermique, deux ou trois rangées de larges cellules munies de cadres d'épaississement. Les cellules suivantes n'offrent rien de remarquable; enfin, l'avant-dernière assise corticale présente, à son tour, des cadres très-épais; la dernière forme la membrane protectrice. L'anneau libéro-vasculaire est dépourvu de canaux résineux. Les cellules du liber secondaire, d'abord tabulaires et disposées en séries radiales, sont bientôt dérangées, ovoïdes et gonflées d'amidon; parmi elles on voit çà et là une grosse fibre isolée, brillante, à paroi cylindrique, extrêmement épaissie et canaliculée. Ces fibres libériennes, isolées et disséminées, caractérisent le *Torreya*, par rapport à l'If et au *Cephalotaxus*.

Dans la racine des *Phyllocladus*, aucune des cellules corticales, même celles de l'avant-dernière assise, ne paraît présenter de cadres d'épaississement. L'anneau libéro-vasculaire secondaire est dépourvu de canaux résinifères. Le liber secondaire conserve très-longtemps ses éléments tabulaires disposés en séries radiales. Çà et là on voit une de ces cellules s'épaissir de bonne heure en fibre blanche à section rectangulaire. Toutefois, ces fibres libériennes ne se répètent pas régulièrement dans une même série radiale; tantôt elles sont isolées, tantôt on en rencontre plusieurs de suite.

Dans le *Ginkgo biloba*, les cellules de l'avant-dernière assise corticale sont pourvues de deux cadres parallèles ; les deux bandes d'une face latérale se réunissent quelquefois sur les faces transverses, pour se séparer de nouveau sur la face latérale opposée. Les deux faisceaux libéro-ligneux secondaires, d'abord séparés, plus tard réunis en un anneau continu, ne renferment pas de canaux résinifères. Le liber secondaire a les mêmes caractères que celui des *Phyllocladus*, c'est-à-dire que, parmi ses cellules disposées en séries radiales, il se forme de grosses fibres carrées et brillantes, tantôt isolées, tantôt se suivant en grand nombre.

Comme dans toutes les plantes qui précèdent, la racine principale du *Podocarpus neriifolia* se ramifie à tous les degrés dans un seul et même plan, qui est le plan des cotylédons. Une racine d'ordre quelconque porte en effet deux rangées opposées de petites verrues hémisphériques qui se touchent presque et qui sont logées dans des poches corticales de la racine mère perforées au sommet. Ce sont des radicelles arrêtées dans leur développement qui festonnent ainsi les deux bords de la racine aplatie. Çà et là l'une d'elles se développe en une radicelle ordinaire qui à son tour porte deux séries de mamelons dans le plan de ceux du pivot, et ainsi de suite. Les cellules du parenchyme cortical, sauf celles de l'épiderme et de l'assise sous-jacente, sont revêtues de fines bandes d'épaississement spiralées et réticulées. Dans les cellules internes et surtout dans celles de la pénultième assise, cet épaississement se localise en une bande épaisse régnant sur le milieu des faces latérales et transverses et y formant un cadre rectangulaire comme dans les Ifs, les Cyprès, etc. Vient ensuite la membrane protectrice avec ses plissements ordinaires, et la coloration rouge subséquente de ses parois. Les deux faisceaux libéro-ligneux secondaires, super-posés aux arcs libériens primordiaux, se réunissent bientôt en dehors des deux lames vasculaires primitives en un anneau con-tinu entièrement dépourvu de canaux résinifères. Comme dans les deux exemples précédents, le liber secondaire présente çà et là, au milieu de ses séries radiales d'éléments à paroi mince, une fibre blanche à section carrée.

Dans la racine du *Thuia occidentalis*, il n'y a de bandes d'épaississement que sur les cellules de l'avant-dernière assise corticale. L'anneau libéro-ligneux secondaire est dépourvu de canaux résinifères. Les éléments du liber secondaire sont, comme dans l'If, disposés en séries radiales et en cercles concentriques. Après trois cellules à paroi mince on en trouve toujours une épaissie en fibre aplatie, blanche et brillante. Des trois cellules à paroi mince, la médiane est gonflée et pleine d'amidon en automne; les deux autres sont aplaties et flasques, pleines d'un liquide transparent et leur paroi est munie sur les faces latérales de ponctuations grillagées(1). On retrouve donc ici le même genre d'alternance que dans l'If, avec cette différence toutefois que les cellules à paroi mince qui, dans l'If, se distinguaient à leur contenu très-sombre, sont ici remplacées par des fibres blanches. Dans une racine d'un an on trouve environ neuf alternances de couches claires et d'assises fibreuses; après deux années il y en a seize environ.

Le liber secondaire de la racine du *Sequoia gigantea* a exactement la même structure, seulement la marche de l'exfoliation périphérique y est plus rapide; car, dès la fin de la première année, non-seulement la couche subéreuse rouge issue comme d'ordinaire des partitions tangentielles répétées du bord externe de la membrane rhizogène devenue génératrice, ainsi que les arcs feuilletés du liber primordial, ont été éliminés, mais les couches externes du liber secondaire sont brunes et se disposent à leur tour à s'exfolier. Quant au parenchyme cortical primitif, il possède des bandes d'épaississement non-seulement sur les cellules de sa pénultième assise, mais aussi sur les éléments des deux ou trois rangées qui la précèdent.

Enfin la racine du *Juniperus sabina* présente encore les mêmes caractères essentiels.

La racine principale des Conifères que nous venons d'étudier, c'est-à-dire des Taxinées et des Cupressinées, réalise le type 2 avec fixité. Ce type 2 y est en rapport avec le nombre des

(1) Voyez, à ce sujet, Mohl, *Quelques remarques au sujet de la composition du liber* (*Ann. des sc. nat.*, 4° série, 1856, t. V, p. 152).

cotylédons, et quand, dans des cas très-rares, un troisième faisceau intervient, il détermine la formation d'un troisième cotylédon. Dans les racines adventives seules, le nombre des faisceaux primitifs est plus grand et se trouve moins constant. Les
Pins au contraire, les Sapins, les *Picea,* etc., présentent dans
leur pivot un type numérique plus élevé, et remarquable par
son inconstance. Cette inconstance retentit sur le nombre des
cotylédons, mais sans le déterminer.

Considérons une plantule de *Pinus Pinea* munie de onze cotylédons, et faisons une section du pivot, long d'environ 8 centimètres, en son milieu. Le parenchyme cortical a ses cellules
brunâtres, polyédriques, à paroi mince et lisse, disposées irrégulièrement sans méats, sauf les plus internes, qui sont rangées en
séries radiales. La dernière assise est munie des plissements échelonnés qui caractérisent la membrane protectrice ; mais l'avant-
dernière est entièrement dépourvue de cadres d'épaississement.

Le cylindre central tranche par sa blancheur sur la couronne
brunâtre formée par le parenchyme cortical. Il commence par
quatre à six assises de larges cellules à contenu grisâtre, qui forment une épaisse membrane rhizogène. C'est contre elle que
s'appuient les premiers vaisseaux. Ceux-ci sont au nombre de
huit rapprochés par paires, et ne correspondent cependant qu'à
quatre lames vasculaires primitives. En effet, derrière les deux
vaisseaux voisins, il se forme deux rangées convergentes de trois à
quatre vaisseaux chacune ; elles se rencontrent bientôt en formant
un V, qui continue ensuite à s'accroître par sa pointe dans le
sens du rayon, par l'addition d'abord de vaisseaux spiralés noirs
comme ceux des branches, puis de vaisseaux ponctués jaunâtres
plus larges. Les quatre lames vasculaires bifurquées en forme
d'Y ainsi constituées sont loin de se rejoindre au centre, où
un large espace est occupé par des cellules conjonctives. Dans
l'angle dièdre formé par la bifurcation de la lame vasculaire se
trouve logé un canal résinifère. Les petites cellules sécrétantes
qui le bordent ne sont pas directement en contact avec les vaiss aux, mais séparées d'eux par une assise de cellules conjonctives.

Alternes avec ces quatre lames vasculaires et sous l'épaisse

membrane rhizogène, on voit quatre groupes d'éléments larges
et allongés, à paroi un peu épaissie, brillante et flasque, à contenu clair. Plusieurs de ces éléments contiennent du tannin, et
deviennent bientôt violets ou noirâtres sur les sections. Ces arcs
libériens, un peu concaves en dehors et convexes en dedans,
sont réunis latéralement aux vaisseaux par une ou deux assises
de cellules conjonctives hexagonales plus étroites Sur leur bord
interne, on voit un arc de cellules cambiales plus étroites et
pleines de protoplasma grisâtre qui commencent de bonne heure
à se diviser par des cloisons tangentielles rapprochées pour former des séries radiales de cellules secondaires dépourvues de
tannin. Enfin, en dedans de cet arc générateur et entre les lames
vasculaires, la région centrale est occupée par de larges cellules
conjonctives claires à section polygonale.

Les radicelles naissent dans la couche rhizogène, en face des
lames vasculaires. Elles insèrent leurs vaisseaux à droite et à
gauche sur les deux bords de la lame, de manière à ne pas
interrompre le canal résineux, et leurs éléments libériens sur
les deux faisceaux voisins. Elles sont donc disposées dans le cas
actuel en quatre rangées.

Dans le haut du pivot, les deux branches de la lame vasculaire
s'effacent ; elle devient cunéiforme, et le large canal résineux
qui lui est superposé ne se trouve plus séparé de la membrane
protectrice que par deux assises rhizogènes.

Telle est la structure du pivot des Pins pendant sa période
primaire. Considérons-le à un âge plus avancé, et nous verrons
que l'arc générateur intralibérien a multiplié ses cellules en se
conservant lui-même au milieu du massif. Les cellules externes
se transforment de dehors en dedans en larges éléments libériens
tabulaires, à paroi un peu épaissie et brillante, disposés en séries
radiales et en cercles concentriques. Aucune de ces cellules ne
s'épaissit en fibre comme dans le Thuia, ni ne contient de matière
sombre comme dans l'If. Les cellules internes produisent de dedans en dehors des vaisseaux aréolés disposés en séries radiales
qui continuent celles des éléments libériens, sans donner d'abord
de petits vaisseaux spiralés et annelés ; la formation de ces derniers

s'est épuisée sur les lames primitives. Les séries radiales d'éléments vasculaires et libériens alternent çà et là avec une rangée simple de cellules allongées suivant le rayon et remplies d'amidon. Entre ce liber secondaire centripète et ce bois secondaire centrifuge, il subsiste un arc générateur qui continue indéfiniment sa double action. Quand ces quatre arcs, dans leur déplacement vers la périphérie, sont arrivés à faire partie d'une circonférence extérieure aux canaux résinifères qui sont superposés aux lames vasculaires primitives, leurs extrémités en regard s'unissent en une couche continue par l'intermédiaire d'une des assises internes de la membrane rhizogène, et c'est désormais par un anneau libéro-vasculaire uniforme que se terminent les formations secondaires de la première année. Le bois de première année renferme de larges canaux résinifères. A ce moment, l'écorce primitive est exfoliée, et avec elle, quoique plus tard, la membrane protectrice. L'assise externe de la membrane rhizogène s'est divisée de dehors en dedans par de nombreuses cloisons tangentielles, de manière à former une couche subéreuse rougeâtre, dont quelques assises ont leurs cellules fortement encroûtées, et qui s'écaille en dehors, à mesure qu'elle se renouvelle en dedans. Viennent ensuite les larges cellules amylifères de la membrane rhizogène, qui forment le parenchyme cortical de la racine dans cette seconde période, et qui s'enrichissent de nouveaux éléments par les partitions centrifuges du bord interne de la même zone génératrice dont le bord externe donne la couche subéreuse. Enfin les arcs libériens primitifs, sous l'influence de la pression interne, ont aplati toutes leurs larges cellules, et amené en contact toutes leurs parois brillantes ; ces feuillets se sont serrés les uns contre les autres en une masse compacte et stratifiée désormais sans action physiologique, et qui sera plus tard exfoliée.

La seconde année, il se fait un second anneau libéro-vasculaire dont le bois renferme des canaux résinifères, et ainsi de suite.

Ajoutons que le nombre des faisceaux primitifs, et par conséquent des secondaires, varie beaucoup suivant les plantules de *Pinus Pinea* que l'on considère, et en même temps le nombre des cotylédons que porte la tigelle, sans que ces deux variations soient liées l'une à l'autre comme dans les Cyprès et les Ifs. Ainsi dans une seconde plantule, on compte encore 11 cotylédons, mais 5 faisceaux primitifs; dans une troisième, encore 11 cotylédons et 6 faisceaux; et dans une quatrième, 14 cotylédons avec 7 faisceaux.

Les mêmes caractères anatomiques, accompagnés des mêmes variations individuelles dans le nombre des faisceaux et des cotylédons, s'observent dans toutes les espèces de Pins que nous avons étudiées. Je résume dans les tableaux suivants ces deux ordres de variations :

PINUS HALEPENSIS.

NOMBRE

des plantules.	des faisceaux.	des cotylédons.
1	3	5
1	4	5
1	5	5
4	3	6
4	4	6
2	5	6
7	4	7
1	3	8
2	4	8
1	4	9

PINUS PINASTER.

NOMBRE

des plantules.	des faisceaux.	des cotylédons.
2	5	6
2	6	6
4	5	7
1	4	8
1	5	8

PINUS SYLVESTRIS.

NOMBRE

des plantules	des faisceaux	des cotylédons.
1	3	5
2	3	6
1	4	6
3	3	7

PINUS PINEA.

NOMBRE

des plantules.	des faisceaux.	des cotylédons.
1	4	11
1	5	11
1	6	11
1	7	14

PINUS LARICIO.

NOMBRE

des plantules.	des faisceaux.	des cotylédons.
1	3	6
2	5	6
1	5	7

PINUS RIGENSIS.

NOMBRE

des plantules.	des faisceaux.	des cotylédons.
1	3	7
1	4	8

PINUS MARITIMA.

NOMBRE

des plantules.	des faisceaux.	des cotylédons.
1	4	6

Puisque les mêmes variations se produisent entre les mêmes limites dans toutes les espèces, nous pouvons réunir toutes ces observations en un tableau unique, comme si elles appartenaient à la même espèce, et nous aurons :

PINUS — NOMBRE.		
des plantules.	des faisceaux.	des cotylédons.
2	3	5
1	4	5
1	5	5
7	3	6
5	4	6
6	5	6
2	6	6
4	3	7
7	4	7
5	5	7
1	3	8
4	4	8
1	5	8
1	4	9
1	4	11
1	5	11
1	6	11
1	7	14

54 plantules donnent 18 combinaisons différentes de faisceaux et de cotylédons, tandis que, pour les faisceaux et pour les rangées de radicelles correspondantes, il n'y a que 5 cas distincts (3-7), et pour les cotylédons 7 (5-9, 11 et 14). Il n'y a donc aucune relation entre le nombre des faisceaux des deux espèces qui existent dans le pivot, et le nombre des cotylédons qui terminent la tigelle. Pour un même nombre de cotylédons, on trouve des types numériques du pivot et des rangées de radicelles variant de 3 à 7, et pour un même nombre de faisceaux du pivot, le nombre des cotylédons varie de 5 à 14 (1).

(1) C'est donc à tort que M. Clos, et plus tard M. Nägeli, citent les Pins comme ayant constamment trois rangs de radicelles et trois faisceaux vasculaires primitifs.

Une plantule de *Picea excelsa* possède huit cotylédons. Sous le parenchyme cortical ordinaire, limité en dedans par la membrane protectrice plissée, et dépourvu de cadres d'épaississement sur les cellules de la pénultième assise, le pivot montre un cylindre central ternaire. Contre la membrane rhizogène, formée de quatre ou cinq assises cellulaires, s'appuient trois lames vasculaires, à pointe simple non bifurquée comme dans les Pins, et ne possédant pas en face d'elles de canaux résinifères. Ces lames ne se rejoignent pas au centre, où elles sont séparées par du tissu conjonctif. Trois arcs de larges cellules libériennes à paroi brillante et flasque alternent avec elles. Chacun d'eux a sur son bord interne un arc générateur destiné à produire plus tard, comme dans les Pins, un faisceau libéro-ligneux secondaire, et il est réuni aux lames vasculaires primitives latéralement et en dedans par du tissu conjonctif. Les radicelles répondent en trois rangées aux lames vasculaires.

Si nous examinons comparativement à celle-ci un certain nombre d'autres plantules, nous y verrons varier à la fois le nombre des lames vasculaires et des rangs de radicelles correspondantes, et le nombre des cotylédons de la tigelle. Le premier, habituellement ternaire, est quelquefois quaternaire ou binaire, et dans ce dernier cas rappelle le pivot du Cyprès; le second oscille de six à dix. Le tableau suivant résume ces variations :

PICEA EXCELSA.

NOMBRE

des plantules.	des faisceaux.	des cotylédons.
1	2	6
4	3	7
3	3	8
5	3	9
1	3	10
1	4	8

Les productions secondaires commencent dans le *Picea Khutrow* par des faisceaux libéro-vasculaires distincts, superposés en dedans aux arcs libériens primitifs. En même temps il se forme vis-à-vis de chaque lame vasculaire primitive un large canal résinifère qui n'existait pas dans l'organisation primaire. Plus tard les arcs générateurs de ces faisceaux se réunissent en dehors des canaux résinifères en une couche continue, et il se forme désormais un anneau complet. Les arcs libériens primitifs sont alors réduits, comme dans les exemples précédents, à des feuillets serrés en une lame compacte. Le bois secondaire renferme des canaux résinifères, disposés dans chaque couche en un cercle un peu irrégulier. Le liber secondaire a ses éléments disposés en séries radiales et concentriques. La plupart de ces cellules sont très-aplaties, à paroi assez épaissie et brillante, grillagée sur les faces latérales. Mais la série radiale est çà et là interrompue par une cellule ovoïde, à paroi mince et remplie d'amidon. Deux cellules amylifères d'une même série sont séparées tantôt par trois cellules grillagées, tantôt par une vingtaine ; il n'y a pas d'alternance bien régulière, et il en résulte que les assises concentriques de cellules amylifères sont souvent interrompues. Il n'y a ni cellules sombres, comme dans l'If, ni fibres libériennes, comme dans le *Thuia*. Dans la région externe du liber secondaire d'une racine de cinq ans, on voit bien des cellules jaunes entièrement encroûtées, isolées ou par groupes, mais elles proviennent de l'épaississement des cellules amylifères primitives.

Même structure encore dans le pivot de l'*Abies Pinsapo*, dont je n'ai pu étudier que deux plantules. Dans toutes les deux le pivot jeune possède cinq courtes lames vasculaires cunéiformes séparées au centre par du tissu conjonctif, et cinq arcs libériens alternes séparés des vaisseaux par ce même tissu. Derrière ces groupes libériens se forment plus tard les faisceaux doubles secondaires. L'une des plantules a cinq cotylédons qui paraissent correspondre, non aux lames vasculaires du pivot comme dans le Thuia, mais aux faisceaux libériens ; l'autre a six cotylédons.

En résumé, la racine principale ou secondaire, normale ou adventive, des Conifères, possède dans sa première période le type de structure des Monocotylédones et des Cryptogames vas-

culaires. Plus tard son épaississement est provoqué par la formation, en dedans de chaque groupe libérien, d'un faisceau
double libéro-vasculaire qui continue de s'accroître en son milieu au moyen d'un arc générateur, lequel se réunit bientôt à ses
congénères en formant une couche génératrice continue. Cette
couche produit désormais un anneau libéro-vasculaire complet
qui va s'épaississant chaque année par l'intercalation d'un anneau
semblable entre ses deux moitiés. La membrane rhizogène se
prête d'abord à cette expansion du cylindre central en divisant
ses cellules, et en formant sur son bord externe et de dehors en
dedans une couche subéreuse, et sur son bord interne et de
dedans en dehors un parenchyme cortical secondaire. Mais le
parenchyme cortical primitif s'exfolie de bonne heure, et c'est
la membrane protectrice qui devient alors pendant quelque
temps le nouvel épiderme. Plus tard la couche subéreuse, le
parenchyme cortical secondaire, les arcs libériens primitifs,
s'exfolient successivement. Puis c'est le tour des couches externes
du liber secondaire, et ainsi de suite.

Voilà ce qui est général ; mais il y a des caractères différentiels.
Ainsi, tandis que dans certains genres de la famille le type numérique du pivot est constant et en général binaire, et comme
lui le nombre des cotylédons, dans d'autres genres au contraire
il est essentiellement variable suivant les individus, et le nombre
des cotylédons varie de son côté, mais d'une façon tout à fait
indépendante. On trouve d'autres sources de modifications secondaires dans la structure du parenchyme cortical primitif,
dans la disposition des canaux résinifères, mais surtout dans
l'arrangement et la nature des éléments du liber secondaire. Ces
différences anatomiques permettent de caractériser les genres.

Cycadées. — J'ai eu à ma disposition quatre plantules provenant de graines hybrides obtenues par M. Houllet, aux serres
du Muséum de Paris, à la suite de la fécondation des ovules du
Ceratozamia longifolia par du pollen de *Ceratozamia mexicana*
conservé pendant trois ans.

La plantule n° 1 possède un puissant pivot conique muni de

trois rangs de radicelles. Le cotylédon unique, engaînant et hypogé, correspond à l'intervalle entre deux rangs de radicelles.
Vis-à-vis du cotylédon et engaînée par lui, se trouve une écaille
épaisse, blanche, surmontée d'un petit crochet charnu ; elle est
superposée au troisième rang de radicelles. Puis vient une feuille
pétiolée, circinée, couverte de poils brunâtres, qui développera
plus tard un limbe bipartit. Cette feuille est située à deux cinquièmes de circonférence de l'écaille opposée au cotylédon.

Étudions une section transversale du pivot dans sa région inférieure amincie. Sous l'épiderme, dont les cellules se prolongent
en poils bruns, se trouve une couche subéreuse formée de plusieurs assises de cellules tabulaires disposées en séries rayonnantes, à membrane mince, hyaline et douée de reflets irisés ;
puis un parenchyme cortical formé tout entier de larges cellules
hexagonales assez irrégulièrement disposées et sans méats, non
divisible par conséquent en deux zones. Les cellules de l'assise
interne de ce parenchyme se distinguent de toutes les autres par
les plissements parallèles qui règnent sur toute la largeur des
faces latérales et transverses, et qui se traduisent sur les sections par des raies sombres échelonnées.

Le cylindre central a trois faisceaux vasculaires alternes avec
trois libériens. Il commence par cinq à sept assises de cellules
hexagonales à paroi mince et non plissée, formant une couche
rhizogène contre laquelle s'appuient les premiers vaisseaux et
les premiers éléments libériens. En face des vaisseaux les cellules rhizogènes sont transparentes, en face des éléments libériens
elles sont remplies de granules amylacés. Le faisceau vasculaire
commence par une bande transverse de cinq vaisseaux étroits
annelés et spiralés, suivie d'abord de vaisseaux semblables, puis
de vaisseaux polyédriques un peu plus larges et qui, sur chaque
face, ont une série de larges ponctuations ovales qui alternent
d'une face à l'autre. Les cellules constitutives ont leurs parois
transverses obliques, persistantes et ponctuées. Le développement de ces vaisseaux est centripète, mais il s'arrête bientôt et
les lames demeurent courtes.

Les groupes libériens qui alternent avec les vasculaires sont formés de cellules longues et larges à paroi peu épaissie, mais d'un blanc brillant et assez flasque, pleines d'un liquide transparent. Ils sont bordés à l'intérieur par quelques assises de cellules rectangulaires hyalines disposées en séries rayonnantes et formant un arc générateur, germe des futures productions secondaires.

Enfin les faisceaux libériens sont réunis aux vasculaires par des cellules hexagonales transparentes qui remplissent aussi toute la partie centrale; c'est le tissu conjonctif.

Une section faite dans une région plus âgée et plus épaisse de la racine, sous les premières radicelles par exemple, montre le commencement des productions secondaires. En dedans de chaque faisceau libérien dont les éléments ont maintenant leur paroi jaune brunâtre, l'arc générateur a formé de nombreuses séries rayonnantes de cellules disposées en éventail. Les cellules internes de la région médiane du massif ne forment pas de vaisseaux sombres, mais celles des côtés en forment de tout semblables à ceux des lames primitives. De sorte que, tout contre ces lames primitives, à droite et à gauche, on voit maintenant un groupe vasculaire secondaire se rattachant à l'arc générateur dont il est issu. Ce dernier forme ensuite en tous ses points et de dedans en dehors des vaisseaux ponctués à section rectangulaire, à paroi claire, épaisse et jaunâtre, disposés en séries rayonnantes.

Des faisceaux secondaires doubles libéro-ligneux se forment donc ici comme dans les Conifères en dedans des faisceaux libériens primitifs. De plus, il se fait dans le bois secondaire deux formes successives de vaisseaux. Ceux du premier ordre, semblables aux primitifs, forment deux groupes dans le voisinage de ces derniers; ceux du second ordre, d'une autre nature, composent toute la masse ligneuse ultérieure. En outre, il ne se forme, en dehors des lames vasculaires primitives, que de larges rayons parenchymateux, de sorte que les faisceaux secondaires demeurent, au moins sur les racines les plus âgées que j'ai eues à ma disposition, entièrement séparés, et ne se réunissent pas, comme dans les Conifères, en un anneau continu.

Remarquons encore qu'à ce niveau les cellules du parenchyme

cortical, comme aussi toutes celles du tissu conjonctif, tant au centre qu'entre les faisceaux, sont remplies de grains d'amidon. Ce n'est qu'au-dessus de l'insertion des premières radicelles que l'on voit apparaître de larges canaux gommeux disposés au nombre de huit à dix en un seul cercle dans le parenchyme cortical ; ils s'anastomosent fréquemment entre eux par des branches transverses.

Les radicelles se forment dans les cellules rhizogènes qui correspondent aux lames vasculaires, d'où leur diposition en trois séries. Chacune d'elles a deux lames vasculaires opposées se rejoignant au centre en une lame diamétrale, alternes avec deux groupes libériens séparés de la lame par l'arc générateur et quelques cellules conjonctives. Le plan de la lame vasculaire coïncide, comme nous avons vu que c'est le cas général chez les Monocotylédones et chez les Conifères, avec la lame vasculaire du pivot. Les radicelles secondaires sont sur deux rangs, et leurs axes sont aussi dans un plan qui passe par l'axe du pivot.

Le cotylédon unique est, comme nous l'avons vu, superposé à un faisceau libérien du pivot. Il prend à la tigelle quatre faisceaux libéro-vasculaires : les deux médians répondent à deux des lames vasculaires du pivot ; les deux latéraux proviennent d'un faisceau correspondant à la troisième lame et qui se bifurque immédiatement. Les deux médians se bifurquent aussi au moment de quitter le parenchyme cortical, de sorte qu'à son insertion le cotylédon a six faisceaux en arc ; plus tard les deux latéraux se dédoublent à leur tour, et le cotylédon, au moment où il pénètre dans l'albumen, possède huit faisceaux qu'il conserve ensuite dans tout son parcours, et qui alternent avec autant de canaux gommeux. Dans tout ce trajet il se montre formé d'un organe simple sans trace quelconque de division.

La feuille suivante prend aussi ses faisceaux à toute la périphérie de la tigelle. Son médian, bientôt trifurqué, correspond à la lame vasculaire opposée au cotylédon ; ses deux latéraux répondent aux deux autres lames et sont des branches laissées en place par les deux médians du cotylédon au moment de leur émergence ; ils se bifurquent, de sorte que l'écaille reçoit sept faisceaux. Ce n'est pas ici le lieu de poursuivre l'étude du mode d'insertion des feuilles suivantes. J'en ai dit assez pour fixer la position du cotylédon engaînant et de la seconde feuille par rapport aux trois lames vasculaires du pivot et aux trois rangs de radicelles qui s'y insèrent.

La plantule n° 2 a également un seul cotylédon engaînant suivi d'une écaille opposée, après laquelle vient une feuille pétiolée à limbe bipartit située à deux cinquièmes de circonférence de l'écaille. Mais le pivot a quatre rangs de radicelles situés à droite et à gauche du cotylédon et de l'écaille. Il possède la structure que nous venons d'analyser, mais avec le type 4. Quatre lames vasculaires rayonnantes courtes y alternent, sous les membranes rhizogène et protectrice, avec quatre groupes libériens étalés tangentiellement. Les quatre faisceaux secondaires s'y forment de la même manière. Les radicelles correspondent aux lames, sont binaires et se ramifient dans le plan de l'axe du pivot.

Le cotylédon hypogé reçoit de la tigelle quatre faisceaux libéro-vasculaires qui en émanent aux points correspondant aux quatre lames vasculaires primitives et s'incurvent dans le parenchyme cortical pour se rapprocher de la ligne médiane du cotylédon qui répond à un faisceau libérien primitif. Chacun de ces faisceaux se dédouble bientôt, de sorte que le cotylédon reçoit huit faisceaux en arc, et qu'il s'insère, comme dans le premier cas, sur tout le pourtour de la tigelle.

La plantule n° 3 se comporte comme la précédente : Un seul cotylédon engaînant, quatre faisceaux vasculaires alternes avec autant de faisceaux libériens, quatre rangs de radicelles. Le cotylédon correspond à un faisceau libérien du pivot, et prend à la tigelle quatre faisceaux libéro-vasculaires bifurqués correspondant aux quatre lames vasculaires. Il n'y a qu'une différence accessoire, c'est qu'après la première écaille qui suit le cotylédon, en vient une autre semblable, à deux cinquièmes de circonférence, engaînée par la première comme celle-ci l'est par le cotylédon. Après quoi seulement vient la première feuille verte.

Ainsi ces trois plantules de *Ceratozamia* n'ont qu'un seul cotylédon engaînant, dont la ligne médiane répond à un faisceau libérien du pivot ; mais le nombre des faisceaux vasculaires de ce pivot y est variable.

La plantule n° 4 a son pivot ternaire comme le n° 1. Elle paraît avoir deux cotylédons très-inégaux ; mais la fente qui les sépare d'un côté descend beaucoup plus bas que la fente opposée. A cette fente plus profonde correspond l'écaille suivante. La troisième feuille, située à deux cinquièmes de circonférence de cette écaille, est longuement pétiolée et munie d'un limbe bipartit. L'une des rangées de radicelles correspond à la fente la plus profonde et les deux autres à peu près aux deux cotylédons.

La structure du pivot, identique au n° 1, ne doit pas nous arrêter, mais il est intéressant de rechercher par l'étude de leur insertion si les deux cotylédons apparents sont bien deux feuilles distinctes. Or je remarque qu'il part des trois angles du système libéro-vasculaire de la tigelle, angles qui répondent aux trois lames vasculaires du pivot, trois faisceaux, qui se bifurquent comme dans le n° 1. Deux de ces paires de branches et une branche de la troisième paire entrent dans la grande lame cotylédonaire, l'autre branche de ce troisième faisceau qui, dans la plantule n° 1, se rendait avec ses congénères dans le cotylédon unique, acquiert bientôt ici une gaîne cellulaire indépendante et forme la lame étroite. Les feuilles suivantes s'insèrent comme dans les autres plantules. Il me semble donc que la branche isolée ne représente pas un système cotylédonaire indépendant, une seconde feuille autonome, mais qu'elle appartient au système cotylédonaire unique, que la lame étroite n'est qu'un lobe de la grande, et qu'à elles deux elles forment un seul cotylédon engaînant.

L'étude d'un nombre plus considérable de plantules, en apportant de nouveaux exemples de ce dernier fait, ferait sans doute connaître des cas où il y a réellement deux cotylédons égaux insérés indépendamment sur la tigelle, et peut-être aussi des cas où le nombre des cotylédons serait plus élevé, comme nous allons le montrer chez les *Zamia* ; mais cet examen ne m'a pas été permis jusqu'à présent.

14

Quoi qu'il en soit, il est mis, dès aujourd'hui, hors de doute qu'il y a des plantules de *Ceratozamia* qui n'ont qu'un cotylédon.

L'étude d'une racine adventive de *Ceratozamia mexicana* a montré le nombre 3 dans le tronc principal et ses diverses ramifications; une autre racine a présenté le nombre 2.

Les racines du *Zamia furfuracea* ont la même structure, mais avec le type 2 dans le tronc principal et les diverses radicelles, dont tous les axes sont situés dans le plan des lames vasculaires du pivot.

J'ai pu examiner quatre embryons bien développés de *Zamia spiralis*, et l'étude en est instructive au point de vue du nombre des cotylédons, et par comparaison avec les plantules de *Ceratozamia*.

Le premier embryon a deux cotylédons unis par les bords, possédant chacun quatre faisceaux sans médian, alternes avec autant de canaux gommeux. La troisième feuille est en croix avec les cotylédons, et engaîne la quatrième qui lui est opposée. Le second embryon est également dicotylédoné, mais les cotylédons sont un peu inégaux. Le troisième n'a qu'un seul cotylédon engaînant qui entraîne huit faisceaux ; la deuxième feuille, également engaînante, est entièrement recouverte par la gaîne cotylédonaire, en face de laquelle elle s'insère. Enfin, le quatrième embryon a trois cotylédons égaux, possédant chacun deux faisceaux et trois canaux gommeux. Ces trois cotylédons concaves sont unis bord à bord ; mais ce n'est pas une vraie soudure. La feuille suivante est engaînante, et enveloppe le reste de la gemmule.

Ainsi le *Zamia spiralis* non-seulement offre certainement, comme les *Ceratozamia*, des plantules monocotylédonées, mais encore on y rencontre des plantules dicotylédonées et d'autres tricotylédonées.

J'ai pu étudier le pivot du *Cycas revoluta* et ses radicelles, mais sans pouvoir déterminer avec certitude le nombre et la position des cotylédons. Ce pivot est construit sur le type 2, de la même manière que celui des *Ceratozamia* sur le type 3. Les radicelles correspondent en deux rangées aux lames vasculaires, et tout le corps de la racine se ramifie dans un seul et même plan. Les cotylédons correspondent-ils, au nombre de deux, aux lames vasculaires, comme dans les Cyprès par exemple ; ou bien aux arcs libériens, comme dans les *Ceratozamia?* Il m'a paru que le premier cas est réalisé ; mais je conserve quelques doutes à ce sujet.

En résumé, la racine principale ou secondaire des Cycadées présente, dans ses deux périodes successives, les mêmes caractères essentiels que celle des Conifères. De plus, on y observe, comme chez ces dernières, une variation individuelle, à la fois dans le nombre des faisceaux du pivot et dans le nombre des cotylédons, sans que ces deux variations aient de lien entre elles. Avec le même nombre de faisceaux constitutifs, on a des nombres différents de cotylédons, et *vice versâ*.

Les matériaux m'ont manqué pour étudier ici, comme chez les Conifères, l'étendue de ces variations individuelles ; mais l'unité de cotylédon chez certaines plantules cycadées, et l'insertion périphérique qui rend ce cotylédon engaînant, sont des faits sur lesquels on n'a pas, que je sache, appelé l'attention, et qui ne se rencontrent nulle part ailleurs chez les Dicotylédones.

Gnétacées. — La jeune racine adventive principale de l'*Ephedra distachya* contient sous un parenchyme cortical, terminé par une membrane plissée protectrice, et sous une membrane rhizogène double, deux faisceaux vasculaires qui confluent au centre en une bande diamétrale, et deux groupes de cellules libériennes séparés des vaisseaux par quelques cellules conjonctives. Elle s'insère sur la tige, de manière que sa bande vasculaire soit transversale. Les radicelles s'y forment en face des vaisseaux primitifs, et leurs plans vasculaires passent par l'axe de la racine mère.

Plus tard, il se fait deux faisceaux libéro-vasculaires sur le bord interne des arcs libériens primitifs ; ils sont séparés l'un de l'autre par deux larges rayons parenchymateux produits en dehors des lames vasculaires primordiales, et de la bande vasculaire par quelques rangées de cellules conjonctives. Le bois secondaire est formé, contrairement à ce qui a lieu chez les Conifères et les Cycadées, d'un mélange de deux éléments différents , c'est-à-dire de fibres ligneuses et de larges vaisseaux à cloisons transverses persistantes et réticulées. Le liber secondaire contient dans sa partie externe des fibres très-épaissies d'un blanc brillant ou jaunâtres.

En résumé, la racine principale ou secondaire, normale ou adventive des Gymnospermes, possède, avant l'apparition des productions secondaires, la structure fondamentale de la racine des Cryptogames vasculaires et des Monocotylédones. La seconde période du développement laisse subsister clairement cette structure. Mais elle la complique en y introduisant, d'une part, en dedans de chaque faisceau libérien, un faisceau double libéro-vasculaire bipolaire; d'autre part, en dehors de chaque faisceau vasculaire, soit un rayon parenchymateux, soit un arc double de même nature que les faisceaux secondaires, et qui les relie entre eux en formant un anneau continu.

Nous prendrons maintenant nos exemples dans un certain nombre de familles angiospermes, en nous attachant dans chaque cas particulier, d'abord à montrer la structure primitive de la racine, puis à faire voir comment s'y produisent plus tard les formations secondaires. Comme il a été dit plus haut, nous commencerons par l'étude du pivot et des radicelles, en en comparant la structure, quand il y aura lieu, avec celle des racines adventives de la plante adulte. Ensuite nous considérerons un certain nombre de racines adventives chez des plantes dont nous n'avons pas pu observer la germination, en partant des types élevés, et en montrant comment la structure se simplifie peu à peu, d'abord parce que l'organisation primaire se réduit, ensuite parce que les progrès de l'âge amènent une formation de moins en moins considérable de tissus secondaires jusqu'à paraître n'en amener plus du tout.

Cucurbitacées. — Le pivot du *Cucurbita maxima* porte ses radicelles en quatre rangées ; elles y sont même souvent disposées par verticilles quaternaires superposés. Soit un pivot long de 4 centimètres, étudié à 1 centimètre environ de son extrémité.

Le parenchyme cortical, très-développé, se termine par une assise de cellules tabulaires plissées sur les faces latérales et transverses. En dedans de cette membrane protectrice, le cylindre central commence par une assise de cellules à paroi mince et unie formant la membrane rhizogène, contre laquelle s'appuient quatre lames vasculaires courtes à accroissement centripète, cunéiformes, sans larges vaisseaux, et quatre groupes libériens alternes étalés tangentiellement, formés en dehors de cellules étroites et sombres, et en dedans de larges cellules grillagées. Sur le bord interne de chaque faisceau libérien, on voit une plage de tissu clair formée par la division répétée des cellules d'un arc générateur : c'est le germe du faisceau secondaire. Enfin toute la région centrale assez développée, ainsi que les espaces compris entre les faisceaux vasculaires et libériens jusqu'à la membrane rhizogène, sont occupés par un tissu conjonctif à cellules larges, surtout au centre.

Les radicelles se forment par la segmentation des cellules de la membrane rhizogène situées en face des lames vasculaires. Elles y insèrent leurs vaisseaux, et sont disposées en quatre rangées. Chaque radicelle est formée, comme le pivot, de quatre lames vasculaires rayonnantes, alternes avec quatre faisceaux libériens ; mais comme le cylindre central y est beaucoup plus étroit, les lames se touchent au centre, et le tissu conjonctif qui les réunit aux faisceaux libériens est très-peu développé. L'une des lames diamétrales de la radicelle passe par l'axe du pivot, l'autre lui est perpendiculaire ; l'orientation des radicelles de second ordre s'en déduit.

Enfin les deux cotylédons que porte la tigelle épigée correspondent à deux des lames vasculaires du pivot et à deux des séries de radicelles.

Une racine adventive insérée près du pétiole du côté opposé à la vrille, et étudiée à 3 centimètres de son sommet, montre sous le parenchyme cortical, limité par la membrane protectrice ordinaire, un très-large cylindre central. Il commence par une membrane rhizogène continue et unisériée, contre laquelle s'appuient, d'une part dix lames vasculaires rayonnantes et centripètes, assez courtes, formées en dehors de vaisseaux étroits spiralés, et en dedans de vaisseaux un peu plus larges, et d'autre part autant de groupes libériens semi-circulaires, alternes, constitués par des cellules étroites à paroi mince et à contenu grisâtre. Ces deux ordres de faisceaux sont réunis latéralement par des cellules claires à section polygonale, dont le diamètre croît vers l'intérieur, et qui occupent aussi toute la région centrale. Sur d'autres racines adventives, on trouve 8 faisceaux de chaque espèce, sur d'autres 7, sur d'autres 9 ou 11, etc. Le long de la même racine, ce nombre demeure assez constant, sauf au voisinage de l'insertion sur la tige où il s'élève brusquement par l'apparition de quelques nouveaux faisceaux.

Les radicelles naissent en face des lames vasculaires, sont sur autant de rangées, et ont souvent, comme celles du pivot, quatre faisceaux confluents avec faible tissu conjonctif.

Ainsi, comme chez les Monocotylédones, nous voyons en passant du pivot à la racine adventive, ou de la radicelle au tronc principal, d'une part le nombre des faisceaux constitutifs s'accroître beaucoup en même temps qu'il devient variable, et d'autre part le tissu conjonctif central acquérir un très-grand développement. Ces trois formes du même organe : radicelle, pivot, racine adventive, nous montrent comment, le cylindre central s'élargissant de plus en plus, le tissu conjonctif, presque nul dans la radicelle, devient très-considérable dans la racine adventive.

Voyons maintenant quels changements la suite du développement amène dans cette organisation première. Il est indifférent, à cet égard, de considérer le pivot ou la racine adventive. Soit donc une racine adventive de 40 centimètres de longueur, épaisse de 8 à 10 millimètres, et étudions-la dans sa région âgée, par exemple à un centimètre de son insertion. Tout le parenchyme cortical extérieur s'étant exfolié, c'est la membrane protectrice élargie qui est devenue le nouvel épiderme, et qui sert de ligne de repère extérieure. Les groupes libériens primitifs, au nombre de dix dans le cas actuel, formés de cellules épaissies, sont encore uniquement séparés de cette ceinture protectrice par la membrane rhizogène çà et là dédoublée, et ils ont été refoulés en dehors en même temps qu'elle par la formation sur leur bord interne d'un faisceau secondaire double, libérien en dehors, vasculaire en dedans ; ils paraissent n'être maintenant que les parties externes de ces faisceaux doubles. De leur côté, les dix lames vasculaires primitives qui entourent le large tissu conjonctif central sont demeurées en place ; mais elles sont maintenant séparées de la membrane protectrice par un épais tissu cellulaire de nouvelle formation, issu de la membrane rhizogène, et qui, continuant aussi les lames conjonctives, forme, entre les faisceaux secondaires, de larges rayons parenchymateux.

Chaque faisceau secondaire se compose de deux parties superposées sur le rayon. L'externe ou libérienne, contiguë au faisceau libérien primitif et centripète comme lui, est formée de larges éléments grillagés séparés par des cellules amylifères. L'interne ou ligneuse est centrifuge ; elle commence par un seul gros vaisseau situé sur la circonférence qui passe par les plus internes des vaisseaux primitifs, et se continue en dehors par des vaisseaux de plus en plus larges séparés par des cellules ligneuses. Entre les deux subsiste un arc générateur qui, par la segmentation de ses cellules, ajoute de nouveaux éléments au liber et au bois jusqu'à la fin de la période végétative. Cet arc générateur, qui, formé sur le bord interne du faisceau libérien primitif, a produit tout le faisceau secondaire, se continue en dehors du tissu conjonctif et des lames vasculaires par les cellules internes de la membrane rhizogène dédoublée ; mais ces arcs extravasculaires ne produisent en dedans et en dehors d'eux que des cellules de même espèce, amylifères, disposées en séries radiales et formant des rayons de parenchyme secondaire.

Après que les faisceaux secondaires sont déjà bien formés, on voit les cellules conjonctives qui se trouvent en dedans des lames vasculaires primitives, et celles qui sont en dedans du bois des faisceaux secondaires se diviser et se transformer de dedans en dehors en cellules libériennes larges grillagées, mêlées de cellules plus étroites et lisses. Il se forme donc ici, en dedans de chaque groupe vasculaire primitif ou secondaire, un faisceau libérien secondaire à accroissement centrifuge, et ce caractère est assez rare en dehors de la famille des Cucurbitacées pour mériter une attention spéciale.

Enfin, vers l'extérieur, on voit, par les progrès de l'âge, la membrane rhizogène diviser ses cellules par des parois tangentielles, et former sur son bord externe et de dehors en dedans une couche subéreuse, dont les éléments tabulaires sont disposés en séries radiales et en cercles concentriques, et sur son bord interne, de dedans en dehors, un puissant parenchyme cortical secondaire en continuité avec les rayons principaux.

Les racines adventives du *Lagenaria vulgaris* se comportent de la même manière. Sous les membranes protectrice et rhizogène, on trouve dans la jeune racine 5-7 lames vasculaires centripètes dont les vaisseaux spiralés se déroulent fréquemment sur les sections, alternes avec autant de groupes libériens à cellules étroites, le tout rangé à la périphérie d'un large cylindre conjonctif. Plus tard il y a formation, derrière chaque groupe libérien, d'un faisceau double libérien et centripète en dehors, fibrovasculaire et centrifuge en dedans. Ces faisceaux secondaires sont séparés par des rayons parenchymateux, et parfaitement isolés des lames primitives avec lesquelles leurs pointes vasculaires alternent. Plus tard encore, les choses deviennent un peu moins nettes. Les faisceaux secondaires, de plus en plus développés, ont épaissi en fibres libériennes toutes les cellules étroites et longues de leur groupe externe, c'est-à-dire du faisceau primitif refoulé en dehors. Les cellules conjonctives qui séparent les lames vasculaires primitives des faisceaux secondaires, ainsi que toutes celles qui occupent la périphérie du cylindre conjonctif central, se sont aussi fibrifiées. De telle sorte que les faisceaux secondaires sont réunis entre eux au centre par un anneau fibreux conjonctif, qui englobe les lames vasculaires primitives en les dissimulant, et entoure le parenchyme central demeuré à l'état médullaire. Le corps central de la racine présente alors l'aspect d'une étoile solide dont les branches dilatées sont séparées par des rayons clairs au fond de chacun desquels on voit saillir la pointe libre d'une lame vasculaire primitive. C'est sur ces pointes libres que les radicelles viennent s'insérer. Si l'on n'étudiait la racine qu'à cette période avancée, son organisation primitive pourrait donc fort bien échapper.

Il en est de même du *Luffa amara* où les 6-8 lames vasculaires rayonnantes fort allongées sont formées, en grande majorité, de vaisseaux spiralés déroulables ; ainsi que de plusieurs autres Cucurbitacées étudiées.

Légumineuses. — Prenons pour premier exemple le *Phaseolus vulgaris,* et étudions-en le pivot jeune, mais déjà bien développé et muni de radicelles, vers le milieu de sa longueur.

Le parenchyme cortical a dans sa zone interne ses cellules disposées en séries radiales et en cercles concentriques. Celles de la dernière assise sont tabulaires et munies sur les faces latérales et transverses des plissements échelonnés et des marques noires qui caractérisent la membrane protectrice.

Le cylindre central commence par une membrane rhizogène dont les cellules rectangulaires, allongées suivant le rayon, alternent avec les protectrices. En dehors des faisceaux libériens elle n'a qu'un rang de cellules, en dehors des vasculaires elle en a trois rangs alternes, et les cellules des deux rangs intérieurs sont plus étroites que les extérieures et plus allongées suivant le rayon. Il en résulte que les groupes libériens forment les angles d'un polygone dont les lames vasculaires occupent les côtés. Les faisceaux vasculaires, au nombre de quatre, sont cunéiformes sur la section ; les vaisseaux externes sont très-étroits et annelés, les internes sont tous ponctués et un peu plus larges. Les quatre faisceaux libériens alternes ont en dehors un arc d'éléments étroits qui sont de bonne heure épaissis en fibres, ce qui est rare dans le système primaire de la racine. Ce faisceau de fibres est suivi d'un groupe de cellules étroites et longues à paroi mince ; ce sont les éléments qui ordinairement constituent seuls le liber primitif. Enfin, le faisceau se termine par un arc concave en dehors formé de deux rangs de cellules tabulaires superposées provenant de la bipartition d'une seule assise ; c'est l'arc générateur, qui formera plus tard le faisceau secondaire en refoulant en dehors le groupe libérien primitif. Ces quatre arcs sont d'ailleurs reliés les uns aux autres en dehors des lames vasculaires primitives par les cellules rhizogènes du troisième rang. Enfin les faisceaux vasculaires sont séparés latéralement des libériens par un ou deux rangs de cellules conjouctives, et ces cellules occupent aussi toute la région laissée au centre entre les lames vasculaires non confluentes.

Les radicelles se forment dans les cellules rhizogènes superposées aux lames vasculaires, et c'est dans les larges cellules du rang externe. Elles sont donc disposées sur quatre rangs ; elles ont la même structure quaternaire que le pivot, mais les lames vasculaires s'y touchent au centre. Deux de ces lames sont dans le plan de la lame d'insertion, les deux autres dans le plan perpendiculaire ; la position des radicelles secondaires s'en déduit.

Les cotylédons correspondent à deux des lames vasculaires du pivot, tandis que la seconde paire de feuilles encore opposées répond aux deux autres lames. Les feuilles suivantes s'établissent distiques dans le plan des cotylédons. Ainsi les deux plans vasculaires du pivot, qui comprennent les axes des quatre rangs de radicelles, renferment aussi les nervures médianes de toutes les feuilles de la tige.

Les racines adventives qui se développent sur la tigelle hypocotylée ont assez souvent quatre faisceaux, mais d'autres fois cinq ; il y a ici encore tendance à l'accroissement numérique.

Voyons maintenant comment s'introduit le système secondaire à mesure qu'on s'élève dans des régions plus âgées du pivot. L'arc générateur situé sous le faisceau libérien forme de nombreuses cellules disposées en séries radiales, en refoulant ce faisceau en dehors. Les cellules internes se changent successivement de dedans en dehors : les unes en larges vaisseaux ponctués qui dépassent en diamètre les plus internes des lames primitives ; les autres en cellules allongées, qui s'épaississent plus tard en fibres ligneuses. Les cellules externes se trans-

forment de dehors en dedans en nouveaux éléments libériens
à paroi mince superposés aux anciens. De leur côté, pour suivre
cette dilatation du cylindre central, les cellules de la membrane
rhizogène superposées aux vaisseaux primitifs externes, ainsi
que celles qui correspondent aux lames conjonctives, se divisent
pour former un rayon de parenchyme secondaire.

Sur le pivot âgé, on retrouve donc facilement les quatre lames
vasculaires primitives au fond des rayons qui séparent les faisceaux libéro-ligneux secondaires, et les quatre groupes libériens
primitifs au milieu de la partie dorsale de ces derniers, maintenant séparés de la membrane protectrice par quelques assises
de parenchyme cortical secondaire.

Le *Dolichos lignosus*, qui a les cotylédons hypogés, présente la
même structure primitive et le même mode de développement
secondaire, avec cette différence que les quatre lames vasculaires y confluent au centre, et que le tissu conjonctif y est très-
peu développé. Il en résulte que les premiers vaisseaux larges
produits par l'axe générateur se placent très-près des lames
primitives dans l'angle qu'elles constituent.

Les cotylédons opposés correspondent à deux des faisceaux
vasculaires primitifs du pivot, et la première paire de feuilles
encore simples répond aux deux autres. Les feuilles suivantes
prennent trois folioles, et s'établissent distiques dans le plan des
cotylédons.

Même structure quaternaire dans le *Cicer arietinum* avec
confluence des quatre lames vasculaires centripètes. Ce n'est
guère, comme dans le *Dolichos*, qu'à la base du pivot, par
exemple à 2 centimètres des cotylédons, mais cependant bien
au-dessous de la limite de la tigelle, que les lames se raccourcissent et s'écartent pour laisser entre elles un tissu conjonctif. Ici
la première feuille verte est isolée, et située du côté de la tige
qui regarde la graine hypogée. Les feuilles s'établissent donc
immédiatement distiques dans le plan perpendiculaire à celui
des cotylédons. L'un des plans vasculaires du pivot contient
deux rangs de radicelles et les nervures médianes des deux cotylédons, l'autre les deux autres rangs de radicelles et les nervures

médianes de toutes les autres feuilles de la tige principale (1).

Le type 4 n'est pas le seul qui règle la structure du pivot des Légumineuses, et il faut citer maintenant quelques exemples des autres types.

Le *Pisum sativum* a, sous sa membrane protectrice plissée, un corps central en forme de prisme triangulaire, à faces bombées. Cette forme est due d'abord au type ternaire du système, et puis à ce que, vis-à-vis des trois lames vasculaires, la membrane rhizogène a trois rangs de cellules un peu allongées suivant le rayon, tandis qu'elle s'amincit de chaque côté pour se réduire derrière chaque faisceau libérien à une seule assise, dont chaque cellule contient un cristal d'oxalate de chaux. Les trois lames vasculaires s'avancent peu à peu vers le centre, et finissent par se réunir en une étoile à trois branches. Les faisceaux libériens alternes possèdent d'abord un arc de fibres libériennes, puis quelques rangs de cellules à parois minces, puis un arc générateur dont les cellules se multiplient en séries rayonnantes, et se transforment pour former les faisceaux secondaires. Enfin on trouve quelques cellules conjonctives entre les deux ordres de faisceaux.

Les radicelles correspondent aux lames vasculaires, et sont produites par la segmentation des arcs rhizogènes qui leur sont superposés; elles sont donc sur trois rangs. Elles partagent, en général, la structure ternaire du pivot.

Les cotylédons hypogés correspondent à deux des lames vasculaires primitives, et continuent les séries de radicelles correspondantes; ils ne sont donc pas opposés, mais bien situés à 120 degrés l'un de l'autre. La première feuille, située sur la tige du côté opposé à la graine, contrairement aux *Cicer*, répond à la troisième lame vasculaire et à la troisième rangée de radicelles. Après quoi, les feuilles se maintiennent distiques dans le plan de cette troisième lame.

Le tissu conjonctif étant très-peu développé, les premiers et

---

(1) Les *Cicer* diffèrent, tant par la structure du pivot que par l'organisation de la tige, des autres plantes de la tribu des Viciées où on les range ordinairement. Ils se rapprochent, à ces deux points de vue, des Phaséolées. Je traiterai ce sujet dans un travail spécial.

larges vaisseaux secondaires du pivot se forment à une faible distance des lames primitives ; il ne se fait en dehors de ces lames que des rayons de parenchyme secondaire.

Les choses se passent exactement de même dans les *Lathyrus sativus, Orobus vernus, Vicia sativa, Ervilia, villosa*, etc. ; *Ervum Lens, tetraspermum*, etc., avec cotylédons hypogés ; et avec cotylédons épigés dans les *Hedysarum coronarium, Onobrychis sativa, Medicago sativa* (1). Dans toutes ces plantes, le type 3 se conserve avec fixité, et les cotylédons sont à 120 degrés l'un de l'autre et de la troisième feuille.

Le nombre deux se rencontre aussi dans cette famille. Sous la membrane protectrice, le corps central elliptique du pivot du *Lupinus varius*, par exemple, possède deux lames vasculaires rayonnantes, cunéiformes, d'abord écartées, mais qui arrivent plus tard par leur développement centripète à se rejoindre au centre en une bande dirigée suivant le grand axe de l'ellipse. Deux arcs libériens, de bonne heure fibreux en dehors, celluleux en dedans, fort allongés tangentiellement, alternent avec ces lames, et sont séparés de la bande vasculaire, d'abord par l'arc de cellules génératrices, ensuite par quelques cellules conjonctives. Au-dessus des lames vasculaires, la membrane rhizogène a encore deux ou trois séries de cellules et une seule en dehors des faisceaux libériens.

Cette structure du pivot est exactement pareille à celle d'une racine d'un *Polypodium* ou d'un *Marsilea*, ou encore d'un *Allium*. La différence ne consiste que dans les productions secondaires que forme ici l'arc générateur, tandis que ces productions ne se développent pas chez les Cryptogames vasculaires et chez les Monocotylédones. Ces faisceaux secondaires se forment d'ailleurs dans le Lupin comme dans le Haricot.

Les radicelles s'insèrent sur les lames vasculaires en deux séries opposées ; elles ont la même structure que le pivot, et leurs deux lames vasculaires sont en haut et en bas. Le plan

____

(1) Quelques pivots de Luzerne m'ont offert quatre lames vasculaires avec avortement plus ou moins complet de la quatrième.

vasculaire du pivot se conserve donc dans toutes les radicelles du premier ordre, et par conséquent dans celles de tous les degrés ; en d'autres termes, le corps tout entier de la racine se ramifie dans un seul et même plan. Les choses se passent de même dans les pivots monocotylédonés binaires ; mais nous savons qu'il en est tout autrement dans les Cryptogames vasculaires.

Enfin les cotylédons épigés correspondent aux deux lames vasculaires du pivot ; ils sont diamétralement opposés, et continuent les rangs de radicelles.

La même structure binaire se retrouve dans d'autres Légumineuses, les *Trigonella* par exemple, etc.

Enfin d'autres plantes de la famille, les Fèves par exemple, possèdent au contraire un type numérique plus élevé que celui du Haricot, et dès lors assez variable.

Dans le pivot jeune du *Faba vulgaris*, on voit sous la membrane protectrice un cylindre central contenant le plus souvent cinq lames vasculaires courtes, alternes avec cinq groupes libériens, le tout réuni par un tissu conjonctif développé qui remplit aussi toute la partie centrale. Chaque groupe libérien a un paquet de fibres en dehors, suivi de quelques cellules étroites à parois minces, et il est bordé en dedans par un arc de cellules génératrices. La membrane rhizogène n'a qu'une assise en dehors des arcs libériens, trois en dehors des lames vasculaires. Les deux assises internes communiquent latéralement avec l'arc générateur intralibérien, des propriétés duquel elles vont participer, et elles forment ainsi une couche génératrice ondulée à cinq cannelures, qui plus tard forme dans chaque angle rentrant un faisceau libéro-ligneux, et dans chaque angle saillant un rayon parenchymateux.

Les radicelles s'insèrent en cinq séries sur les lames vasculaires. Les cotylédons hypogés correspondent à deux des faisceaux vasculaires séparés entre eux par deux cinquièmes de circonférence. Ils ne sont donc pas diamétralement opposés, mais bien à 144 degrés l'un de l'autre. La première feuille verte est à 108 degrés de chaque cotylédon.

Le nombre des faisceaux primitifs, ordinairement de cinq,

varie suivant les individus ou dans le même pivot à diverses hauteurs. Ainsi dans le *Faba equina*, on trouve des pivots à quatre lames, d'autres à six ou à sept. Sur dix radicelles insérées sur un pivot de *Faba vulgaris*, j'en ai trouvé six à quatre lames vasculaires, une à cinq, une à six, et une autre enfin fort grosse, qui était peut-être une racine adventive insérée sur la tigelle sous les cotylédons, dont le cylindre central possédait douze lames vasculaires courtes, alternes avec autant d'arcs libériens, et rangés autour d'un très-large tissu conjonctif.

En résumé, la famille des Légumineuses nous offre une organisation primaire du pivot, identique avec la structure définitive du pivot des Monocotylédones et de la racine des Cryptogames vasculaires. Mais cette organisation s'y complique plus tard par des productions secondaires, à la fois intralibériennes, extra-vasculaires et extraconjonctives, qui sont le caractère des Dicotylédones. De plus, ces deux sortes de formations successives y sont et y demeurent bien distinctes, comme chez les Cucurbi-tacées. Quant au type numérique, il varie dans la famille : fixe quand il est de deux, trois ou quatre, il devient un peu variable individuellement quand il atteint et dépasse cinq, pour devenir enfin plus grand et plus variable encore dans les racines adventives de la plante adulte.

Ombellifères. — L'étude de la racine des Ombellifères va nous montrer un mode de formation et d'insertion des radicelles que nous n'avons pas encore rencontré jusqu'ici, et tel que le nombre des rangs de radicelles est double de celui des faisceaux vasculaires primitifs.

Prenons pour exemple le jeune pivot du Cerfeuil (*Anthriscus Cerefolium*). Le parenchyme cortical formé de grandes cellules hexagonales, munies sur toutes leurs parois d'ondulations parallèles qui en occupent toute la largeur, se termine par une assise de cellules tabulaires présentant, sur le milieu de leurs faces latérales et transverses, des plissements parallèles très-courts et des marques noires correspondantes : c'est la membrane protectrice.

Le cylindre central commence par une assise continue de

larges cellules alternes avec les protectrices, un peu allongées suivant le rayon, à paroi lisse : c'est la membrane rhizogène, contre laquelle s'appuient les faisceaux vasculaires et libériens. Il y a deux lames vasculaires opposées qui se rejoignent au centre en une bande diamétrale ; elles sont formées d'une seule rangée de vaisseaux de plus en plus larges vers le centre. Le premier vaisseau, et le plus étroit, est muni d'anneaux d'épaississement espacés ; le second est spiralé, à spires assez rapprochées, et souvent déroulées sur les sections ; le troisième et les suivants, de plus en plus larges, sont tous spiralés, à bandes espacées d'une fois et demie leur épaisseur, et plus ou moins complétement déroulables.

Alternes avec ces lames vasculaires, on voit deux groupes de cellules libériennes étroites et minces, limités en dedans par un rang de cellules génératrices, et réunis à la lame vasculaire par quelques cellules conjonctives. Cette organisation primaire est très-simple et tout à fait normale ; mais revenons à la membrane rhizogène.

Elle présente en face des lames vasculaires un caractère particulier. Là, entre la cellule protectrice et le vaisseau le plus externe qui correspond à la ligne de contact de deux cellules rhizogènes, on voit quatre cellules superposées deux à deux : deux petites appuyées à la membrane protectrice, deux plus grandes appuyées au vaisseau, et venant rejoindre les cellules protectrices de chaque côté des petites. Ces quatre cellules ont laissé entre elles, en s'écartant et en arrondissant leurs angles, une étroite lacune quadrangulaire remplie d'huile essentielle sécrétée par elles ; ce canal se trouve ainsi exactement dans le plan de la lame vasculaire. Les quatre cellules qui l'entourent paraissent provenir d'une seule cellule rhizogène divisée par deux cloisons rectangulaires. A cette position du canal oléorésineux est lié un mode d'insertion tout particulier des radicelles ; les cellules superposées aux lames, étant en effet employées à sécréter la résine, ne pourront former les radicelles, et celles-ci devront se produire en d'autres points de la membrane rhizogène.

Les sections longitudinales et transversales montrent en effet que les radicelles se forment dans les cellules rhizogènes qui sont de chaque côté des vaisseaux, au milieu de l'intervalle entre la lame vasculaire et le rayon médian du faisceau libérien. Chaque cône radicellaire se dirige donc à travers le parenchyme cortical, en faisant avec le plan des vaisseaux un angle de 45 degrés. Il insère ses vaisseaux sur les vaisseaux étroits et moyens de la lame, au moyen d'une amorce dirigée du centre de l'arc générateur perpendiculairement au plan de la lame. Il en résulte que, dans la membrane périphérique du cylindre central, les cellules-mères des radicelles sont sur quatre génératrices, et que les radicelles elles-mêmes se trouvent sur quatre rangées et alternent à la fois avec les faisceaux vasculaires primitifs et avec les libériens.

Ces radicelles ont d'ailleurs la même structure binaire et, malgré l'insertion différente, le plan des vaisseaux y passe, comme dans le Lupin, par l'axe du pivot. Les cotylédons de la plantule correspondent encore aux deux faisceaux vasculaires primitifs.

Grâce à ce mode remarquable d'insertion, que nous avons rattaché à sa cause prochaine anatomique en montrant que les cellules, rhizogènes partout ailleurs,-sont ici sécrétantes, le type 4 règne dans la disposition des radicelles et le type 2 dans l'organisation du pivot (1). Chez les Pins, il y a bien aussi devant la lame vasculaire un canal résinifère ; mais il est bordé de cellules spéciales, et en dehors de lui subsistent plusieurs assises rhizogènes qui jouent leur rôle ordinaire ; chaque lame s'y bifurque d'ailleurs en forme de gouttière pour embrasser le canal et se prêter à l'insertion de la radicelle sans interrompre son cours.

Les choses se passent absolument de la même manière à tous égards dans les pivots du Fenouil (*Fœniculum vulgare*), du Persil (*Petroselinum sativum*), du Carvi (*Bunium Carvi*), de la Coriandre

---

(1) C'est donc à tort que M. Clos et plus tard M. Nägeli (voy. p. 42) regardent le pivot des Ombellifères comme ayant quatre faisceaux primitifs. Ce nombre a sans doute été déduit par eux *a priori* du nombre des séries de radicelles.

(*Coriandrum sativum*), de la Carotte (*Daucus Carota*), etc. (1).
Mais j'ai observé en outre chez ces deux dernières plantes, quoique
plus rarement, un autre mode d'insertion qui se rapproche davantage de celui dont les Graminées nous ont offert un exemple chez
les Monocotylédones. La radicelle se forme dans tout l'arc de cellules rhizogènes superposé au faisceau libérien ; elle traverse le
parenchyme cortical perpendiculairement au plan vasculaire et
elle insère ses vaisseaux à la fois sur les vaisseaux moyens des
deux lames par deux amorces perpendiculaires. Si l'on y fait
une section pendant son trajet à travers le parenchyme cortical,
on voit que la radicelle possède quatre groupes vasculaires,
deux à droite et deux à gauche. Je n'ai rencontré ce mode
d'insertion qu'accidentellement ; s'il avait lieu de la même manière pour tout un pivot, ce que je n'ai pas remarqué, les radicelles seraient disposées sur deux rangs en face des faisceaux
libériens de la racine principale.

Comparons maintenant à l'organisation primaire du pivot
celle des racines adventives des plantes adultes. On y observe
tantôt encore le type deux, tantôt un type supérieur et variable.

Ainsi les grosses racines adventives qui se développent aux
nœuds de la tige de l'*OEnanthe Phellandrium* présentent la
structure binaire. Le parenchyme cortical, creusé dans sa zone

(1) L'insertion des radicelles paraît se faire de la même manière dans quelques
autres plantes : la Tomate par exemple. Le parenchyme cortical du pivot s'y termine
par une membrane protectrice dont les plissements et les marques noires occupent le
quart de la paroi latérale à partir du centre. L'assise rhizogène est continue et elle
présente vis-à-vis des deux lames vasculaires les mêmes caractères que partout ailleurs.
Les deux lames qui se touchent au centre se composent d'une seule série de vaisseaux
de plus en plus larges. Les deux arcs libériens formés de cellules étroites ont en dedans
une assise génératrice déjà dédoublée, et sont reliées à la bande vasculaire par une
assise de cellules conjonctives. Les radicelles naissent par la division des cellules rhizogènes qui se trouvent entre les faisceaux vasculaires et les libériens, par conséquent,
en quatre rangs. La membrane rhizogène n'ayant ici en face des vaisseaux aucun
caractère spécial qui l'empêche d'y produire des radicelles, je dois avouer que la
cause prochaine anatomique de cette disposition m'échappe quant à présent.

Dans la Pomme de terre, l'anomalie disparaît. Les radicelles s'insèrent sur les
racines adventives en face des lames vasculaires et en autant de rangées, cinq assez
souvent.

moyenne d'un cercle de grandes lacunes rayonnantes, est limité par la membrane protectrice ordinaire. Le cylindre central commence par une membrane rhizogène continue ayant un canal oléifère en face de chaque lame vasculaire. Il y a deux faisceaux vasculaires qui ne se touchent pas au centre, alternes avec deux groupes libériens séparés d'eux par du tissu conjonctif. Le plan de la lame vasculaire passe par l'axe de la tige. Les radicelles s'insèrent en quatre rangs dans les interva les entre les groupes vasculaires et libériens.

D'autre part les racines adventives du *Sanicula europœa* présentent, dans leur première période de développement, sous les membranes protectrice et rhizogène, un large cylindre central formé de six à huit lames vasculaires centripètes courtes, alternes avec autant de petits groupes libériens de cellules étroites, le tout réuni par du tissu conjonctif qui remplit toute la vaste région centrale. Vis-à-vis de chaque lame, il s'est détaché des deux grandes cellules contigües de la membrane périphérique deux petites cellules externes, et entre ces quatre cellules se trouve un canal quadrangulaire contenant de l'huile. Les radicelles sont formées par les cellules de la membrane rhizogène qui séparent les faisceaux libériens des vasculaires, et elles s'insèrent latéralement sur la lame voisine. Elles sont donc disposées en deux fois autant de rangées qu'il y a de lames vasculaires et de faisceaux libériens.

Il est temps maintenant d'examiner comment les productions secondaires s'introduisent dans cette organisation primitive. Il y a à cet égard bien des différences dans cette famille, mais nous ne pouvons citer ici que deux exemples : la Sanicle et la Carotte.

Considérons une racine adventive épaissie du *Sanicula europœa*. Le parenchyme cortical primaire subsiste, et ses larges cellules à paroi mince se développent et se divisent par des cloisons radiales pour se prêter à l'élargissement du cylindre central. Les cloisons parallèles qui se font ainsi à l'intérieur de chaque cellule protectrice élargie ne sont pas plissées et couvertes de marques noires comme les parois primaires qui demeurent [illegible] fort nettes. La membrane rhizogène multiplie de même pour se distendre les grandes cellules de son assise ; elle contient toujours un canal oléorésineux sur le rayon de chaque lame vasculaire primitive, maintenant fort éloignée d'elle, et au milieu des intervalles entre ces canaux on y voit adossés tous les groupes libériens primitifs qui ont conservé leur place par rapport à elle (1).

Les productions secondaires se sont donc formées en dehors des lames vasculaires primitives au moyen du dédoublement des deux grandes cellules internes qui bordent les canaux superposés, et en dedans des faisceaux libériens par l'intermédiaire de la plus externe des assises conjonctives. Dans l'état moyen que nous considérons en ce moment, la zone génératrice, résultant de l'union de ces arcs intralibériens et de ces cellules extravasculaires est encore en contact avec les vaisseaux primitifs externes. Dans l'intervalle entre les lames elle a formé en dedans d'elle et de dedans en dehors de larges vaisseaux mélés de cellules longues; les plus internes de ces vaisseaux sont sur le même cercle que les plus internes des vaisseaux primitifs et laissent au centre le large tissu conjonctif primaire. En superposition avec les lames, la zone génératrice n'a encore rien produit en dedans d'elle. Mais en dehors elle a formé sur tout son pourtour et de dehors en dedans un anneau puissant doué des mêmes caractères sur toute sa circonférence et dont la nature est libérienne. Il se compose de cellules allongées, à section polyédrique, sans méats, larges en dehors, mais décroissant en dedans, où elles se disposent en séries radiales ; leur paroi est épaissie, brillante, un peu flasque et collenchymateuse. Ce liber

(1) Dans son mémoire sur *les vaisseaux propres des Ombellifères* (*Comptes rendus*, 1866, t. LXIII, p. 154), M. Trécul n'a pas distingué ces premiers canaux oléo-résineux qui appartiennent au cylindre central de la jeune racine et qui font partie de son organisation primaire, des canaux de même nature qui se développent plus tard dans le parenchyme cortical secondaire, dans le liber secondaire, et même, quoique plus rarement, dans le bois secondaire. Il est vrai que, nés dans la membrane rhizogène au contact direct des vaisseaux les premiers formés, ils sont plus tard refoulés en dehors, rejetés à une grande distance radiale de ces premiers vaisseaux, et amenés ainsi sur la circonférence où se développent les plus externes des canaux secondaires. Il faut donc, pour en retrouver la véritable origine, remonter à la première période du développement de l'organe.

secondaire dépourvu de rayons parenchymateux s'appuie contre la membrane rhizogène, excepté dans les points où il en est séparé par les groupes libériens primitifs. Ainsi, la zone génératrice agit ici tout d'abord et très-activement sur son bord externe.

Si nous examinons maintenant une racine plus avancée, nous voyons d'abord que la membrane rhizogène, en divisant ses cellules non plus seulement par des cloisons radiales, mais aussi par des cloisons tangentielles, a donné une zone de parenchyme cortical secondaire à larges cellules à paroi mince, extérieure aux faisceaux libériens primitifs et à l'anneau libérien secondaire. Les deux cellules externes du canal oléorésineux se dédoublent et leurs moitiés extérieures continuent à se diviser comme les cellules rhizogènes voisines; de sorte que le parenchyme secondaire se forme tout aussi bien en dehors des canaux qu'en dehors des groupes libériens primitifs. L'anneau libérien secondaire s'est épaissi par l'addition de nouveaux éléments sur son bord interne. En outre la couche génératrice est maintenant fort éloignée des lames primaires par les productions nouvelles qu'elle a formées sur toute l'étendue de son bord interne. En face des vaisseaux secondaires déjà formés, elle a produit de chaque côté de nouveaux et larges vaisseaux mêlés de cellules longues ; mais au milieu elle ne donne que des cellules allongées, de sorte que le faisceau ligneux secondaire se trouve divisé désormais en deux par un large rayon. En face des lames primitives elle ne donne le plus souvent que des cellules longues pareilles à celles qui séparent les vaisseaux, mais parfois elles y sont entremêlées aussi de quelques vaisseaux.

Ainsi la zone génératrice du *Sanicula* forme, non pas des faisceaux doubles secondaires séparés et superposés aux libériens primitifs, non pas un anneau libéro-vasculaire continu, mais un anneau complet libérien, correspondant à des faisceaux fibro-vasculaires superposés aux groupes libériens primitifs et à des rayons parenchymateux superposés aux lames vasculaires primordiales. C'est un type intermédiaire entre les deux modes déjà décrits plus haut. De plus la membrane rhizogène produit un parenchyme cortical secondaire revêtu par la membrane protectrice qui forme le nouvel épiderme de la racine quand l'écorce primaire s'est exfoliée.

Telle est la manière dont les productions secondaires s'introduisent dans cette racine, sans toutefois nous empêcher d'y reconnaître les deux ordres de faisceaux qui en constituaient l'organisation primaire. En général, pour faire la part exacte et déterminer le caractère des tissus nouveaux, il faut prendre deux points de repère sur trois rayons différents, et chercher : 1° sur le rayon qui passe par la lame vasculaire, ce qui se forme entre le vaisseau le plus externe et la cellule protectrice superposée, qui n'en est séparée dans le jeune âge que par la membrane rhizogène et qui s'en écarte plus tard de plus en plus ; 2° sur le rayon qui passe par le centre du groupe libérien primitif, tout ce qui apparaît, d'une part entre le bord interne de ce groupe et les cellules conjonctives les plus extérieures qui n'en sont d'abord séparées que par l'assise génératrice, d'autre part entre son bord externe et la membrane protectrice ; 3° enfin, sur le rayon qui passe à travers le tissu conjonctif entre la lame vasculaire et le faisceau libérien, ce qui se produit entre les cellules protectrices et les cellules conjonctives. Dans ces trois directions les productions secondaires pourront avoir les mêmes caractères, ou être différentes, et dans ce dernier cas plusieurs combinaisons pourront se présenter et chaque combinaison offrir des variations secondaires. Mais je ne puis entrer ici dans les détails de cette étude, et je terminerai ce paragraphe en montrant comment le développement des tissus s'opère dans la Carotte.

En dehors des deux lames vasculaires confluentes qui forment une bande centrale de six à huit vaisseaux étroits située dans le plan des cotylédons, la zone génératrice ne produit ici que des rayons parenchymateux dont les cellules isodiamétriques sont séparées par des méats aériens, et qui séparent les deux larges faisceaux libéro-ligneux nés en même temps sur le bord interne des groupes libériens primitifs. Ces faisceaux secondaires sont d'abord formés en dedans d'un groupe de larges vaisseaux séparés par quelques cellules ligneuses, en dehors d'un arc d'éléments grillagés d'un blanc brillant. Plus tard la formation d'éléments allongés se localise dans le bois, comme dans le liber, sur un certain nombre de traînées divergentes séparées par de larges rayons de parenchyme à méats. Les traînées ligneuses sont composées surtout de cellules allongées à paroi mince hyalines sans méats, parmi lesquelles on rencontre çà et là quelques groupes de vaisseaux isolés. Les traînées libériennes, aussi développées que les ligneuses, sont constituées par des cellules grillagées. C'est aux flancs de ces deux faisceaux secondaires que les radicelles s'attachent en quatre rangées.

Araliacées. — Le caractère particulier de la racine des Ombellifères est partagé par les Araliacées; il convient donc de placer ici l'étude anatomique de la racine de ces plantes.

La jeune racine adventive du Lierre (*Hedera Helix*) a sous l'épiderme quatre ou cinq rangées alternes dont les médianes laissent entre elles de petites lacunes à cinq ou six côtés. Certains de ces éléments sont subdivisés en quatre files de petites cellules cubiques et renferment dans chaque compartiment une macle d'oxalate de chaux. Les éléments de la dernière assise de ce parenchyme cortical ont leur paroi mince munie sur les faces latérales et transverses de plissements échelonnés qui en occupent presque toute la largeur : c'est la membrane protectrice.

Le corps central a ordinairement la forme d'un prisme pentagonal. Il commence par une membrane rhizogène contre laquelle s'appuient cinq faisceaux vasculaires aux angles du pentagone et cinq faisceaux libériens au milieu de ses côtés. Les premiers sont formés d'une série radiale de trois ou quatre vaisseaux étroits; les seconds, d'un groupe arrondi de cinq ou six cellules étroites à paroi brillante et à contenu sombre. Les faisceaux libériens sont séparés latéralement des vaisseaux par deux rangs de cellules conjonctives plus larges, hyalines, à paroi mince et terne, qui les bordent aussi en dedans. La plus externe de ces deux rangées est destinée à former l'arc générateur des productions secondaires. Enfin, les vaisseaux sont réunis entre eux au centre par une masse pentagonale de cellules conjonctives qui sont épaissies en fibres bien avant le début des formations secondaires. Les courtes lames vasculaires ne font que prolonger les arêtes de ce prisme pentagonal fibreux.

Revenons maintenant à la membrane rhizogène. Sur les côtés du pentagone elle est formée d'un seul rang de cellules ordinaires, mais aux angles, c'est-à-dire vis-à-vis des faisceaux vasculaires, elle est creusée d'un canal oléorésineux interstitiel entouré de quatre grandes cellules, tout pareil, en un mot, à celui que nous avons décrit chez les Ombellifères. Çà et là cependant la cellule primitive, au lieu de se partager en quatre, s'est divisée en sept ; il y a alors, en face des vaisseaux, une grande cellule impaire qui sépare deux petits canaux quadrangulaires.

Cette disposition semblable des canaux dans l'organisation primaire entraîne nécessairement la même disposition des radicelles. Celles-ci naissent, en effet, des cellules de la membrane rhizogène voisines de celles qui sécrètent l'oléorésine, c'est-à-dire du milieu des arcs qui séparent les faisceaux vasculaires des groupes libériens, et de manière à ne pas rompre la continuité des canaux. Les vaisseaux viennent s'insérer latéralement sur le flanc des lames en formant avec elles un angle qui dans le cas actuel est d'un vingtième de circonférence, soit 18 degrés. Elles sont donc rangées sur la racine mère en dix séries longitudinales, et en général en $2n$ séries, n étant le nombre des faisceaux de chaque espèce.

Plus tard, les productions secondaires s'introduisent de la manière suivante. Le parenchyme cortical s'exfolie, exepté la membrane protectrice qui forme d'abord le nouvel épiderme, puis disparaît à son tour. Les cellules de la membrane rhizogène se divisent par des cloisons tangentielles et de manière qu'il demeure au milieu de la zone nouvelle une assise de cellules en voie de partition incessante. Elle forme ainsi : à l'extérieur et de dehors en dedans, une couche subéreuse composée de cellules tabulaires disposées en séries radiales, à parois minces, bombées en dehors et pourvues de reflets irisés ; à l'intérieur et de dedans en dehors, quelques rangées de larges cellules ovoïdes munies de grains verts, qui forment, en dehors des groupes libériens primitifs, un parenchyme cortical secondaire. Les quatre cellules qui entourent le canal oléorésineux se comportent comme les autres, c'est-à-dire qu'elles se segmentent d'abord par quatre cloisons parallèles aux faces du canal. Les quatre cellules centrales poursuivent leur fonction spéciale ; les quatre périphériques ainsi détachées, au contraire, continuent à se diviser par des cloisons parallèles à la première ; et tandis que les deux externes forment, de dehors en dedans, la portion de couche subéreuse extérieure au canal, les deux internes produisent, de dedans en dehors, les cellules arrondies et pourvues de chlorophylle du rayon parenchymateux superposé à la lame vasculaire primitive, rayon qui fait partie du parenchyme cortical secondaire. Le canal oléorésineux se trouve donc toujours maintenu au milieu de la couche génératrice qui forme à la fois la couche subéreuse et le parenchyme cortical secondaire, et, par conséquent, à la limite de ces deux tissus différents.

Pendant ce temps, des deux rangs de cellules conjonctives à paroi mince qui bordaient le groupe libérien primitif, le plus externe a divisé ses éléments pour former un massif de cellules disposées en séries radiales, au milieu duquel il se conserve en pleine activité génératrice. Les cellules extérieures se transforment à partir du groupe libérien primitif, c'est-à-dire de dehors en dedans, en éléments libériens grillagés à paroi blanche et brillante ; les intérieures se changent, à partir de l'assise conjonctive à parois minces qui les sépare du massif fibreux central, et de dedans en dehors en un mélange de vaisseaux ponctués et de fibres ligneuses, qui diffèrent notablement des fibres conjonctives centrales. Plus tard, la rangée de cellules conjonctives à parois minces, qui sépare le bois secondaire du prisme central et de ses arêtes vasculaires, paraît se fibrifier à son tour, de sorte que la limite intérieure des formations primaires et secondaires devient moins nette. Les faisceaux libéro-ligneux secondaires, ainsi constitués sur le bord interne des faisceaux libériens primitifs, se développent ensuite de plus en plus par les progrès de l'âge, et ils demeurent séparés par les rayons parenchymateux superposés aux faisceaux vasculaires primordiaux. Mais je ne puis entrer ici dans le détail de ces développements ultérieurs.

Les choses se passent de même en tous les points essentiels dans les racines adventives de l'*Aralia edulis*. Seulement les lames vasculaires centripètes y sont beaucoup plus développées suivant le rayon. Si la racine est grosse, les trois lames vasculaires ne confluent cependant pas au centre, et elles sont réunies en un triangle solide par un axe conjonctif fibreux. Si elle est plus étroite, elle n'a que deux lames vasculaires centripètes qui viennent se réunir au centre en une lame diamétrale renflée au milieu. Dans le premier cas, les radicelles s'insèrent en six rangées qui alternent à la fois avec les faisceaux vasculaires primitifs et avec les libériens; dans le second, elles sont disposées en quatre séries.

On voit donc que la description donnée par M. Trécul en 1867, et reproduite à la page 50 du présent mémoire, est inexacte en un point. Ce n'est pas dans l'écorce secondaire, postérieurement à la formation des rayons secondaires en face des vaisseaux primitifs, et pendant que se développent les faisceaux secondaires alternes, que naissent, en face de ces rayons, les premiers canaux oléorésineux. Ces premiers canaux font partie de l'organisation primaire de la racine; ils s'organisent dans la membrane rhizogène au contact des premiers vaisseaux formés et sont plus tard refoulés en dehors, comme je l'ai expliqué. Ils préexistent à toutes les productions secondaires, aussi bien aux formations parenchymateuses issues de la membrane rhizogène qu'aux formations libéro-ligneuses sorties des arcs générateurs intralibériens. Ils ont donc une tout autre origine que ceux qui naissent plus tard, tant dans le parenchyme cortical secondaire que dans le liber secondaire (1).

Chénopodées. — Le jeune pivot de la Betterave rouge (*Beta vulgaris*) a son parenchyme cortical, dont les larges cellules

______

(1) « Dans les racines, dit encore M. Trécul, je n'ai vu de ces canaux que dans l'écorce » (*Comptes rendus*, t. LXIV, p. 887). Or, il est certain que dans la première période du développement, le parenchyme cortical de la racine ne renferme pas de canaux oléorésineux, tandis que le cylindre central en possède.

contiennent un liquide rouge, limité par une assise protectrice incolore à plissements courts et médians. Le cylindre central commence par une assise continue de cellules rectangulaires allongées radialement et quelquefois dédoublée en face des faisceaux vasculaires : c'est la membrane rhizogène. Il y a deux lames vasculaires unisériées que leur développement centripète amène à se toucher au centre par leurs larges vaisseaux, et deux groupes de cellules libériennes étroites et longues, à paroi mince, bordés par une assise génératrice et séparés du plan vasculaire par une rangée de cellules conjonctives. De sorte que le premier et large vaisseau que forme l'arc générateur se place presque tout contre les larges vaisseaux centraux.

Les radicelles se forment en face des lames primitives, en deux rangées, comme d'ordinaire ; mais leur parcours dans le parenchyme cortical se fait quelquefois un peu obliquement par rapport au plan de la lame. Le plan vasculaire de la radicelle coïncide avec celui du pivot, de sorte que la racine principale se ramifie indéfiniment dans un seul et même plan qui est le plan des nervures médianes des cotylédons.

Il en est de même dans l'Épinard (*Spinacia oleracea*), dans l'Arroche (*Atriplex hortensis*), où chaque lame vasculaire commence par deux rangées contiguës de vaisseaux étroits, etc.

Voyons maintenant comment, dans ce système primaire de la racine, s'introduisent peu à peu les formations secondaires qui donnent au pivot de la Betterave le grand diamètre qu'il atteint à la fin de sa première année de végétation.

Une section à travers l'extrémité amincie de ce pivot, épaisse de 2 à 4 millimètres, montre le premier état des formations secondaires. Au centre, on voit la petite lame vasculaire primitive unisériée ; vers la périphérie, se trouve rejetée la membrane protectrice qui s'est élargie en divisant ses cellules par des cloisons radiales non plissées ; en dehors de cette membrane, le parenchyme cortical primitif recouvre le pivot rouge d'une pellicule blanchâtre. Sur le diamètre perpendiculaire à la lame, l'arc générateur qui borde le groupe libérien primitif a produit de chaque côté un large faisceau secondaire double, dont la partie interne ligneuse se compose de larges vaisseaux rayés séparés par quelques cellules à paroi mince, et la partie externe libérienne d'éléments étroits à paroi mince qui s'ajoutent en dedans des primitifs, mais en les dépassant beaucoup de chaque côté. Entre le bord interne du faisceau secondaire et la lame vasculaire primitive, on voit quelques cellules conjonctives qui se sont élargies horizontalement et divisées; de sorte que la lame est nettement isolée des deux faisceaux. Pourtant on la trouve quelquefois plus rapprochée de l'un que de l'autre ou même tout à fait en contact avec l'un d'eux, et dans ce dernier cas il faut quelque attention pour l'apercevoir. Entre le bord externe du faisceau secondaire occupé en son milieu par le groupe libérien primitif et la membrane protectrice, il y a maintenant une couche épaisse de cellules larges et courtes à paroi mince, disposées sur les coupes longitudinales en séries horizontales et sur les coupes transversales sans ordre appréciable, remplies d'un liquide rouge et sucré et se multipliant continuellement dans le sens de l'épaisseur par de nouvelles cloisons longitudinales. Cette couche de parenchyme cortical secondaire est issue tout entière de la segmentation des cellules de la membrane rhizogène primitive. Cette membrane a donné naissance à une couche génératrice dont le jeu est double; sur sa face interne et de dedans en dehors, cette couche produit le parenchyme cortical rouge; sur sa face externe et de dehors en dedans, elle forme une couche subéreuse dont les cellules tabulaires, à paroi mince et douée de reflets irisés, sont disposées à la fois en séries radiales et en cercles concentriques. Cette couche subéreuse occupe la périphérie de la racine après l'exfoliation du parenchyme primitif et de la membrane protectrice. Enfin, en superposition avec les deux lames primitives, entre leur vaisseau externe et la membrane protectrice, se sont formés deux rayons composés de trois ou quatre rangées rayonnantes de cellules larges remplies de suc rouge. Ces rayons se continuent à droite et à gauche avec le parenchyme extérieur aux faisceaux secondaires, et comme ce dernier ils proviennent de la division centrifuge du bord interne de la membrane rhizogène; ils se continuent d'ailleurs au delà de l'assise génératrice et jusqu'à la membrane protectrice par les séries centripètes de l'anneau subéreux.

Plus haut, ou plus tard, quand le pivot atteint 5 millimètres environ, on voit apparaître dans le parenchyme cortical secondaire des places arrondies où les cellules incolores sont beaucoup plus étroites et en voie de division et de transformation. Il s'y développe bientôt des vaisseaux rayés au bord interne et des éléments libériens au bord externe, et l'on voit de nouveaux faisceaux libéro-ligneux en dehors des premiers faisceaux secondaires et des groupes libériens primitifs. Ils n'apparaissent pas tous en même temps; il s'en fait d'abord un superposé à chaque faisceau principal, puis un peu plus tard deux autres à droite et à gauche du premier, puis un quatrième et un cinquième de chaque côté: en sorte qu'il se constitue bientôt un cercle de faisceaux nouveaux en dehors des deux faisceaux principaux.

Ces derniers ont en même temps augmenté de volume, non pas que l'arc générateur ait continué comme d'ordinaire à les épaissir, car cet arc s'éteint avec l'apparition des faisceaux externes, mais parce que certaines cellules du bois et du liber conservent la faculté de s'étendre transversalement et de se diviser. En effet, les cellules qui séparent les vaisseaux dans la partie interne du bois s'élargissent et se cloisonnent, de sorte que ces vaisseaux d'abord voisins s'écartent de plus en plus les uns des autres. Il se forme en outre, dans la partie externe du bois, d'abord un, puis trois, puis cinq rayons parenchymateux, qui traversent aussi tout le liber secondaire et qui s'élargissent peu à peu par la division de leurs cellules; en sorte que le faisceau, indivis sur son bord interne, se sépare en dehors en deux, puis en quatre et en six branches libéro-vasculaires qui divergent en éventail. Les cellules de ces rayons d'abord incolores ne tardent pas à acquérir le liquide rouge et sucré qui remplit les rayons principaux et le parenchyme secondaire avec lequel ils sont en continuité. Les éléments libériens primitifs sont en même temps dispersés et difficiles à retrouver.

238   PH. VAN TIEGHEM.

Plus haut encore, quand le diamètre du pivot arrive à dépasser 15 millimètres environ, on voit, au sein du parenchyme rouge qui va s'épaississant d'abord par la division de
toutes ses cellules, et ensuite par l'addition d'éléments nouveaux
issus de la zone génératrice externe, un nouveau cercle de faisceaux libéro-vasculaires plus petits et plus nombreux apparaître
en dehors du second et à une distance moindre que celle qui
sépare maintenant celui-ci des premiers faisceaux. Plus tard
encore un quatrième cercle de faisceaux isolés se forme en
dehors du troisième; puis un cinquième, puis un sixième et
même un septième et un huitième cercle de plus en plus rapprochés et où les faisceaux sont de plus en plus petits et nombreux. A mesure que ces nouveaux cercles apparaissent, la
distance qui sépare les anciens s'accroît par le développement
continu du parenchyme intermédiaire. En même temps la divergence des branches des deux faisceaux principaux se pro-
nonce de plus en plus par l'élargissement des rayons rouges qui
les séparent; les faisceaux du second cercle se divisent à leur
tour par des rayons semblables, puis ceux du troisième, etc.

C'est ainsi qu'après une année de végétation, le pivot de la
Betterave se trouve avoir développé entre la lame vasculaire
primordiale, lieu d'insertion des radicelles et siége exclusif des
vaisseaux annelés et spiralés, et la membrane protectrice primitive, non-seulement les deux faisceaux secondaires normaux
où la formation des éléments fibro-vasculaires et libériens par
l'arc générateur s'arrête bientôt et où le développement parenchymateux continue quelque temps, mais encore six ou sept cercles de faisceaux surnuméraires séparés entre eux par le parenchyme où ils sont nés, et qui provient tout entier de la partition
interne et centrifuge des cellules de la membrane rhizogène.
Ces formations secondaires se forment exactement dans la tigelle
de la même manière que dans le pivot; elles recouvrent d'une
enveloppe commune et extrêmement épaisse ces deux parties
distinctes de l'axe végétal, et donnent ainsi à cet ensemble hétérogène l'aspect d'un seul et même organe. Nous savons qu'il en
est de même dans le Radis, le Navet, la Carotte, le Panais, le

Salsifis, etc. C'est dans ce cas surtout qu'il est indispensable de recourir aux caractères tirés de l'organisation primaire pour fixer la limite entre la tige et la racine.

C'est ici le lieu de placer l'étude anatomique de la racine des Nyctaginées, qui présente le même mode d'accroissement secondaire que celle de la Betterave.

Nyclaginées. — Dans le très-jeune pivot du *Mirabilis Jalapa*, le parenchyme cortical formé de ses deux zones ordinaires est limité à l'intérieur par une assise protectrice dont les plissements très-courts occupent le tiers ou le quart de la largeur des faces latérales et transverses à partir du centre. Le cylindre central commence par une assise de cellules allongées suivant le rayon, alternes avec les protectrices : c'est la membrane rhizogène, contre laquelle s'appuient deux lames vasculaires unisériées, alternes avec deux groupes de cellules libériennes réunis aux lames par deux assises conjonctives dont la plus externe formera l'arc générateur des faisceaux libéro-ligneux secondaires. Les lames vasculaires se touchent au centre dans la moitié inférieure du pivot, mais elles sont écartées et séparées par un tissu conjonctif central vers sa base. Les faisceaux libériens ont leurs cellules externes pleines de raphides ; et comme toutes les cellules d'une file verticale en contiennent, ce sont de vrais vaisseaux cristalligènes.

Les radicelles se forment en face des lames en deux rangées, et leur plan vasculaire coïncide avec celui du pivot. Les cotylédons correspondent aux lames vasculaires du pivot. La racine principale se ramifie donc à tous les degrés dans le plan cotylédonaire.

Sur dix plantules étudiées, six ont montré cette structure binaire, quatre avaient au contraire quatre lames vasculaires avec quatre rangs de radicelles.

Plus tard l'arc de cellules génératrices qui touche le bord interne du faisceau libérien primitif forme des éléments fibreux et vasculaires en dedans, des cellules libériennes en dehors, et les deux faisceaux secondaires libéro-ligneux ainsi constitués ne tardent pas à se dédoubler par la formation d'un large rayon parenchymateux. Ensuite, comme dans la Betterave, l'arc générateur s'arrête. En même temps la membrane rhizogène, refoulée en dehors, a multiplié ses cellules par des cloisons tangentielles, et a formé une zone génératrice à jeu double, produisant à l'extérieur une couche subéreuse continue, et à l'intérieur un puissant parenchyme cortical secondaire à structure radiée qui s'enfonce entre les deux premiers faisceaux secondaires jusqu'au contact des lames primitives. C'est dans ce parenchyme cortical radié que se forment successivement et de dedans en dehors, comme dans la Betterave, plusieurs cercles de faisceaux libéro-ligneux surnuméraires.

Crucifères. — La même structure binaire se rencontre chez toutes les Crucifères, comme on le voit, par exemple, dans le Radis (*Raphanus sativus*). Le cylindre central du jeune pivot a exactement la même structure que celui de la Betterave, et les radicelles s'y insèrent de la même manière. Le corps entier de la racine principale se ramifie donc dans un seul et même plan qui contient aussi les nervures médianes des cotylédons.

Plus tard la couche génératrice forme en dehors des deux lames vasculaires des rayons de parenchyme à méats qui séparent les deux faisceaux secondaires qu'elle produit en même temps contre le bord interne des groupes libériens primitifs. La partie ligneuse et centrifuge de ces faisceaux secondaires commence par une seule pointe vasculaire appuyée contre le milieu de la bande primitive dont elle n'est séparée que par une ou deux assises conjonctives et qui demeure bien visible. Puis l'arc générateur se divise progressivement en un certain nombre (10 à 12) de secteurs alternes doués de propriétés différentes, et dont les uns ne forment que des rayons de parenchyme clair, tandis que les autres constituent des traînées où les cellules ligneuses allongées sont mêlées de vaisseaux.

Fumariacées. — Même structure primaire et secondaire chez les Fumariacées. Le jeune pivot du *Fumaria officinalis* présente sous la membrane protectrice ordinaire une membrane rhizo-gène continue, contre laquelle s'appuient, d'une part deux lames vasculaires centripètes qui n'atteignent pas le centre dans le haut de la racine, et de l'autre deux groupes arrondis de cellules libériennes étroites à paroi mince et brillante, bordés par un arc de cellules génératrices et réunis aux lames par une rangée de cellules conjonctives. Les radicelles s'insèrent en face des lames vasculaires, et le plan de leurs vaisseaux coïncide avec celui des vaisseaux du pivot. Tout le corps de la racine se ramifie dans un seul et même plan, qui est celui des nervures médianes des cotylédons.

Plus tard l'arc générateur intralibérien qui passe en dehors des faisceaux vasculaires au moyen d'un dédoublement de la membrane rhizogène, entre en jeu. Au-dessous du groupe libérien il donne : en dedans de lui et de dedans en dehors, trois séries rayonnantes de larges vaisseaux séparées par des cellules ligneuses ; en dehors de lui et de dehors en dedans, quelques nouvelles cellules libériennes. En superposition avec les lames vasculaires il ne se forme que des rayons parenchymateux.

La racine adventive du rhizome se comporte exactement de la même manière, et le plan de ses deux lames vasculaires passe par l'axe de la tige.

Valérianées. — Le pivot du *Centranthus ruber* est de même construit sur le type 2. Sous les membranes protectrice et rhizogène deux lames vasculaires confluentes alternent avec deux groupes libériens. Les deux faisceaux libéro-ligneux secondaires limitent bientôt leur production de vaisseaux et de fibres à deux, puis à quatre bandes divergentes séparées par trois rayons de parenchyme. Ils sont d'ailleurs isolés l'un de l'autre par deux larges rayons principaux superposés aux lames vasculaires qui servent d'insertion aux radicelles. Toute la racine se ramifie encore dans un seul et même plan, qui est le plan cotylédonaire.

Les racines adventives diffèrent du pivot par le nombre plus grand et variable des faisceaux constitutifs et par le développement du tissu conjonctif. La jeune racine adventive du *Valeriana officinalis*, considérée vers sa base, possède sous les membranes protectrice et rhizogène un large cylindre central. Cinq à huit lames vasculaires courtes y alternent avec autant d'arcs libériens à la périphérie d'un puissant tissu conjonctif à larges cellules amylifères. Les radicelles correspondent aux lames et sont disposées en autant de rangées. Plus tard il se forme, en dedans des faisceaux libériens, des groupes de larges vaisseaux qui les transforment en faisceaux doubles libéro-ligneux, lesquels ne paraissent pas se développer beaucoup.

Le nombre des faisceaux constitutifs, ainsi que la quantité du tissu conjonctif, diminuent d'ailleurs le long de la même racine à mesure qu'on descend vers le sommet. Ainsi, par exemple, une racine qui a sept faisceaux primitifs autour d'une large moelle au voisinage de son insertion, n'en a plus, à 10 centimètres de là, que quatre qui se touchent presque au centre, tant le tissu conjonctif est réduit.

Enfin, dans les radicelles le tissu conjonctif central disparaît; on y retrouve le type binaire à lames confluentes du pivot, et le plan des vaisseaux de la radicelle passe par l'axe de la racine principale.

Composées. — La même organisation binaire primitive, avec le même mode de formation des faisceaux secondaires, se retrouve chez un certain nombre de Composées, et la racine s'y ramifie tout entière dans le plan cotylédonaire. Je citerai pour exemple le *Tagetes erecta.*

Le parenchyme cortical du jeune pivot y est formé de larges cellules disposées dans la région interne en séries radiales et en cercles concentriques et laissant entre leurs coins arrondis des méats aérifères en forme de losange. Les éléments de la dernière assise qui correspondent aux précédents, tantôt seul à seul, tantôt deux par deux, ont leurs parois marquées sur les faces latérales et transverses d'un cadre de plissements échelonnés très-courts et très-rapprochés de la face interne; ils forment la membrane protectrice. Devant les faisceaux vasculaires primitifs

du cylindre central, les larges cellules protectrices, au nombre
de cinq le plus souvent, sont simples et n'offrent rien de remarquable. Mais celles qui correspondent aux arcs libériens, au
nombre de quatre ou cinq ordinairement, d'abord simples, se
sont agrandies dans le sens du rayon, puis dédoublées par une
cloison tangentielle extérieure aux plissements en deux éléments
superposés ; le plus interne est plus petit que l'autre et porte le
cadre de plissements. Puis les coins de chaque nouvelle cellule
s'arrondissent, et les étroits méats en forme de losange qui résultent de leur écartement se remplissent d'une huile d'un jaune
verdâtre, tandis que les cellules elles-mêmes demeurent hyalines.
Quelquefois on voit l'huile verte remplir aussi quelques-uns des
méats plus larges laissés entre les cellules protectrices dédoublées et celles de l'avant-dernière assise corticale ; mais cela n'est
pas constant. Il se forme donc ainsi normalement, en dehors de
chacun des arcs libériens primitifs, un arc de cinq ou six canaux
interstitiels oléifères, bordés par quatre grandes cellules transparentes, et analogues à ceux que nous avons décrits chez les
Ombellifères et chez les Araliacées. Mais tandis que dans ces
familles les canaux oléifères isolés de la jeune racine sont creusés dans la membrane rhizogène et appartiennent au cylindre
central, dans le *Tagetes erecta* ces mêmes canaux, juxtaposés
en arc, sont creusés dans la membrane protectrice et font partie
de l'écorce primaire.

Le cylindre central commence par une membrane rhizogène
unisériée, dont les larges cellules claires, alternes avec les éléments protecteurs, ne présentent rien de remarquable. Il y a deux
lames vasculaires centripètes, de trois à cinq vaisseaux chacune,
qui viennent se toucher au centre, et deux arcs libériens, séparés des vaisseaux par deux assises conjonctives, dont la plus
externe deviendra l'arc générateur des faisceaux libéro-ligneux
secondaires.

Les radicelles naissent de la membrane rhizogène en face des
lames vasculaires. En ces points, rien n'empêche leur développement, puisque la membrane protectrice n'y renferme pas de
canaux oléorésineux.

Tropæolées. — Le jeune pivot du *Tropæolum majus,* étudié
à 2 centimètres environ de la coléorhize, possède sous la
membrane protectrice ordinaire un cylindre central quaternaire.
Il commence par une assise rhizogène continue. Les quatre
lames vasculaires ne se rejoignent pas au centre. Les quatre
groupes libériens alternes ont chacun derrière soi un arc de
cellules génératrices qui vient rejoindre les cellules rhizogènes
extérieures aux vaisseaux étroits. Ils sont réunis aux lames
vasculaires par un tissu conjonctif qui remplit toute la partie
centrale (1).

Les radicelles naissent par la segmentation des cellules de la
membrane rhizogène qui correspondent aux lames vasculaires,
en quatre rangs. Elles ont la même structure, mais sur le type
2 et sans tissu conjonctif central, et leurs deux lames vasculaires sont normalement orientées par rapport à l'axe du pivot;
c'est-à-dire que les plans vasculaires de toutes les radicelles
d'une rangée coïncident et passent par l'axe du pivot. La racine
principale se ramifie donc indéfiniment dans deux plans verti-
caux rectangulaires.

Les cotylédons hypogés correspondent à deux des lames vasculaires du pivot, la troisième et la quatrième feuille, encore opposées, aux deux autres.

Si nous comparons cette organisation du pivot à celle des
racines adventives qui se développent sur la tige feuillée, nous
verrons que les mêmes caractères subsistent, mais avec une
réduction numérique, avec le type 2. Ce type 2 se montre
déjà dans les quatre racines latérales sous-cotylédonaires qui se
forment à la germination sur la partie renflée de l'axe, et qui
continuent les quatre rangées de radicelles du pivot. Comme
l'axe paraît avoir déjà perdu, dans ce renflement supérieur à

---

(1) Quand on s'approche du sommet du pivot, le tissu conjonctif cortical disparaît
peu à peu, et les lames vasculaires viennent se toucher au centre. En outre, on voit
quelquefois une des lames s'arrêter, tandis que les autres conservent leur position;
d'autres fois deux lames opposées s'arrêtent successivement, et le pivot se trouve
désormais binaire. Cette réduction accidentelle du nombre normal des faisceaux constitutifs du pivot dans le voisinage de son sommet aminci, c'est-à-dire vers la fin de
son accroissement terminal, se rencontre assez fréquemment dans les plantes à pivot
transitoire.

la coléorhize, les caractères propres de la racine pour acquérir ceux de la tige, ces racines latérales doivent être considérées comme les premières des racines adventives. Deux lames vasculaires centripètes d'abord courtes, mais se touchant plus tard au centre, y alternent avec deux groupes libériens dont elles ne sont séparées que par quelques cellules conjonctives. Les radicelles, également binaires, y sont sur deux rangs, et le plan vasculaire de la racine adventive, qui conserve sa direction dans les radicelles de tous les degrés, passe par l'axe de la tige.

On voit donc que si d'ordinaire le diamètre du cylindre central, c'est-à-dire le nombre des faisceaux constitutifs et la masse du tissu conjonctif qui les relie, augmente quand on passe du pivot à la racine adventive, il y a des cas où c'est l'inverse qui a lieu.

Comment se forment maintenant les productions secondaires, notamment dans les racines adventives binaires? L'arc générateur intralibérien donne naissance en dedans de lui et en direction centrifuge à un mélange de larges vaisseaux ponctués et de cellules fibreuses; les premiers vaisseaux se posent très-près de la lame primitive, séparés d'elle seulement par un ou deux rangs de cellules conjonctives. En dehors de lui cet arc produit de nouveaux éléments libériens. Les deux faisceaux libéro-ligneux ainsi constitués ne tardent pas à se diviser, en s'agrandissant, d'abord en deux, puis en quatre et en six, par la formation de rayons cellulaires de moins en moins profonds. En superposition avec les lames vasculaires primitives, les cellules génératrices issues du dédoublement des éléments rhizogènes ne forment que des cellules disposées en séries radiales. Deux rayons de parenchyme cortical secondaire élargis en dehors séparent donc les deux faisceaux libéro-ligneux secondaires. Les quelques cellules conjonctives qui relient ces derniers à la lame primitive se fibrifiant plus tard, il en résulte qu'ils constituent, entre eux et avec cette lame, un tout en forme de sablier dans l'étranglement duquel il faut quelque attention pour reconnaître la bande vasculaire originelle. C'est au fond des rayons parenchymateux que les radicelles vont prendre leur insertion sur les deux pointes de cette bande. Cette forme étranglée du système libéro-ligneux secondaire est d'ailleurs visible au dehors, car la racine est aplatie latéralement et creusée sur ses faces supérieure et inférieure de deux sillons, au fond desquels s'attachent les radicelles.

Les choses se passent exactement de même dans le pivot, mais avec quatre faisceaux secondaires et quatre rayons auxquels correspondent en dehors quatre sillons.

Convolvulacées. — Dans le parenchyme cortical du jeune pivot du *Convolvulus tricolor*, les cellules externes sont disposées sans ordre, mais celles de la zone interne forment des séries radiales et concentriques dont la dernière possède les plissements caractéristiques de la membrane protectrice. Le cylindre central commence par une assise de cellules rhizogènes contre laquelle s'appuient quatre lames vasculaires cunéiformes ne se rejoignant pas au centre, et quatre faisceaux d'éléments libériens étroits à paroi mince bordés par une assise génératrice et reliés aux vaisseaux par des cellules conjonctives qui remplissent aussi toute la partie centrale très-développée vers la base du pivot. C'est sur les lames vasculaires que les radicelles se forment en quatre rangées ; elles sont construites sur le type 4 et orientées normalement. Les cotylédons correspondent à deux lames vasculaires et les deux feuilles suivantes, encore opposées, aux deux autres.

L'arc générateur intralibérien donne plus tard son faisceau libéro-ligneux ordinaire, et comme les cellules rhizogènes superposées aux lames vasculaires ne forment que des éléments de parenchyme, et que les cellules conjonctives qui séparent au centre et latéralement le bois secondaire des lames primitives ne se fibrifient pas, il en résulte une séparation complète des divers tissus, une organisation fort nette. Toutefois, pour distinguer et pour délimiter les éléments libériens primitifs au milieu de la région dorsale de l'arc libérien secondaire, il faut, comme d'ordinaire, une assez grande attention.

Euphorbiacées. — C'est encore sur ce même type 4, avec tissu conjonctif bien développé, que se trouve constitué le pivot du Ricin. Dans celui de l'Euphorbe, de la Mercuriale, etc., les quatre lames vasculaires confluent au centre. La racine adventive du *Mercurialis perennis* a dans sa période primaire cinq faisceaux vasculaires courts alternes avec cinq groupes libériens, le tout rangé autour d'un axe conjonctif et revêtu par une membrane rhizogène et par une membrane protectrice.

Amentacées. — Dans toutes les familles de Dicotylédones angiospermes étudiées jusqu'ici le nombre des faisceaux constitutifs du pivot ne dépasse pas régulièrement quatre pour chaque espèce. C'est dans la famille des Amentacées que nous allons rencontrer les plantes dont le pivot réalise le type numérique le plus élevé. Le pivot du Charme possède ordinairement quatre faisceaux vasculaires primitifs, ceux du Chêne et du Noyer six (1), ceux du Châtaignier et du Hêtre huit (2). Nous décrirons l'organisation de la racine principale du Hêtre.

Le jeune pivot du Hêtre (*Fagus sylvatica*) a son parenchyme cortical terminé en dedans par une assise de cellules tabulaires plissées sur leurs faces latérales et transverses : c'est la membrane protectrice. Le large cylindre central commence par une membrane rhizogène continue formée d'un seul rang de cellules hexagonales marquées d'un point noir à chaque angle, et contre laquelle s'appuient les faisceaux vasculaires et libériens. Les lames vasculaires rayonnantes au nombre de huit sont très-courtes ; elles ne contiennent qu'un petit nombre de vaisseaux étroits annelés et spiralés. Huit groupes arrondis de cellules libériennes étroites et minces à contenu gris sombre alternent avec elles. Ces groupes sont étranglés en leur milieu et comme formés de deux arcs libériens contigus. A la base du pivot, près de la limite de la tigelle, ces deux moitiés s'écartent même en se rapprochant de la lame vasculaire correspondante. Le bord interne

(1) Comme aussi celui du Marronnier d'Inde.
(2) Comme aussi celui du Cafier.

du groupe libérien est occupé par un rang de cellules génératrices qui se divisent bientôt. Enfin les faisceaux vasculaires sont
réunis aux libériens sur la vaste circonférence où ils alternent
par des cellules conjonctives qui remplissent aussi toute la région
centrale où elles deviennent de plus en plus larges et plus courtes
en simulant une moelle.

Les radicelles sont produites par la segmentation des cellules
de la membrane rhizogène, qui correspondent aux lames vasculaires ; elles sont en huit rangées.

Les cotylédons n'ont pas de nervure médiane ; ils reçoivent de
la tigelle deux faisceaux rapprochés qui divergent immédiatement dans le limbe sessile où ils se ramifient. Ils correspondent
à deux des lames vasculaires du pivot ; les deux feuilles suivantes
sont superposées aux deux lames situées sur le diamètre perpendiculaire.

Plus tard chacun des arcs générateurs intralibériens forme
en dedans de lui des vaisseaux larges mêlés de fibres en direction
centrifuge, en dehors de lui des éléments libériens en direction
centripète, et il constitue ainsi un faisceau libéro-ligneux alterne
avec les courtes lames vasculaires primitives. En même temps
les cellules rhizogènes situées devant ces dernières se divisent
pour former en dehors d'elles des rayons de parenchyme cortical
secondaire. D'autre part, les cellules conjonctives qui séparent
les lames primitives des faisceaux secondaires, ainsi que celles
qui occupent la périphérie de l'axe conjonctif central, s'épaississent en fibres, de sorte qu'alors il y a autour du tissu cellulaire central un anneau continu formé à la fois par les productions primaires et par les secondaires, et au milieu duquel il est
assez difficile de distinguer à première vue les lames vasculaires
primordiales.

Le nombre des faisceaux constitutifs du pivot et des rangs
de radicelles, assez fixe dans le Hêtre, est d'ailleurs assez variable dans d'autres genres de cette famille, suivant les individus. M. Clos a fait remarquer, il y a longtemps, que dans le
Chêne le nombre des rangées varie de quatre à huit et dans
le Châtaignier de six à douze. Nous voyons ici quelque chose

d'analogue à ce que nous avons remarqué chez les Conifères et les Cycadées : une grande variabilité individuelle dans le type numérique du pivot.

En résumé, dans toutes les plantes dont nous venons d'étudier le pivot en le comparant aux radicelles et aux racines adventives, et, comme elles appartiennent aux familles les plus diverses parmi les Dicotylédones, nous pouvons étendre nos conclusions à tout l'embranchement, la structure primaire de la racine tant principale que secondaire, tant normale qu'adventive, offre les mêmes caractères essentiels que l'organisation définitive de cet organe chez les Monocotylédones et chez les Cryptogames vasculaires.

En effet, le parenchyme cortical limité en dehors par un épiderme, en dedans par une membrane protectrice plissée, y est le plus souvent subdivisé en deux zones distinctes. Le cylindre central commence par une membrane rhizogène périphérique, et il contient, adossés à cette membrane, un certain nombre de faisceaux vasculaires équidistants, lamelliformes et rayonnants, à développement centripète, et un nombre égal de faisceaux libériens alternes avec les premiers, arrondis ou étalés en arc, à développement centripète. Ces deux ordres de faisceaux y sont réunis entre eux par un tissu conjonctif. Comme le nombre des faisceaux de chaque espèce ne descend jamais au-dessous de deux, il en résulte que l'organisation de la racine est toujours parfaitement symétrique par rapport à son axe.

Les mêmes variations secondaires qui se produisaient dans les Monocotylédones et dans les Cryptogames vasculaires se montrent ici, et y sont dues aux mêmes causes. Elles sont provoquées, en effet : 1° par certaines particularités du parenchyme cortical, de la membrane protectrice ou de la membrane rhizogène, ces dernières pouvant entraîner quelquefois un mode d'insertion différent pour les radicelles, ainsi que nous l'avons vu chez les Araliacées et les Ombellifères; 2° par les variations du nombre des faisceaux alternes des deux espèces, nombre qui est en général plus grand dans la racine adventive que dans la racine principale, qui décroît de cette dernière dans les radicelles successives, qui varie dans le pivot de deux à douze suivant les espèces, qui y est fixe en général s'il est inférieur à cinq, et variable suivant les individus et à diverses hauteurs de la même racine s'il est supérieur; qui, en tout cas, règle l'insertion des radicelles en un nombre égal ou quelquefois double de rangées longitudinales ; 3° par le plus ou moins grand développement du tissu conjonctif qui relie les faisceaux, ce développement variant à différentes hauteurs d'un même pivot, se modifiant d'une espèce à l'autre si l'on compare les pivots à même hauteur, décroissant dans les radicelles successives, croissant au contraire quand on passe du pivot aux racines adventives, où il est souvent très-inégalement développé suivant les racines de la même plante que l'on considère.

Quant aux productions secondaires, leur développement est constant dans le pivot, et cette circonstance caractérise les Dicotylédones. Partout elles se forment, au moins à leur début, suivant la même loi générale, et aux dépens d'un arc générateur intralibérien à jeu double, formant un massif libérien et centripète en dehors, un massif fibro-vasculaire et centrifuge en dedans. Ces arcs tirent leur origine de la rangée de cellules conjonctives qui borde les faisceaux libériens primitifs, et ils se réunissent entre eux en dehors des lames vasculaires par les cellules internes de la membrane rhizogène dédoublée. Cette réunion constitue une zone génératrice continue, cannelée d'abord, circulaire plus tard parce que les angles rentrants se déploient, qui traverse le cylindre central primitif en dehors des faisceaux vasculaires et du tissu conjonctif, en dedans des faisceaux libériens. Suivant que les arcs extravasculaires de cette zone donnent les mêmes productions que les intralibériens ou des productions différentes, il y a deux modes principaux de formations secondaires qui masquent plus ou moins l'organisation primaire, et notamment les lames vasculaires primordiales. Ces lames primitives centripètes sont d'ailleurs le siége exclusif des vaisseaux étroits annelés et spiralés dans la racine; les faisceaux libéro-ligneux secondaires qui alternent avec elles, ou l'anneau libéro-ligneux qui les entoure, ne contiennent que de larges vaisseaux ordinairement rayés ou ponctués.

Sous l'influence de la dilatation produite par ces formations secondaires, le parenchyme cortical primitif s'exfolie bientôt en laissant adhérer sa membrane protectrice, qui devient d'abord le nouvel épiderme. Mais pendant ce temps la membrane rhizogène s'est elle-même convertie en une zone génératrice périphérique à jeu double. Sur son bord externe et de dehors en dedans, elle forme une couche subéreuse qui protége l'organe après la chute de la membrane protectrice, et qui s'exfolie elle-même progressivement en dehors en se renouvelant en dedans. Sur son bord interne et de dedans en dehors, elle produit une zone de parenchyme cortical secondaire.

Dans la grande majorité des cas, les faisceaux secondaires, séparés ou confluents, existent seuls, et, si le pivot est vivace, l'arc générateur y produit chaque année de nouveaux éléments fibro-vasculaires en dehors des anciens et de nouvelles cellules libériennes en dedans de celles de l'année précédente.

Mais chez quelques plantes, les Chénopodées et les Nyctaginées, par exemple, les choses vont plus loin. En dehors de ces premiers faisceaux secondaires, où l'arc générateur s'éteint d'assez bonne heure, il s'en forme d'autres semblables dans le parenchyme cortical secondaire issu de la membrane rhizogène et qui y prend un grand développement. Ces faisceaux surnuméraires se disposent en cercles successifs d'autant plus jeunes, qu'ils sont plus extérieurs, et le nombre de ces cercles peut atteindre six ou sept dans la première année de végétation.

Pour compléter la démonstration, il convient maintenant d'ajouter à cette étude anatomique du pivot celle des racines adventives d'un certain nombre de plantes dicotylédonées dont nous n'avons pas pu suivre la germination. Nous choisirons d'abord des exemples où les formations primaires et secondaires se montrent dans tout leur développement; puis d'autres où dans une organisation primaire très-développée les formations secondaires n'apparaissent que fort tard et en quantité très-faible, ou même n'apparaissent pas du tout avant la destruction de la racine qui ne s'épaissit pas ; enfin nous terminerons par quelques racines où à cette dernière circonstance s'ajoute l'excessive dégradation du système primaire, et qui réalisent ainsi la forme anatomique la plus simple de la racine dicotylédonée.

Structure primaire et secondaire de quelques racines adventives où les formations secondaires sont de bonne heure et abondamment développées.

Cactées. — Étudions une racine adventive de *Cereus grandiflorus* par des sections pratiquées à diverses hauteurs.

A 3 millimètres de l'extrémité, le parenchyme cortical est ainsi composé : Sous l'épiderme, une assise de larges cellules hexagonales, à paroi très-mince, forme l'écorce externe. Viennent ensuite quatre à six rangées concentriques de cellules arrondies à paroi légèrement épaissie et striée, superposées en séries rayonnantes alternes avec les éléments de l'assise sous-épidermique, et séparées par des méats quadrangulaires. Enfin les cellules de la dernière rangée, qui continuent les séries radiales, sont hexagonales, beaucoup plus larges, à paroi plus mince et plissée sur les faces latérales et transverses : c'est la membrane protectrice qui entoure le large cylindre central. Tous les éléments de ce parenchyme cortical sont transparents et vides ; mais ceux de l'assise sous-épidermique, et surtout ceux de la membrane protectrice, ont une réfringence particulière, et sont doués de reflets irisés.

Le cylindre central commence par une membrane rhizogène, dont les éléments, remplis d'un protoplasma chargé de grains de chlorophylle, alternent avec les cellules protectrices. En dehors des vaisseaux, cette membrane a quatre ou cinq assises cellulaires et seulement deux ou trois en dehors des faisceaux libériens. Il contient neuf lames vasculaires centripètes courtes formées de sept ou huit vaisseaux, étroits en dehors, de plus en plus larges en dedans, tous annelés ou spiralés; autant de faisceaux grisâtres de cellules libériennes très-étroites à paroi mince alternent avec ces lames, et ces deux ordres de faisceaux sont réunis par un tissu conjonctif qui remplit la vaste région centrale où ses cellules vont s'élargissant de plus en plus vers le centre. Sauf les deux rangées d'éléments qui bordent les faisceaux libériens, ces cellules conjonctives s'épaississent de bonne heure.

Un peu plus haut, on voit le faisceau libérien bordé à l'intérieur par un arc de cellules génératrices en voie de division et disposées en files radiales; ces arcs se prolongent et s'unissent en dehors des lames vasculaires par le moyen des assises internes de la membrane rhizogène qui se divisent comme eux.

Considérons maintenant la racine dans une région plus âgée, par exemple à 8 ou 10 centimètres de son sommet.

Les cellules arrondies de l'écorce interne ont leurs parois épaissies et munies de fines bandes spiralées parallèles; elles sont toujours disposées en séries concentriques et radiales, mais plus lâchement associées et laissant entre elles de plus grands méats. Le parenchyme cortical primaire forme alors un voile d'un blanc mat autour de la racine. Ce voile se sépare facilement de la membrane protectrice, dont les grandes cellules irisées et flasques continuent d'adhérer fortement au cylindre central. Ce dernier commence maintenant par une dizaine d'assises de cellules tabulaires superposées en séries radiales, alternes avec les cellules protectrices, mais ayant les mêmes propriétés que ces dernières, c'est-à-dire pourvues d'une paroi mince et incolore, bombée en dehors, ondulée et flasque, et douée de reflets irisés; l'assise médiane de cette zone, ou les deux ou trois assises médianes, se distinguent des autres par leurs parois fortement épaissies et d'un jaune brillant. Cette couche subéreuse, déjà dédoublée par un périderme, provient de la partition tangentielle répétée et centripète des éléments de l'assise externe de la membrane rhizogène. Elle est suivie d'une couche de parenchyme vert qui, en dehors des faisceaux libériens primitifs, n'a encore que deux assises cellulaires, mais qui en a six en dehors des lames vasculaires: c'est le début du parenchyme cortical secondaire issu des partitions centrifuges du bord interne de la membrane rhizogène. Entre ces deux zones subsiste un arc générateur qui les accroît toutes les deux en sens inverse.

En dedans des groupes libériens primitifs, s'étendent maintenant neuf faisceaux libéro-ligneux secondaires parfaitement isolés, alternes avec les neuf lames vasculaires primitives qui occupent la partie interne des rayons qui les séparent. Chacun de ces faisceaux secondaires se compose : 1° d'un arc externe de cellules longues très-étroites à parois minces ; le milieu du bord externe de cet arc est occupé par le groupe libérien primitif, tout le reste par les nouveaux éléments libériens formés par l'arc générateur ; 2° d'une partie interne beaucoup plus puissante formée d'un mélange de fibres ligneuses épaissies disposées en sept séries radiales et de larges vaisseaux ponctués scalariformes ; 3° entre ces deux parties subsiste l'arc générateur qui continue à donner en dehors de lui, et de dehors en dedans, quelques nouveaux éléments libériens, en dedans de lui, et de dedans en dehors, de nouvelles fibres ligneuses et quelques nouveaux vaisseaux.

Ces faisceaux secondaires sont séparés par des rayons conjonctifs aussi larges qu'eux-mêmes, formés de cinq à sept séries radiales de cellules pleines de chlorophylle, excepté celles qui bordent les faisceaux. Ces rayons secondaires proviennent, comme nous l'avons dit, de la segmentation centrifuge des cellules internes de la membrane rhizogène superposées aux lames primitives. Aussi est-ce au fond de ces rayons, là où ils s'épanouissent dans le tissu conjonctif central, c'est-à-dire sur le cercle inscrit aux faisceaux secondaires, que l'on rencontre les neuf lames vasculaires centripètes cunéiformes composées chacune de sept à dix vaisseaux annelés et spiralés. La chlorophylle pénètre dans les cellules du rayon jusqu'au contact de la lame et même s'avance dans les éléments conjonctifs primaires qui la séparent des faisceaux secondaires, jusqu'à envahir les cellules périphériques de l'axe conjonctif central.

En résumé, l'organisation primitive demeure fort nette, mais elle est compliquée par diverses formations secondaires, faisceaux libéro-ligneux intralibériens, parenchyme cortical vert se projetant en forme de rayons entre ces faisceaux, couche subéreuse déjà dédoublée par un périderme. Plus tard l'écorce primitive s'exfolie en dehors de la membrane protectrice. Puis la séparation de la zone externe de la couche subéreuse a lieu en dehors de l'assise péridermique, qui sert désormais d'épiderme protecteur à la racine devenue verte par l'enlèvement du voile opaque.

A 16 centimètres du sommet, la racine possède la même structure, mais les faisceaux secondaires sont plus développés radialement parce que l'arc générateur a continué son action, et de plus les cellules périphériques du tissu conjonctif central et celles qui bordent les lames primitives et les faisceaux secondaires se sont fibrifiées; de sorte que les deux ordres de faisceaux alternes sont réunis en un anneau solide qui entoure une sorte de moelle centrale. Plus haut encore, cette lignification progressive et centripète envahit toutes les cellules conjonctives jusqu'au centre et la moelle apparente a disparu. En cet état, les faisceaux secondaires paraissent comme les dents d'une roue pleine, tandis que les pointes des lames primitives, lieux d'insertion des radicelles, font saillie dans les angles rentrants occupés par les rayons celluleux. Sous cet aspect définitif, il serait difficile de reconnaître l'organisation primaire de cette racine.

Le nombre des faisceaux constitutifs est très-variable selon le diamètre de base du cône radical au moment où il se forme; dans les cas examinés je l'ai trouvé compris entre quatre et treize.

Les radicelles se forment dans les cellules de la membrane rhizogène situées en face des lames vasculaires primitives. Elles présentent la même structure que la racine mère, et ont, comme elle, mais avec un moindre nombre de faisceaux, un large tissu conjonctif central.

La racine adventive de l'*Opuntia pubescens* offre la même organisation. Seulement la membrane rhizogène n'y contient d'abord qu'une seule assise. Bientôt elle se segmente sur ses deux bords. Sur son bord externe et de dehors en dedans, elle produit une couche subéreuse irisée, dont la quatrième rangée épaissit fortement, excepté sur sa face interne, la paroi de ses éléments, et constitue un périderme. Sur son bord interne et de dedans en dehors, elle forme un parenchyme cortical secondaire, dont les grandes cellules, çà et là occupées par des macles cristallines, sont disposées en séries radiales, et laissent entre leurs coins arrondis des méats quadrangulaires. Les faisceaux secondaires sont bien isolés les uns des autres par les rayons corticaux secondaires et par le tissu conjonctif central, qui paraît se lignifier ici plus tardivement que dans le *Cereus grandiflorus*.

On y rencontre des variations analogues dans le nombre des faisceaux constitutifs, que j'ai trouvé compris entre quatre et dix-sept. Une radicelle de cinquième génération possède encore les mêmes caractères que la racine principale dont elle provient ; les six lames vasculaires y sont courtes et laissent entre elles au centre un large tissu conjonctif.

Ménispermées. — La racine adventive du *Menispermum Leeba* possède une organisation primitive et secondaire analogue à celle que nous avons rencontrée dans beaucoup de pivots binaires, dans celui des Crucifères par exemple. En effet, sous une membrane protectrice dont les plissements occupent la moitié interne des faces latérales et transverses, le cylindre central commence par une membrane rhizogène, contre laquelle s'appuient deux lames vasculaires confluentes sur lesquelles les radicelles viennent s'insérer en deux rangées, et deux arcs libériens réunis aux lames par quelques cellules conjonctives. Le plan vasculaire de la racine, plan dans lequel elle se ramifie indéfiniment, passe par l'axe de la tige.

Plus tard les cellules rhizogènes superposées aux vaisseaux ne forment que des rayons parenchymateux qui séparent les deux faisceaux libéro-ligneux secondaires produits par les arcs générateurs intralibériens. Ces derniers donnent d'abord dans toute leur étendue des vaisseaux rayés, mêlés de cellules ligneuses et appuyés contre le milieu de la lame primitive. La production fibro-vasculaire s'y localise ensuite sur deux, trois ou quatre secteurs, tandis que les secteurs intermédiaires ne donnent que des rayons de parenchyme. Il en résulte que ces deux faisceaux secondaires, appuyés par leur pointe contre le plan vasculaire primitif, se divisent en dehors, comme en éventail, en plusieurs branches libéro-vasculaires divergentes séparées par des rayons de parenchyme.

Se forme-t-il plus tard, dans le parenchyme cortical secondaire issu du développement centrifuge de la membrane rhizogène, des faisceaux surnuméraires, comme dans le pivot des Chénopodées et des Nyctaginées ? C'est ce que je n'ai pas pu décider, faute de matériaux.

Aristolochiées. — La même structure binaire primitive, et les mêmes faisceaux secondaires appuyés au centre contre la lame et divisés en dehors par des rayons parenchymateux, se retrouvent dans la racine de l'*Aristolochia cordata*. Les radicelles correspondent en deux rangs aux deux larges rayons qui séparent les faisceaux secondaires, et leurs plans vasculaires passent tous par l'axe de la racine mère qui se ramifie ainsi tout entière dans un seul et même plan passant par l'axe de la tige.

Sous une membrane protectrice où les plissements règnent sur la moitié interne des faces latérales et transverses, le cylindre central de la racine adventive de l'*Asarum canadense* commence par une membrane rhizogène simple et continue, contre laquelle s'appuient trois ou quatre faisceaux vasculaires et autant de faisceaux libériens alternes. Les premiers ne contiennent que trois ou quatre vaisseaux, et ne se touchent pas au centre, où ils sont séparés par de larges cellules conjonctives amylifères. Les seconds sont formés de cellules étroites à paroi brillante et un peu épaissie, et sur leur bord interne on voit deux ou trois éléments plus larges à paroi mince, remplis d'une huile ou d'une oléorésine verdâtre qui s'épanche sur les sections. Ce sont de vrais vaisseaux oléorésineux, et la présence de laticifères au bord interne des arcs libériens dans l'organisation primaire de la racine est un fait assez rare pour mériter une attention spéciale. Le parenchyme cortical primaire renferme d'ailleurs dans son assise sous-épidermique des files de cellules allongées remplies d'une huile verte, c'est-à-dire des vaisseaux oléifères qui s'étendent sur d'assez grandes longueurs, mais toutefois sans s'anastomoser latéralement et en subissant de fréquentes interruptions. J'ai rencontré plusieurs fois l'oléorésine verte dans les vaisseaux des lames primitives ; ces derniers paraissent donc être en communication avec les laticifères intra-libériens (1).

Les radicelles ont la même constitution, mais sur le type deux. Elles s'insèrent en face des lames vasculaires de la racine primaire.

Intéressante, au point de vue des vaisseaux oléifères intra-libériens, la racine de l'*Asarum canadense* ne l'est pas moins par le développement très-tardif des formations secondaires. Sur une racine primaire déjà très-longue et couverte de radicelles, c'est à peine si l'on rencontre au voisinage même de son insertion sur la tige le début des faisceaux secondaires. Ceci nous amène au paragraphe suivant.

Structure primaire et secondaire de quelques racines adventives où les formations secondaires se développent de plus en plus tard et de moins en moins.

Clusiacées. — Étudions à diverses hauteurs l'organisation d'une puissante racine aérienne de *Clusia flava* dont la longueur dépasse un mètre et qui porte des radicelles que nous examinerons ensuite.

A 2 centimètres environ du sommet de cette racine, le parenchyme cortical contient de larges canaux laticifères bordés de petites cellules spéciales et disposés en deux cercles rapprochés dans la zone externe, et en un troisième cercle dans la zone interne (2). Il se termine par une membrane protectrice ordinaire, dont les cellules claires ont leurs cadres de plissements rapprochés de la face interne. Le large cylindre central commence par une membrane rhizogène, d'abord simple, mais bientôt subdivisée en trois ou quatre assises un peu sombres, et contre laquelle sont appuyées treize lames vasculaires courtes

---

(1) Ces vaisseaux oléifères manquent aux faisceaux de la tige et du pétiole.

(2) M. Trécul a étudié (*Comptes rendus*, 1866, t. LXIII, p. 537 et 643) la structure et la distribution des canaux laticifères dans la tige et dans la feuille des Clusiacées ; mais ce botaniste n'a pas signalé leur existence et leur disposition dans la racine.

de cinq ou six vaisseaux chacune, et autant de groupes alternes
d'éléments libériens sombres et très-étroits. Ces deux espèces
de faisceaux sont réunies par un large tissu conjonctif clair qui
remplit tout l'espace central où ses cellules vont grandissant,
mais qui ne contient pas de canaux laticifères.

A 20 centimètres de la pointe, les treize lames se sont développées vers le centre en acquérant chacune plusieurs gros vaisseaux en dedans des anciens, de sorte que chaque coin a maintenant douze à quinze vaisseaux. Les groupes libériens alternes ne
paraissent pas s'être accrus et le tissu conjonctif a encore toutes
ses parois minces. A 40 centimètres, même aspect, seulement
quelques fibres conjonctives apparaissent autour des vaisseaux
les plus larges et les plus internes des lames. A 60 centimètres
les cellules conjonctives situées entre les lames derrière le groupe
libérien se sont à leur tour épaissies en formant un anneau
fibreux et vasculaire, échancré à chaque îlot libérien et enserrant
le parenchyme conjonctif central qui a l'air d'une moelle. Mais,
entre ces fibres conjonctives et le bord interne du faisceau libérien, on voit nettement une ou deux rangées superposées de cellules claires qui ont conservé leur paroi mince. C'est l'arc générateur qui commence à se diviser. Au moyen des cellules conjonctives externes, qui séparent les lames vasculaires des groupes
libériens et qui ont gardé leurs parois minces, et des cellules
rhizogènes internes superposées aux vaisseaux, il contourne
les lames et se réunit à ses congénères. A 80 centimètres de
la pointe, la lignification des cellules conjonctives a progressé
vers le centre en épaississant l'anneau fibreux. L'arc générateur intralibérien a multiplié ses cellules et a commencé à les
transformer; en dedans de lui il a produit deux gros vaisseaux plus larges que les internes des lames primitives. Ces vaisseaux sont écartés l'un de l'autre et voisins des lames, dont ils
ne sont séparés que par quelques fibres conjonctives; de sorte
que chaque lame se montre flanquée à droite et à gauche et vers
le tiers de sa longueur d'un large vaisseau secondaire. Enfin, à
1 mètre de la pointe, à 5 centimètres environ de l'insertion sur
la branche, l'arc générateur intralibérien a continué à produire

par sa face interne quelques nouveaux vaisseaux (un à trois) épars au milieu de nombreuses fibres ligneuses disposées en quinze à vingt séries radiales, et il a formé par sa face externe quelques nouvelles cellules libériennes. Les faisceaux libéro-ligneux secondaires se sont donc épaissis. Pour suivre cet épaississement, les cellules rhizogènes superposées aux vaisseaux étroits se sont divisées; mais elles n'ont donné que des cellules courtes à paroi mince disposées en trois à cinq séries radiales. Ces minces rayons de parenchyme séparent les faisceaux secondaires, et aux points où ils s'épanouissent dans le tissu conjonctif central ils sont en quelque sorte bouchés par les lames cunéiformes primitives. Ce tissu central s'est lignifié entièrement, de sorte que la moelle apparente a disparu.

Dans une racine beaucoup plus âgée, on voit les faisceaux secondaires considérablement agrandis, surtout dans leur partie ligneuse, car il se fait très-peu de nouvelles cellules libériennes. En même temps il s'est formé à l'intérieur de chacun d'eux cinq à sept rayons secondaires. La membrane rhizogène développe en dehors des faisceaux libériens primitifs très-peu de parenchyme cortical secondaire, et sur son bord externe elle ne produit pas de couche subéreuse à parois minces, mais seulement deux ou trois rangs de cellules extrêmement encroûtées et canaliculées, formant autour du cylindre central une cuirasse qui empêche son épaississement ultérieur. Quant au puissant parenchyme cortical primitif, il ne s'exfolie pas, mais ses cellules se segmentent par endroits pour se prêter à l'extension du cylindre central. En même temps il s'accroît en dehors par une zone génératrice périphérique, dont le bord externe donne naissance à une couche subéreuse à parois épaissies et à contenu brun. Il n'y a que l'épiderme et les assises externes de cette couche subéreuse qui se soient exfoliés. Les choses se passent donc ici tout autrement que dans les Cactées. De plus, il n'y a de canaux laticifères que dans ce parenchyme cortical primaire ; on n'en voit aucun en dedans de la membrane protectrice.

En résumé, dans cette plante, les arcs générateurs intralibé-

riens ne se développent et ne fonctionnent que très-tard. Jusqu'à
ce moment, et, par conséquent, sur une très-grande longueur
à partir de sa pointe, la racine conserve sa structure primaire
et se montre identique, tant par la nature de ses deux espèces
de faisceaux que par la lignification graduelle de son tissu conjonctif, à une racine monocotylédonée. Il arrive pourtant un
moment où l'arc générateur paraît, où il introduit dans le système ses productions secondaires, et il est nécessaire de pousser
l'étude jusqu'à cette seconde période, si l'on veut connaître la
racine tout entière et y retrouver le caractère des Dicotylédones.
Il pourra arriver toutefois que telle ou telle des racines de cette
plante soit frappée d'arrêt de développement avant le moment
où l'arc générateur entre en fonction et que les productions
secondaires n'y apparaissent jamais. Cela se produit surtout
dans les radicelles, et nous allons en donner un exemple.

Soit une radicelle longue de 4 centimètres née en face d'un
faisceau vasculaire primitif sur la puissante racine aérienne
analysée plus haut. A un centimètre de son sommet, le cylindre
central, limité par la membrane protectrice ordinaire, commence par une membrane rhizogène continue formée de deux
assises. Il y a cinq lames vasculaires (1), courtes, centripètes,
ayant chacune sept à dix vaisseaux ; les plus externes, fort étroits,
sont spiralés ou annelés à tours de spire ou anneaux fort espacés ; les moyens ont les spires et les anneaux fort rapprochés ;
enfin, les plus larges intérieurs sont munis de larges ponctuations ovales unisériées. Cinq groupes libériens arrondis de cellules grises, très-étroites, alternent avec ces lames et leur sont
réunis par un tissu conjonctif qui remplit aussi la vaste région
centrale où ses cellules vont s'élargissant.

Si nous remontons maintenant de la pointe de cette radicelle
jusqu'à son insertion, nous verrons d'abord quelques cellules
conjonctives s'épaissir en fibres en dedans de chaque lame vasculaire et sur ses bords ; puis la lignification se propage d'une

____

(1) Sur d'autres radicelles j'observe 4, 6, 7 et même 10 lames vasculaires, mais
5 paraît prédominer. Sur les racines primaires, on compte ordinairement 10 à 15 faisceaux.

lame à l'autre derrière chaque îlot libérien, puis elle s'étend vers le centre, où il ne subsiste plus que quelques larges cellules conjonctives formant une sorte de moelle au milieu de l'anneau solide; enfin, ces dernières s'épaississent à leur tour au voisinage de l'insertion. En même temps les cellules externes de la membrane rhizogène s'encroûtent et se munissent de canalicules. Aucun vaisseau n'apparaît en dedans des faisceaux libériens. En cet état, où elle se trouve arrêtée et que sans doute elle ne dépassera pas, cette radicelle possède donc et conserve indéfiniment la structure propre aux Monocotylédones et aux Cryptogames vasculaires.

Pipéracées. — La même apparition tardive des formations secondaires s'observe dans les racines des Pipéracées.

Le parenchyme cortical d'une radicelle d'*Artanthe elongata*, étudiée non loin de son sommet, est subdivisé en deux zones : l'externe, à cellules polyédriques sans méats ; l'interne, à cellules disposées en séries radiales et concentriques, laissant des méats quadrangulaires, et contenant çà et là des gouttes d'une huile jaunâtre. Cette dernière se termine par une assise d'éléments munis de courts plissements au milieu des faces latérales et transverses : c'est la membrane protectrice.

Le large cylindre central commence par une membrane rhizogène unisériée, contre laquelle s'appuient cinq lames vasculaires courtes, formées de trois vaisseaux chacune, et cinq groupes alternes d'éléments libériens étroits et grisâtres, réunis aux premières par un tissu conjonctif clair, dont les larges cellules hexagonales occupent toute la vaste région centrale.

Si l'on remonte vers l'insertion de cette radicelle, on voit d'abord les faisceaux vasculaires s'allonger quelque peu et acquérir de sept à neuf vaisseaux, puis le tissu conjonctif se lignifier d'abord entre les lames, ensuite progressivement jusqu'au centre. Mais ce n'est qu'à plus de 25 centimètres de l'extrémité qu'apparaît en dedans de chaque groupe libérien un large vaisseau secondaire.

Dans la racine âgée qui porte cette radicelle, on voit sous le parenchyme cortical primitif amylacé, et sous les membranes protectrice et rhizogène, treize faisceaux libéro-ligneux secondaires assez puissants, formés en dedans des groupes libériens primitifs. Le liber secondaire y est très-peu développé; le bois secondaire y consiste principalement en fibres disposées en séries radiales, et çà et là interrompues par un large vaisseau ponctué. Ces faisceaux sont séparés par des rayons presque aussi larges qu'eux-mêmes, formés de quatre ou cinq séries de cellules corticales secondaires, issues des partitions centrifuges des cellules rhizogènes superposées aux lames primitives. En dehors des arcs libériens, la membrane rhizogène n'a produit que quelques cellules corticales ; elle n'a pas donné naissance à une couche subéreuse centripète ; aussi le parenchyme cortical primitif ne s'exfolie-t-il pas. Au fond de ces rayons se voient très-nettement les treize lames vasculaires cunéiformes. Le large tissu conjonctif central a, comme le parenchyme cortical, ses cellules remplies, les unes d'amidon, les autres de gouttes huileuses.

Il est certain qu'à première vue une pareille racine, où un cercle de faisceaux libéro-ligneux séparés par de larges rayons entoure une puissante moelle amylacée, et se trouve lui-même enveloppé par un épais parenchyme cortical, présente l'aspect d'une tige. Seules, les lames vasculaires primitives, situées au bord interne des rayons de la racine, et qui en bouchent pour ainsi dire l'ouverture dans le parenchyme central, attestent, puisqu'elles manquent à la tige, la véritable nature de l'organe.

Une racine aérienne de *Peperomia maculosa*, longue de 8 centimètres, étudiée dans sa région la plus âgée près de son insertion sur la tige, possède sous l'épiderme et la couche subéreuse un parenchyme cortical épais, formé de larges cellules hexagonales renfermant des cristaux prismatiques d'oxalate de chaux ; ces cellules deviennent plus petites autour du cylindre central, où elles renferment de la matière verte, mais sans présenter de couches concentriques ni de séries radiales bien nettes. La dernière assise de ce parenchyme se distingue des autres par les plissements étroits que les faces latérales et transverses de ses éléments portent vers le tiers de leur largeur à partir du centre:

c'est la membrane protectrice. La membrane rhizogène sous-jacente n'a qu'une seule assise en dehors des faisceaux libériens et deux séries d'éléments superposés en dehors des lames vasculaires. Il y a sept lames vasculaires centripètes, fort courtes, car elles ne contiennent que quatre ou cinq vaisseaux chacune, sans que le plus interne soit bien large; ils sont annelés et spiralés à cloisons transverses persistantes, horizontales ou peu obliques. Alternes avec ces lames, on voit autant de groupes arrondis d'éléments libériens étroits à paroi mince et brillante, à contenu grisâtre. Ces faisceaux libériens sont réunis aux lames vasculaires par deux rangs de cellules claires beaucoup plus larges, et ce tissu conjonctif occupe aussi le vaste espace central. Les radicelles prennent naissance dans la membrane rhizogène en face des lames vasculaires.

Ainsi, voilà une racine aérienne assez âgée où il ne s'est encore formé en aucun point de sa longueur d'arc générateur intralibérien, ni par conséquent de productions secondaires; elle garde la structure simple des Monocotylédones.

Mais dans une racine terrestre et sans doute plus âgée de la même plante, il s'est formé, en dedans des groupes libériens primitifs et par le jeu d'un faible arc générateur, un arc de vaisseaux assez larges, unisériés, qui, venant poser ses extrémités près des vaisseaux internes des courtes lames primitives, les relie pour ainsi dire les unes aux autres. En même temps l'arc a formé en dehors de lui une rangée de nouveaux éléments libériens. Il s'est produit ainsi tardivement, derrière chaque groupe libérien primitif, un faisceau double libéro-ligneux secondaire qui se développe fort peu et demeure ensuite stationnaire. Bien que tardif et faible, ce développement secondaire suffit néanmoins à faire reconnaître cette racine pour dicotylédonée, car aucune Monocotylédone ne le possède.

De même pour le *Piper Cubeba*. Une racine aérienne assez âgée a, par exemple, dans son cylindre central, neuf lames vasculaires courtes alternes, avec autant de faisceaux libériens, le tout rangé autour d'un large cylindre conjonctif. Les seuls changements que l'on observe en se rapprochant de la base de cette racine, c'est la lignification progressive et centripète des cellules conjonctives en dedans des faisceaux et entre eux, et par suite la formation d'un anneau fibreux cannelé dont les dents sont vasculaires et les creux libériens. Mais sur une autre racine, et sans doute dans une région plus âgée, nous voyons onze lames vasculaires alternes avec onze faisceaux libériens qui ont formé derrière eux, par le moyen d'un arc générateur bientôt éteint, une rangée transversale de vaisseaux secondaires.

— Beaucoup de racines annuelles, avec un cylindre central fort étroit, sont dans le même cas que les racines à large corps central des Clusiacées et des Pipéracées; c'est-à-dire que les productions secondaires, formées tardivement par un arc générateur bientôt éteint, s'y réduisent à quelques vaisseaux larges placés derrière chaque faisceau libérien primitif, et à quelques cellules libériennes qui s'ajoutent aux primitives en se confondant avec elles. Ces racines éphémères, tout en ayant le caractère propre aux Dicotylédones, s'épaississent donc fort peu. Je citerai pour exemples les racines adventives du rhizome du *Stachys sylvatica*, du *Mentha aquatica*, du *Myriophyllum spicatum*, de l'*Hippuris vulgaris*, du *Lysimachia nummularia*, etc. Dans les deux premières plantes, il y a un tissu conjonctif central dont les cellules se fibrifient de bonne heure. Dans la troisième, les éléments conjonctifs gardent leurs parois minces. Dans l'*Hippuris vulgaris*, le cylindre central est plus étroit encore, les trois ou quatre lames vasculaires courtes confluent au centre, et plus tard les quelques vaisseaux secondaires viennent se placer dans leurs angles sans interposition de tissu conjonctif, de sorte que leur formation ne s'aperçoit qu'au changement d'aspect du système vasculaire qui, d'étoile à trois branches, devient un triangle plein.

Enfin, dans d'autres racines annuelles, ou plus éphémères encore, il semble au premier abord que ces productions secondaires n'apparaissent pas du tout; l'arc générateur y entre en jeu tellement tard, que la racine est détruite auparavant. Citons-en quelques exemples.

Étudions d'abord l'organisation des deux sortes de racines adventives de la Ficaire (*Ficaria ranunculoides*); d'abord de ses racines tuberculeuses, puis de ses racines grêles (1).

Une racine tuberculeuse, considérée vers le milieu de sa longueur, a son épais parenchyme cortical amylacé limité en dedans par une assise d'éléments tabulaires dépourvus de fécule, et munis sur leurs faces latérales et transverses des plissements échelonnés et des marques noires qui caractérisent la membrane protectrice. Le cylindre central commence par une membrane rhizogène formée en dehors des vaisseaux d'une seule large cellule, et en dehors des faisceaux libériens de deux rangées d'éléments plus étroits. Les lames vasculaires centripètes, au nombre de cinq ordinairement, ne confluent pas au centre, et alternent avec autant de faisceaux arrondis de cellules libériennes très-étroites et à contenu sombre, réunis latéralement aux vaisseaux par deux rangs de larges éléments conjonctifs clairs qui occupent aussi toute la région centrale.

Cette organisation primaire persiste dans toute l'étendue de la racine, même dans sa seconde année de végétation, pendant laquelle le bourgeon qu'elle porte près de sa base s'allonge à ses dépens en une tige feuillée, et l'on dirait d'une racine monocotylédonée. Mais on retrouve là trace des formations secondaires si, pendant cette seconde année de végétation, on remonte jusqu'au voisinage même de l'insertion de la racine sur la tige nouvelle qui la prolonge. Là, en effet, on rencontre, en dedans de chacun des cinq faisceaux libériens primitifs, un arc de larges vaisseaux secondaires, qui vient de chaque côté se mettre en contact avec le bord interne des lames primitives en les réunissant les unes aux autres. Ces quelques vaisseaux secondaires, concentrés exclusivement sur la région la plus âgée de la racine, suffisent néanmoins à attester la dicotylédonie de la plante.

La racine grêle, qui végète à peine pendant trois mois, a, sous les membranes protectrice et rhizogène, un cylindre central beaucoup plus étroit. Trois lames vasculaires y confluent au

(1) Voyez, à ce sujet, *Observations sur la Ficaire* (*Ann. des sc. nat.*, 5e série, 1866, t. V, p. 88).

centre, et le tissu conjonctif y est réduit à deux assises qui séparent les lames des faisceaux libériens alternes. Dans la partie la plus âgée de la racine, c'est-à-dire vers son insertion, on trouve, à la fin de mai, les trois angles de l'étoile primitive occupés par quelques vaisseaux secondaires.

Nymphéacées. — Étudions enfin comme dernier exemple la racine des Nymphéacées.

Pratiquons une section de la racine adventive du *Nuphar luteum* à 8 millimètres de son sommet. Sous l'épiderme formé de cellules carrées se trouvent deux assises de cellules allongées suivant le rayon, à paroi mince un peu flasque et brunâtre ; ces deux assises alternes sont séparées par une ligne brisée brune et constituent une couche subéreuse. Vient ensuite le parenchyme cortical qui comprend trois zones : l'externe, fort épaisse et dont le développement est centrifuge, a ses cellules hexagonales claires, associées irrégulièrement sans laisser de méats ; la moyenne a ses cellules triangulaires, ou plutôt hexagonales, avec trois grands côtés et trois petits, associées six par six autour de lacunes aérifères hexagonales ; l'interne, peu épaisse, est composée de cellules carrées, disposées à la fois en séries radiales et en cercles concentriques, laissant entre elles de petits méats quadrangulaires, et son développement est centripète. Les éléments de sa dernière assise sont plus petits que les autres et correspondent souvent deux par deux à ceux de la pénultième rangée ; intimement unis entre eux, ils ont leurs parois latérales et transverses munies, au tiers à partir du centre, des étroits plissements échelonnés et des marques noires qui caractérisent la membrane protectrice.

Le large cylindre central commence par une assise continue de cellules hexagonales un peu allongées suivant le rayon, alternes avec les protectrices, à paroi mince et lisse : c'est la membrane rhizogène contre laquelle s'appuient les premiers vaisseaux et les premiers éléments libériens. Dans la racine actuelle, il y a vingt-sept lames vasculaires formées chacune d'une seule série radiale de vaisseaux à section hexagonale, aplatis dans le sens du rayon ; ces vaisseaux, qui se succèdent au nombre de six ou sept, augmentent peu à peu de diamètre vers le centre, mais les derniers sont encore assez étroits.

Au milieu de l'intervalle entre deux lames, on voit un groupe arrondi de cellules étroites et longues, à paroi mince, à section polygonale irrégulière, à contenu granuleux d'un brun rougeâtre : c'est le faisceau libérien. Il est réuni aux lames voisines par une ou deux assises de cellules claires, plus larges et moins longues, qui se distinguent nettement des éléments libériens : ce sont les cellules conjonctives. Elles se continuent à l'intérieur par des cellules hexagonales claires qui vont croissant vers le centre et qui remplissent toute la vaste région centrale ; parmi elles se voient, çà et là disséminées, des cellules semblables à contenu sombre.

Telle est, ici comme chez toutes les Dicotylédones que nous avons étudiées, la structure de la jeune racine, et les radicelles s'y forment comme dans la grande majorité des cas, c'est-à-dire dans la membrane rhizogène, en face des lames vasculaires, sur lesquelles elles s'insèrent en autant de rangées longitudinales.

Cette structure primaire se conserve pendant très-longtemps sans changement, c'est-à-dire, sans intervention d'un arc générateur, ni formation consécutive de productions secondaires, comme nous l'avons déjà vu, par exemple, chez le *Clusia flava*. Pendant tout ce temps la racine ne s'épaissit pas et son organisation demeure celle d'une Monocotylédone ou d'une Cryptogame vasculaire. La question est maintenant de savoir si, en examinant les parties les plus âgées des racines du *Nuphar luteum*, nous y verrons encore, comme chez les Clusia, les Pipéracées, la Ficaire, etc., apparaître, au moins en petite quantité, ces productions secondaires intralibériennes qui caractérisent les Dicotylédones. Or, quelle est la région la plus âgée possible de la racine ? On la trouvera dans l'amorce de la racine détruite de l'année, encore adhérente au rhizome au printemps de l'année suivante. Et voici ce qu'apprend l'étude anatomique de cette portion de la racine détruite de l'année précédente, qui traverse le parenchyme cortical du rhizome et qui a été ainsi préservée de la résorption.

Sous la membrane protectrice s'étend l'assise rhizogène dont les cellules sont souvent dédoublées en face des lames vasculaires. Ces lames sont courtes, cunéiformes, et les vaisseaux y sont à peu près de même diamètre, un peu plus étroits en dehors, un peu plus larges en dedans. Les faisceaux libériens sont formés de cellules étroites et longues, à paroi mince et brillante. Sur le bord interne de chacun d'eux on voit un arc de deux ou trois rangs de cellules tabulaires superposées : c'est le reste de l'arc générateur. En dedans de cet arc se trouve un paquet de six à huit vaisseaux annelés et spiralés, de la même largeur que les vaisseaux internes des lames primitives, souvent disposés en deux groupes latéraux, séparés par quelques cellules allongées. Cette partie interne est d'origine secondaire, elle provient de l'action tardive de l'arc générateur qui a produit aussi en dehors de lui quelques cellules libériennes superposées aux primitives, action qui a précédé de fort peu la destruction de la racine. Grâce à elle, les faisceaux libériens primitifs sont devenus des faisceaux doubles libéro-ligneux alternes avec les lames primitives dont ils sont séparés par deux rangs de cellules conjonctives. Ces dernières se continuent à l'intérieur et remplissent toute la région centrale, où leur diamètre va en augmentant et où elles laissent entre elles des méats aérifères analogues à ceux de l'écorce moyenne. Au milieu de la moelle transparente ainsi constituée, on voit çà et là une cellule opaque à contenu granuleux jaune.

Ainsi la racine du *Nuphar luteum*, non-seulement a la même organisation primaire que celle des autres Dicotylédones, mais encore il s'y développe, comme dans tout le reste de l'embranchement, des productions secondaires à la fois libériennes et fibro-vasculaires, par le jeu double d'un arc générateur intra-libérien. Toute la différence est que ces formations secondaires n'apparaissent que fort tard et qu'il faut un artifice pour les découvrir. Or, nous savons qu'il en est de même chez d'autres Dicotylédones appartenant aux groupes les plus divers.

Examinons encore les grosses racines adventives du rhizome du *Nymphœa alba* au voisinage de leur insertion. Sous l'épiderme, le parenchyme cortical a encore trois couches. L'externe, centrifuge, a ses cellules hexagonales disposées irrégulièrement sans méats. La moyenne, fort développée, est formée de cellules ovoïdes disposées en réseau unisérié, de manière à laisser entre elles de grandes lacunes aérifères ; çà et là une cellule se prolonge en se ramifiant dans une ou plusieurs lacunes, y allonge ses branches étoilées et verruqueuses, et forme un poil rameux lacunaire de la même nature que ceux qu'on rencontre dans les méats du parenchyme de certaines Aroïdées et de quelques autres végétaux. Dans la zone interne centripète, les cellules se rangent de manière à former des séries radiales et concentriques séparées latéralement par des méats quadrangulaires ; elles décroissent vers le centre, et celles de la dernière assise sont tabulaires et munies au milieu de leurs faces latérales et transverses des plissements et marques noires échelonnées qui caractérisent la membrane protectrice.

Le cylindre central, beaucoup plus étroit que chez le *Nuphar luteum*, commence par une rangée de cellules plus grandes, alternes avec les protectrices : c'est la membrane rhizogène contre laquelle s'appuient les lames vasculaires et les faisceaux libériens. Les lames vasculaires, au nombre de six à dix, sont formées d'une seule rangée rayonnante de vaisseaux à section circulaire ; ils sont spiralés, plus larges que ceux du Nénufar, et leur diamètre croît vers le centre ; le plus interne de tous est souvent isolé du reste de la lame par un ou deux rangs de cellules conjonctives. Les faisceaux libériens arrondis, ou un peu allongés suivant le rayon, qui alternent avec les lames, sont formés de cellules étroites et longues, à paroi mince, à section polygonale irrégulière. Il y a des éléments libériens de deux espèces, mélangés sans ordre : les uns renferment un contenu granuleux opaque, les autres un liquide clair. Ces faisceaux libériens sont réunis aux lames vasculaires par deux rangs de cellules hyalines beaucoup plus larges que les libériennes. Ces cellules conjonctives se continuent dans la région centrale assez peu développée, mais sans s'y élargir, sans y acquérir de méats, sans former, par conséquent, cette sorte de moelle lacuneuse qui occupe le large cylindre central de la racine du Nénufar. Quelques-unes de ces cellules conjonctives sont remplies d'un liquide jaune clair.

Les radicelles sont fort ténues et elles naissent par la segmentation des cellules rhizogènes superposées aux lames vasculaires, sur lesquelles elles s'insèrent en autant de séries rectilignes. Leur organisation est fort simple. Le parenchyme cortical s'y réduit à quatre ou cinq assises cellulaires, dont les deux ou trois internes ont leurs éléments superposés ; ceux de la plus interne possèdent les plissements ordinaires.

Le cylindre central, très-grêle, y commence par une assise de cellules formant la membrane rhizogène. Il possède deux ou trois lames vasculaires réduites chacune à son premier ou à ses deux premiers vaisseaux, et en contact au centre. Alternes avec elles, il y a autant de faisceaux libériens réduits chacun à un seul élément réuni aux vaisseaux latéralement et en dedans par une cellule conjonctive. S'il n'y a que deux vaisseaux, la ligne de leurs centres est dirigée suivant l'axe de la racine mère, comme c'est toujours le cas chez les Phanérogames. Dans les radicelles âgées, les vaisseaux, et avec eux les cellules libériennes et conjonctives, se trouvent résorbés et remplacés par une lacune centrale bordée par l'assise rhizogène ; d'où une ressemblance parfaite avec la racine de la Vallisnérie et des Lemnacées.

Cette réduction, d'abord dans le nombre des faisceaux des deux espèces, puis dans le nombre des éléments qui constituent chacun d'eux, jointe à la presque annulation du tissu conjonctif, sont des caractères qui appartiennent aux radicelles les plus grêles de toutes les plantes vasculaires, et nous avons eu déjà plusieurs fois l'occasion de les signaler tant chez les Cryptogames que chez les Monocotylédones. Le type normal subsiste néanmoins, mais avec une simplification telle qu'on en comprendrait mal les divers caractères si l'on ne commençait cette étude par les organes plus développés. Nous aurons à revenir sur ce point dans une des notes qui suivent ce mémoire (note A).

Je dois ajouter que mes recherches sur les parties les plus âgées de la racine du Nymphéa, dans le but d'y découvrir, comme dans le Nénufar, l'apparition tardive des productions secondaires, ont été jusqu'à présent sans résultat bien net.

C'est par cet exemple que nous terminerons l'étude anatomique de la racine des Dicotylédones, dont nous pouvons résumer de la manière suivante les principaux résultats.

Résumé.

La rcine des Dicotylédones, qu'elle soit principale ou secondaire, normale ou adventive, présente partout les mêmes caractères généraux d'organisation, et l'on y distingue toujours deux périodes successives de développement.

Dans sa période primaire, la racine possède un parenchyme cortical limité en dehors par l'épiderme, en dedans par la membrane protectrice et le plus souvent subdivisé en deux zones, et un cylindre central revêtu d'une membrane rhizogène en contact avec la membrane protectrice. Le cylindre central est formé de faisceaux vasculaires lamelliformes et rayonnants, alternes avec autant de faisceaux libériens arrondis ou étalés tangentiellement. Ces deux espèces de faisceaux sont centripètes, plus ou moins riches en éléments, et séparés les uns des autres par du tissu conjonctif. Cette organisation première est donc, dans ses traits essentiels, identique avec celle de la racine des Cryptogames vasculaires et des Monocotylédones. De plus, d'une plante à l'autre, d'une racine à l'autre chez une même plante, et souvent d'un point à l'autre sur une même racine, cette organisation primaire subit, dans le nombre de ses faisceaux constitutifs, dans leur développement radial, dans l'abondance du tissu conjonctif qui les sépare, des modifications secondaires de même ordre que celles que nous avons signalées dans les deux premiers embranchements. Remarquons toutefois que chez les Dicotylédones, au moins chez celles qu'il nous a été donné d'étudier jusqu'ici, même lorsque le cylindre central et le tissu conjonctif sont fort larges, les faisceaux vasculaires et libériens primaires n'atteignent pas le développement radial considérable et suivi de disjonction que nous leur avons vu prendre chez certaines Monocotylédones. Les lames vasculaires y sont toujours continues; à peine dans quelques cas le dernier vaisseau s'isolet-il un peu des autres. Les faisceaux libériens sont, eux aussi, non-seulement continus, mais fort peu allongés radialement, point du tout lamelliformes, et ils ne présentent ordinairement que des cellules étroites sans trace d'éléments larges et grillagés.

Les deux cotylédons de la tigelle correspondent toujours à deux des faisceaux vasculaires du pivot. Si, comme dans quelques Conifères et Cycadées, le nombre des cotylédons n'est pas fixe, leur lien avec l'organisation primaire du pivot est variable aussi, et on les voit souvent correspondre aux faisceaux libériens.

La période secondaire de la racine, n'appartenant pas aux deux autres embranchements, caractérise les Dicotylédones. Elle commence par la formation, sur le bord interne des faisceaux libériens, et aux dépens de la rangée la plus externe du tissu conjonctif, d'un arc de cellules génératrices. En même temps les cellules rhizogènes situées en dehors des faisceaux vasculaires se divisent, et, par l'intermédiaire de leurs éléments internes, les arcs générateurs intralibériens s'ajustent bout à bout, en dehors des lames vasculaires, en une couche génératrice continue. Les deux sortes d'arcs dont cette couche se compose se segmentent de manière à former de nouvelles cellules, à la fois en dehors d'eux en direction centripète, et en dedans d'eux en direction centrifuge, et à demeurer actifs entre les deux régions dont les éléments se transforment dans leur ordre de production.

Les arcs intralibériens produisent ainsi en dehors d'eux des cellules libériennes de diverse nature, notamment des éléments grillagés, et dont la formation ultérieure tantôt demeure continue, et tantôt se localise en plusieurs secteurs séparés par des rayons de parenchyme. Ce liber secondaire, dont les diverses modifications sont un des éléments principaux de la caractérisation anatomique des genres, épaissit peu à peu le faisceau primitif qu'il déborde de chaque côté et auquel il est superposé. En dedans d'eux, ces arcs donnent naissance à des cellules ligneuses de diverse nature, plus abondamment développées dans le même temps que les libériennes : ce sont quelquefois exclusivement des vaisseaux (Conifères, Cycadées), mais le plus souvent c'est un mélange de larges vaisseaux et de cellules ou fibres ligneuses (Angiospermes). La formation ultérieure de ces éléments ligneux tantôt demeure continue, tantôt se localise en un certain nombre

18

de rayons divergents fibro-vasculaires, séparés par des rayons de parenchyme qui continuent ceux du liber. Les diverses propriétés anatomiques de ce bois secondaire offrent une nouvelle source de caractères pour la détermination anatomique des genres. Les arcs intralibériens forment donc, en somme, des faisceaux doubles libéro-ligneux secondaires, superposés aux groupes libériens primitifs qu'ils refoulent en dehors, et ces faisceaux vont ainsi s'épaississant pendant un temps plus ou moins long.

Quant aux arcs générateurs situés en dehors des lames vasculaires primitives et produits, comme nous l'avons dit, par un dédoublement des cellules rhizogènes correspondantes, tantôt ils se comportent comme les intralibériens, en donnant avec eux un anneau libéro-ligneux continu ; tantôt les cellules qu'ils produisent demeurent parenchymateuses, et forment des rayons clairs qui séparent les faisceaux intralibériens, et au fond desquels on aperçoit les lames vasculaires primordiales, qui constituent le bois primaire.

De leur côté, les cellules externes de la membrane périphérique du cylindre central, ou membrane rhizogène, se divisent toutes pour former une zone génératrice corticale extérieure à la première, et, comme elle, douée d'une double action. Elle produit en effet sur son bord interne et de dedans en dehors un parenchyme cortical secondaire en continuité avec les rayons principaux, quand ils existent, et sur son bord externe et de dehors en dedans une couche subéreuse. Si cette couche subéreuse et ce parenchyme cortical secondaire se développent beaucoup, le parenchyme cortical primitif s'exfolie bientôt, sinon il se conserve en multipliant ses cellules pour se prêter à l'extension du cylindre central, et en formant à sa périphérie une couche subéreuse qui remplace l'épiderme exfolié.

Dans la grande majorité des cas, les faisceaux secondaires intralibériens, séparés ou confluents en anneau, existent seuls, et, si la racine est vivace, l'arc générateur y produit chaque année de nouveaux éléments fibro-vasculaires en dehors des anciens, et de nouvelles cellules libériennes en dedans de celles de l'année précédente. Mais dans quelques familles naturelles, celles des Chénopodées et des Nyctaginées par exemple, les choses vont plus loin. En dehors de ces premiers faisceaux secondaires où l'arc générateur s'éteint d'assez bonne heure, s'en forme d'autres semblables dans le parenchyme cortical secondaire centrifuge, qui y prend un grand développement. Ces faisceaux surnuméraires se disposent en cercles successifs, d'autant plus jeunes qu'ils sont plus extérieurs, et le nombre de ces cercles peut atteindre six ou sept en une seule année de développement.

Dans tous les cas, les productions secondaires ne font que masquer de plus en plus, à mesure qu'elles se développent davantage, les caractères originels de la racine. Elles ne les détruisent pas, de sorte qu'il est toujours possible de les retrouver par une étude attentive ; ou du moins elles ne les détruisent pas tous, car, même dans les cas où l'exfoliation, frappant d'abord le parenchyme cortical primitif, puis la membrane protectrice, puis la couche subéreuse et l'écorce secondaire issues de la membrane rhizogène, finit par atteindre les faisceaux libériens primitifs, il reste encore au centre les lames vasculaires primordiales et le tissu conjonctif pour attester la véritable nature de l'organe. De sorte qu'il faut supposer le centre de la racine détruit à son tour par l'action du temps, pour que toute trace de l'organisation primaire y ait disparu. Dans les mêmes conditions d'exfoliation périphérique et d'érosion centrale, la tige perd tous les tissus constitutifs de son organisation primaire, tissus dans lesquels résident les caractères qui la séparent de la racine. De sorte qu'en cet état, mais seulement en cet état, c'est-à-dire réduites aux seules productions libéro-vasculaires issues de la double action du cylindre générateur, et qui sont de part et d'autre douées des mêmes propriétés, les deux parties de l'axe végétal ne pourront plus être distinguées par l'anatomie.

Quoi qu'il en soit, tantôt cette période secondaire se manifeste rapidement, tantôt elle est plus ou moins tardive. Dans ce dernier cas, la racine conserve pendant longtemps son organisation primaire, et, si elle est de courte durée, il pourra arriver qu'elle périsse au moment où elle commencerait à acquérir ses productions secondaires.

Il y a un lien intime entre les arcs générateurs des faisceaux secondaires et les faisceaux libériens primitifs de la jeune racine auxquels ils sont toujours superposés et qu'ils touchent directement; il n'y en a pas entre eux et les lames vasculaires, dont ils sont toujours distincts. Cette dépendance, évidente ici, l'étude des tiges est impuissante à la faire ressortir. Les faisceaux primaires de la tige, en effet, sont doubles, libériens en dehors, fibrovasculaires en dedans, et l'arc qui engendre les productions secondaires se trouve compris entre les deux régions libérienne et ligneuse, sans qu'il soit possible d'affirmer que sa dépendance avec l'une soit plus intime et plus nécessaire qu'avec l'autre. L'étude de la racine où le bois et le liber primaire sont disjoints et alternes, et où l'arc générateur demeure attaché au bord interne du faisceau libérien, vient décider la question.

Cette dépendance libérienne de l'arc générateur issu du rang externe du tissu conjonctif, si l'anatomie nous la montre, la physiologie nous en fait comprendre la raison. Comme nous l'avons déjà vu et comme nous le verrons mieux encore tout à l'heure, c'est par les lames vasculaires que les liquides absorbés par les racines se rendent dans la tige; c'est par les faisceaux libériens que la séve, élaborée par les feuilles, revient de la tige aux extrémités des racines. Les formations secondaires doivent se produire au contact, non du courant ascendant, mais du courant descendant, qui seul leur apporte les aliments plasmiques nécessaires à leur développement. L'anatomie montre la relation, la physiologie l'explique; c'est bien. Mais on se tromperait fort à se laisser guider par des considérations physiologiques pour prévoir les relations anatomiques. C'est ainsi qu'en appliquant le raisonnement précédent à la formation des nouveaux tissus des radicelles, on serait amené à croire que celles-ci doivent naître en superposition avec les faisceaux libériens, puisque c'est d'eux que les cellules rhizogènes doivent tirer les aliments nécessaires à leur multiplication. Or, l'anatomie nous montre qu'il n'en est rien. Les radicelles des Dicotylédones naissent, en effet, par la segmentation des cellules de la membrane périphérique du corps central, que nous avons appelée de là rhizogène. Mais, dans la presque totalité des cas, c'est aux lames vasculaires, c'est-à-dire aux courants ascendants, que leurs axes correspondent, tandis que leurs bords s'appuient de chaque côté sur les deux faisceaux libériens voisins. Dans quelques cas seulement, et pour des causes déterminées qui dépendent de certains accidents locaux de la membrane rhizogène, leur centre s'appuie dans l'intervalle entre le courant ascendant et le courant descendant (Ombellifères, Araliacées), ou même quelquefois directement sur ce dernier. La disposition régulière des radicelles en résulte.

Enfin, si la structure des radicelles est binaire, le plan des courants ascendants ou des vaisseaux y passe, comme chez les Monocotylédones, par le courant ascendant sur lequel elles sont insérées, c'est-à-dire par l'axe de la racine. Il lui est perpendiculaire chez les Cryptogames vasculaires.

ÉTUDE PHYSIOLOGIQUE.

Comme nous l'avons fait pour les Cryptogames vasculaires et pour les Monocotylédones, nous allons soumettre la racine dicotylédonée à quelques expériences propres à mettre en lumière le rôle que jouent dans la circulation générale les divers tissus qui la constituent; seulement nos expériences actuelles devront porter sur les deux états successifs, primaire et secondaire de la racine

Les racines ont absorbé, comme précédemment, par leur section et sous l'influence de la transpiration des feuilles, tantôt une dissolution de fuchsine, tantôt deux dissolutions successives de cyanure de potassium et de sulfate de fer. Mais en outre, et pour écarter une objection qu'on pouvait nous adresser dans les deux premiers cas, au sujet du mode d'introduction des liquides dans l'enceinte végétale, nous avons fait aspirer dans quelques plantes par les racines parfaitement intactes et munies de leurs poils, une décoction de bois de Fernambouc ou de bois de Campêche. Les espèces étudiées ont été, pour les racines terrestres : les *Cupressus sempervirens, Pinus Pinea, Ceratozamia longifolia; Phaseolus vulgaris* et autres Papilionacées ; *Anthriscus Cerefolium, Sanicula europœa* et autres Ombellifères; *Beta vulgaris, Ricinus communis, Fagus sylvatica,* etc.; et pour les racines aériennes, les *Cereus grandiflorus* et *Clusia Plumieri.*

Période primaire. — Faisons d'abord aspirer la solution de fuchsine ou les liquides qui donnent le précipité bleu, par des racines assez jeunes pour n'avoir pas encore de productions secondaires, et recherchons ensuite, en pratiquant des sections à diverses hauteurs, les éléments occupés par le précipité bleu ou par le liquide rouge. Aucun élément du parenchyme cortical ni de la couche protectrice n'est coloré. Dans le cylindre central les cellules de la membrane rhizogène, les faisceaux libériens, les cellules du tissu conjonctif, si développé qu'il soit, même celles qui bordent les vaisseaux, tous ces éléments sont parfaitement inattaqués. Les vaisseaux seuls et tous les vaisseaux qui entrent dans la composition des lames primitives ont été atteints par les réactifs. Dans les Conifères, où les lames vasculaires possèdent derrière leurs vaisseaux étroits annelés et spiralés des vaisseaux ponctués aréolés, ces derniers prennent le réactif comme les premiers et participent des mêmes propriétés.

Si le tissu conjonctif a épaissi en fibres les cellules qui bordent les vaisseaux, ces fibres demeurent également incolores, si l'on examine la région où le liquide vient d'arriver ; mais si c'est une région où le liquide est parvenu dans les vaisseaux depuis quelque temps, on voit ces fibres se colorer peu à peu à partir du vaisseau, comme si la dissolution contenue dans les vaisseaux s'épanchait peu à peu horizontalement par voie d'imbibition dans les fibres voisines.

On obtient le même résultat si l'on fait germer sur l'eau des graines de Haricot ou d'autres Légumineuses, et si l'on remplace l'eau, quand les racines s'y sont bien développées, par une décoction de bois de Fernambouc ou de Campêche. Le liquide coloré est absorbé par la racine intacte, et on le retrouve un peu altéré dans sa couleur, dans toute la longueur de l'organe, exclusivement localisé dans la cavité des vaisseaux qui forment les quatre lames primitives. La coloration du liquide jaune rougeâtre contenu dans les vaisseaux n'étant pas très-vive, on accuse davantage les résultats de l'expérience en traitant les sections par une dissolution de protochlorure d'étain ou d'acétate de plomb, qui détermine dans les vaisseaux un précipité bleu si c'est le bois de Campêche qu'on a employé, un précipité rouge si c'est le bois de Fernambouc qu'on a fait absorber. Cette expérience montre que les liquides colorés d'origine végétale, absorbés par la surface intacte de la racine, suivent dans l'intérieur de l'organe les mêmes voies que ceux qu'on lui fait aspirer directement par une section vive. Elle permet, par conséquent, d'étendre à l'ascension de la séve elle-même les conclusions déduites précédemment de cette seconde méthode. Le procédé d'aspiration directe par une section vive, se trouvant ainsi légitimé dans ses résultats, devra être préféré dans la pratique comme s'appliquant à toutes les plantes, et permettant d'employer des liquides minéraux très-vivement colorés.

La conclusion est donc la même que pour les Cryptogames vasculaires et les Monocotylédones. La racine des Dicotylédones, pendant sa période primaire, conduit, par ses vaisseaux seuls, les liquides, qui sont aspirés par sa section ou absorbés par les poils radicellaires sous l'influence de la transpiration des feuilles. C'est par les cellules libériennes que le liquide élaboré par les feuilles est ramené aux extrémités des racines. Les courants ascendants et les courants descendants alternent donc côte à côte, et il y en a autant que de faisceaux vasculaires et libériens.

Période secondaire. — Soumettons aux mêmes expériences des racines où les faisceaux secondaires intralibériens sont bien développés avec leurs larges vaisseaux, leurs cellules ou fibres ligneuses et leurs rayons intérieurs, et où ces faisceaux sont séparés par des rayons parenchymateux en superposition avec les lames vasculaires primitives.

Nous verrons d'abord les faisceaux vasculaires primitifs s'emplir, comme dans le cas précédent, des liquides colorés. Ces vaisseaux primaires ne perdent donc pas, par la formation des faisceaux secondaires, la fonction qui leur était dévolue dans le principe ; ils continuent à la remplir. Mais, en outre, les vaisseaux secondaires sont tous occupés par les réactifs, tandis que les cellules ligneuses qui les séparent et les cellules des rayons qui divisent le bois en éventail demeurent parfaitement incolores. Il en est de même des cellules génératrices et des cellules libériennes secondaires ; il en est de même encore des cellules des rayons parenchymateux secondaires formés en dehors des lames primitives.

Dans les Conifères et les Cycadées, tous les vaisseaux poncués-aréolés du bois secondaire sont pénétrés par les liquides ; ces éléments se comportent donc comme les vaisseaux et non comme les fibres ligneuses des autres Dicotylédones. Leur présence dans les lames vasculaires primitives à la suite des vaisseaux étroits annelés et spiralés est d'ailleurs décisive à cet égard.

Ainsi, dans les productions secondaires comme dans le système primitif, les vaisseaux seuls sont la voie suivie par les liquides ascendants. Tant qu'elles ont leurs parois minces, les cellules qui, mélangées aux vaisseaux, forment le bois secondaire, ne les conduisent pas plus que les cellules conjonctives primaires quand elles sont dans le même état de jeunesse. Ces cellules s'épaississent-elles en fibres, on les trouve encore incolores, si l'on étudie une région où le liquide vient de parvenir par les vaisseaux. Mais si, à la hauteur de la section, les vaisseaux se trouvent remplis depuis quelque temps déjà par le liquide actif, on voit que les fibres se sont peu à peu colorées en rayonnant tout autour à partir du vaisseau, comme si le liquide coloré, en même temps qu'il chemine de bas en haut dans les vaisseaux, avait été aspiré peu à peu latéralement par les fibres voisines qui s'en imprègnent de proche en proche par voie d'imbibition, et cela avec d'autant plus d'intensité que ces fibres ont leur paroi plus épaissie. Ce résultat s'obtient tout aussi bien par l'absorption d'une décoction de bois de Campêche dans un Haricot intact que par l'aspiration directe de la solution de fuchsine dans une Dicotylédone quelconque. Ainsi l'action des fibres ligneuses des formations secondaires sur les liquides ascendants, pareille à celle des fibres conjonctives de l'organisation primordiale, n'est qu'une influence secondaire, semblable à celle du sol perméable qui borde une rivière sur l'eau qui coule dans son lit. Cette action d'imbibition latérale paraît nulle tant que la cellule ligneuse demeure en pleine activité vitale et garde sa paroi mince ; elle est en corrélation avec l'épaississement des parois cellulaires, et peut-être faut-il voir dans cette corrélation une dépendance de cause à effet.

Dans une racine dicotylédonée moyennement âgée, les liquides du sol aspirés par les extrémités des radicelles s'élèvent donc peu à peu à travers toutes les ramifications du système jusqu'à la base de la tige, en cheminant exclusivement dans les vaisseaux secondaires aussi bien que dans les lames primitives. La séve nutritive élaborée par les feuilles revient ensuite en sens inverse depuis la base de la tige jusqu'aux extrémités des radicelles, en cheminant exclusivement dans les éléments libériens, aussi bien dans les secondaires que dans les primitifs. Dans une pareille racine, il y a donc deux fois autant de filets liquides rectilignes ascendants que de filets liquides rectilignes descendants ; car les filets ascendants secondaires, qui vont multipliant leurs canaux avec l'âge, et dont l'importance va toujours croissant, sont alternes avec les filets primaires qui demeurent grêles et stationnaires, tandis que les filets descendants secondaires ne font qu'ajouter leurs canaux en dedans des filets primaires pour les grossir.

CONCLUSIONS.

Après avoir parcouru, à la fois aux points de vue anatomique et physiologique, les trois divisions de notre sujet, nous pouvons résumer ici les caractères généraux qui sont applicables non plus seulement à la racine de tel ou tel groupe de plantes, mais à la racine en général, partout où elle existe, c'est-à-dire chez toutes les plantes vasculaires, et qui devront constituer la définition anatomique et physiologique de cet organe, quand nous aurons montré dans les deux mémoires suivants que la tige et la feuille ne les possèdent jamais.

CONCLUSIONS ANATOMIQUES.

La jeune racine se compose essentiellement d'un cylindre central enveloppé par un parenchyme cortical. Le parenchyme cortical est limité en dehors par l'épiderme, en dedans par la membrane protectrice, c'est-à-dire par une assise de cellules à paroi mince fortement unies et comme engrenées entre elles par un cadre de plissements échelonnés. Il est, en général, subdivisé en deux zones. L'externe, dont le développement est centrifuge, a ses éléments polyédriques, décroissant vers l'extérieur et ajustés irrégulièrement sans laisser de méats. L'interne, dont le développement est centripète, a ses cellules arrondies ou rectangulaires, décroissant vers l'intérieur, disposées régulièrement en séries radiales et en cercles concentriques, et laissant entre elles des lacunes et des méats qui décroissent de la même manière.

Le cylindre central commence par une assise ou membrane périphérique contre laquelle s'appuient en des points équidistants un certain nombre de faisceaux vasculaires lamelliformes et rayonnants, dont le développement est centripète, et un pareil nombre de faisceaux libériens arrondis ou lamelliformes, également centripètes, mais toujours projetés moins loin vers le centre que les faisceaux vasculaires avec lesquels ils alternent régulièrement. Ces deux ordres de faisceaux sont réunis par un tissu conjonctif plus ou moins développé en un cylindre plein que la membrane périphérique revêt comme d'un épiderme. Et comme cette membrane périphérique s'appuie sur la membrane protectrice, de manière que ses éléments alternent avec les cellules plissées, la limite entre l'écorce et le cylindre central est toujours facile à saisir.

Le nombre des faisceaux vasculaires et libériens qui constituent le cylindre central de la racine ne descendant jamais au-dessous de deux pour chaque espèce, la structure de l'organe est parfaitement symétrique par rapport à son axe.

Telle est l'organisation générale de la racine. Voyons maintenant les différences qu'elle présente dans les trois embranchements.

Cryptogames vasculaires. — La racine des Cryptogames vasculaires conserve indéfiniment son organisation primaire ; elle ne s'épaissit pas.

La membrane périphérique du cylindre central, développée dans les Fougères, les Marsiléacées et les Lycopodiacées, manque totalement dans les Prêles et tout au moins en face des faisceaux libériens dans les Ophioglossées. Mais cette différence ne paraît pas avoir grande valeur, car le rôle de cette membrane est ici peu important. Elle ne concourt pas à la formation des radicelles.

Sauf dans les Prêles, c'est l'assise la plus interne du parenchyme cortical qui forme la membrane protectrice. Mais il y a deux degrés dans la spécialisation de cette membrane :

Tantôt les éléments plissés ne conservent pas d'activité génératrice et leur rôle est purement passif et protecteur. La racine principale ne peut alors former de radicelles aux flancs de son cylindre central, et si elle se divise il faudra que ce soit par bifurcation de sa cellule terminale. Elle constitue alors un système qui ne représente jamais, quel que soit le degré de complication qu'il atteigne, qu'une seule et même racine, et qu'il faut toujours, par conséquent, envisager tout entier en rétablissant par la pensée celles de ses branches qui peuvent ne s'être pas développées, si l'on veut voir apparaître la symétrie de structure de la racine par rapport à son axe idéal. C'est le cas des Lycopodiacées et des Ophioglossées.

Tantôt, au contraire, les cellules plissées conservent une grande activité vitale, et c'est dans certaines d'entre elles, situées en face des faisceaux vasculaires du cylindre central, que naissent les radicelles. Il y a des cellules mères pour les radicelles, et ces éléments rhizogènes latéraux appartiennent à la membrane protectrice. En d'autres termes, l'assise interne de l'écorce constitue une membrane plus distincte que dans le premier cas, à la fois protectrice et rhizogène. Il en est ainsi dans les Fougères et dans les Marsiléacées.

Enfin, pour arriver aux Equisétacées, il faut faire un pas de plus dans cette voie de localisation progressive des fonctions. Ce ne sont plus, en effet, les cellules de la dernière assise de l'écorce, mais celles de l'avant-dernière rangée, qui s'engrènent par des plissements échelonnés, et la membrane ainsi constituée est exclusivement protectrice. Les cellules de l'assise interne, au contraire, sont dépourvues de plissements, mais douées en revanche d'une grande activité génératrice, et c'est dans certaines d'entre elles, situées en face des faisceaux vasculaires, que naissent les radicelles. Il y a encore des cellules-mères spéciales pour les radicelles, mais ces éléments rhizogènes sont indépendants des éléments protecteurs. En d'autres termes, l'assise interne de l'écorce, au lieu d'être exclusivement protectrice comme dans le premier cas, ou bien à la fois protectrice et rhizogène comme dans le second, se dédouble ici en deux membranes superposées : l'externe exclusivement protectrice, l'interne exclusivement rhizogène.

En somme, les radicelles sont toujours produites par le développement désormais centrifuge de certaines cellules de l'assise interne de l'écorce, situées en face des faisceaux vasculaires du cylindre central. Elles sont donc disposées sur la racine principale en autant de séries longitudinales.

De plus, quand l'organisation de la radicelle est binaire, le plan de ses vaisseaux est toujours perpendiculaire au faisceau d'insertion, et par conséquent à l'axe de la racine mère.

Monocotylédones. — La racine des Monocotylédones conserve indéfiniment son organisation primaire ; elle ne s'épaissit pas.

L'assise la plus interne de l'écorce forme toujours une membrane exclusivement protectrice, dont les éléments, plissés dans le jeune âge, s'épaississent assez souvent plus tard, excepté sur leur face externe.

C'est toujours la membrane périphérique du cylindre central qui contient les cellules rhizogènes, et nous avons pu lui appliquer le nom de membrane rhizogène. De là une première différence avec les Cryptogames vasculaires. En général, les cellules rhizogènes sont situées en face des faisceaux vasculaires ; les radicelles s'insèrent alors directement sur ces faisceaux et sont disposées en autant de séries longitudinales. Mais les Graminées font exception. A cause de l'interruption de la membrane périphérique en face des vaisseaux, les radicelles s'y produisent vis-à-vis des faisceaux libériens.

Dans tous les cas, quand l'organisation du cylindre central de la radicelle est binaire, il y a un faisceau vasculaire en haut et un en bas ; en d'autres termes, le plan de ses vaisseaux passe par l'axe de la racine mère. D'où une seconde différence caractéristique par rapport aux Cryptogames vasculaires.

Dicotylédones. — La racine des Dicotylédones possède l'organisation primaire pendant un temps plus ou moins long, mais il arrive toujours un moment où elle se complique par la formation de productions secondaires qui l'épaississent plus ou moins, et dont l'apparition constante caractérise l'embranchement.

Pendant sa période primaire, l'assise la plus interne de l'écorce forme toujours une membrane protectrice dont les cellules plissées s'épaississent très-rarement.

C'est à l'assise périphérique du cylindre central qu'appartiennent les cellules-mères des radicelles, et elle mérite encore ici le nom de membrane rhizogène. En général, les cellules rhizogènes sont situées en face des faisceaux vasculaires, sur lesquels les radicelles s'insèrent directement en autant de séries longitudinales. Mais, dans quelques cas, comme nous l'avons vu dans les Ombellifères et les Araliacées où la membrane rhizogène se trouve creusée d'un canal oléorésineux vis-à-vis de chaque faisceau vasculaire, les radicelles se forment aux dépens des cellules qui alternent entre les faisceaux vasculaires et libériens et sont disposées en deux fois autant de rangées ; ou bien même elles se produisent vis-à-vis des faisceaux libériens en autant de séries longitudinales.

Dans tous les cas, quand l'organisation de la radicelle est binaire, le plan de ses vaisseaux passe par l'axe de la racine mère.

Sous tous ces rapports, la racine des Dicotylédones partage donc les caractères différentiels qui séparent les Monocotylédones des Cryptogames vasculaires, et l'on peut exprimer ainsi cette différence : Dans les Cryptogames vasculaires les radicelles sont des formations du bord interne de l'écorce, orientées transversalement ; dans les Phanérogames elles sont des productions du bord externe du cylindre central, orientées longitudinalement.

C'est donc par la seule existence d'une période secondaire que la racine des Dicotylédones se sépare de celle des Monocotylédones.

Les productions secondaires sont formées par des arcs générateurs d'origine conjonctive qui se développent sur le bord interne des faisceaux libériens primitifs et qui se rejoignent en dehors des faisceaux vasculaires, au moyen d'un dédoublement des cellules rhizogènes, en une zone génératrice continue et dont le jeu est double, centripète en dehors, centrifuge en dedans. Les secteurs intralibériens de cette couche donnent des faisceaux doubles, libériens en dehors, vasculaires ou fibro-vasculaires en dedans, qui refoulent en dehors, à mesure qu'ils s'épaississent, les faisceaux libériens primitifs. Les secteurs extravasculaires tantôt ne forment que des rayons parenchymateux qui séparent les différents faisceaux libéro-ligneux, tantôt se comportent comme les arcs intralibériens, et produisent avec eux un anneau libéro-ligneux secondaire complet, extérieur aux faisceaux vasculaires primitifs, intérieur aux libériens.

En même temps la membrane rhizogène divise tous ses éléments de manière à former une couche génératrice périphérique qui produit sur son bord externe et de dehors en dedans une couche subéreuse, et sur son bord interne et de dedans en dehors un parenchyme cortical secondaire qui continue celui des rayons, quand ils existent. Tantôt le parenchyme cortical primitif subsiste en se prêtant à l'extension du corps central, tantôt il est de bonne heure exfolié.

Dans la presque totalité des cas, ces faisceaux secondaires, séparés ou confluents en anneau, se développent seuls, et si la racine est vivace, l'arc générateur y produit chaque année de nouveaux éléments fibro-vasculaires en dehors des anciens et de nouvelles cellules libériennes en dedans des précédentes. Mais dans quelques familles naturelles, comme les Chénopodées, les Nyctaginées, etc., les choses vont plus loin. En dehors de ces premiers faisceaux secondaires où l'arc générateur s'éteint d'assez bonne heure, il s'en forme d'autres semblables dans le parenchyme cortical secondaire issu du développement centrifuge de la membrane rhizogène. Ces faisceaux surnuméraires s'y disposent en cercles successifs d'autant plus jeunes qu'ils sont plus extérieurs.

Dans tous les cas, ces formations nouvelles se produisent symétriquement autour du centre, de sorte que la symétrie par rapport à l'axe, que la racine possédait dans sa période primaire, se conserve dans la suite des temps.

Tels sont les caractères différentiels de la racine dans les trois embranchements. On voit qu'il a fallu les tirer non de l'organisation fondamentale elle-même, tant elle est constante et uniforme, mais des phénomènes ultérieurs de développement. C'est le lieu de formation des radicelles, et leur mode d'orientation quand elles sont binaires, qui caractérise les Cryptogames vasculaires par rapport aux Phanérogames. C'est la production constante de faisceaux libéro-ligneux secondaires qui distingue les Dicotylédones des Monocotylédones.

Ajoutons, pour terminer, que tous les tissus qui entrent dans l'organisation primaire de la racine sont susceptibles de présenter de nombreuses modifications de second ordre longuement détaillées dans ce travail, notamment des différences de nombre et de quantité qui se manifestent de la même manière, entre les mêmes limites et sous l'influence des mêmes causes dans les trois embranchements. De leur côté, les formations secondaires qui caractérisent les Dicotylédones sont la source d'innombrables variations, dont je n'ai pu analyser que quelques-unes dans ce mémoire, et c'est dans l'étude particulière de ces modifications qu'il faut chercher les caractères anatomiques des familles et des genres des Dicotylédones.

CONCLUSIONS PHYSIOLOGIQUES.

Les liquides absorbés par la racine dans son organisation primaire, définitive chez les Cryptogames vasculaires et les Monocotylédones, transitoire chez les Dicotylédones, montent par les faisceaux vasculaires, et ils descendent par les faisceaux libériens qui alternent avec les premiers dans le cylindre central. Le tissu conjonctif qui réunit ces deux espèces de faisceaux n'exerce d'influence que s'il est fibrifié, et cette influence n'est que secondaire.

Quand la structure de la racine s'est compliquée par l'introduction des formations secondaires, ce qui n'arrive que chez les Dicotylédones, les vaisseaux de ces productions nouvelles concourent avec ceux des lames primitives à l'ascension des liquides, en doublant le nombre des courants liquides ascendants. Les fibres qui, excepté chez les Conifères et les Cycadées, accompagnent les vaisseaux dans le bois, n'ont qu'une influence secondaire. Quant aux éléments libériens nouveaux, ils ne font que s'ajouter aux anciens pour grossir le courant plasmique descendant. De sorte que, dans cette seconde période, le cylindre central de la racine comprend dans son tissu conjonctif un certain nombre de courants ascendants superposés sur le même rayon à autant de courants descendants, et un nombre égal de courants ascendants plus faibles, isolés, et alternes avec les premiers.

NOTES.

Au mémoire qui précède j'ajouterai ici deux notes : la première, anatomique, pour répondre à quelques objections qui m'ont été faites lorsque j'ai formulé pour la première fois les conclusions de ce travail ; la seconde, physiologique, pour rappeler, en concordance avec les résultats de mes observations et de mes expériences sur le rôle des vaisseaux dans la racine, les recherches faites par quelques auteurs du siècle dernier, dans le but de déterminer les voies de la séve dans la plante.

NOTE A.

Réponse à quelques objections relatives à la partie anatomique de ce travail.

Il est de mon devoir d'examiner ici une à une les objections que M. Trécul a bien voulu m'adresser (1), après que j'eus présenté à l'Académie les conclusions les plus générales de mon travail (2), sans pouvoir en aucune façon entrer alors dans le détail

(1) *Comptes rendus*, 1er et 8 mars 1869, t. LXVIII, p. 514 et 572.

(2) *Recherches sur la symétrie de structure des végétaux* (*Comptes rendus*, 18 janvier 1869, t. LXVIII, p. 151).

des faits. Je me bornerai naturellement ici à ce qui regarde la racine, me réservant de répondre, à la suite des mémoires relatifs à la tige et à la feuille, aux objections qui concernent ces organes.

1° « Dans une très-grande quantité d'espèces, le nombre des faisceaux de la racine n'est pas déterminé, même dans un individu donné, souvent aussi à diverses hauteurs sur une même racine, où il va en diminuant de la base au sommet. Ce nombre est ordinairement en rapport avec le volume des racines. » (P. 517.) L'auteur donne ensuite un certain nombre d'exemples de ces variations.

A cela je n'ai rien à répondre, si ce n'est que j'ai eu le malheur d'être bien mal compris. Le peu de fixité du nombre des faisceaux vasculaires et libériens qui entrent dans la constitution d'une racine et du nombre des séries de radicelles correspondantes, surtout quand il dépasse quatre ou cinq pour chaque espèce, ainsi que la relation qui existe entre ce nombre et le diamètre du cylindre central à la surface duquel les faisceaux se déploient, sont des faits bien connus. M. Clos (1) en a donné des exemples tirés des pivots dicotylédonés, où la fixité est cependant plus grande que dans les racines adventives et que dans les racines des Monocotylédones. Il cite certains *Amarantus* et *Atriplex* comme ayant, suivant les individus, un nombre variable de faisceaux et de rangées de radicelles ; les *Rumex* en ont trois ou quatre ; le *Faba vulgaris*, quatre, cinq ou six ; les *Quercus*, quatre à huit ; le Châtaignier, six à douze. Il cite encore les *Cucurbita*, *Ulmus* et *Tropœolum* (2) comme présentant des variations dans la même racine. M. Nægeli, dans son mémoire de 1858, signale aussi chez les Monocotylédones ces changements dans le nombre des faisceaux constitutifs d'un individu à l'autre et le long de la même racine (voyez à la page 46). Mes propres

(1) *Rhizotaxie anatomique* (*Ann. des sc. nat.*, 3° série, 1852, t. XVIII).

(2) M. Clos dit que le *Tropœolum majus* a quatre faisceaux dans la partie supérieure renflée du pivot, et deux seulement dans tout le reste de son étendue (*loc. cit.*, p. 333). On a vu, page 244, que nous n'avons pas pu vérifier cette assertion. Le pivot est quaternaire dans toute sa longueur, et ce n'est que vers son sommet que le nombre des rangées de radicelles se réduit quelquefois à trois ou à deux.

recherches sur la structure des Aroïdées m'en ont fourni de nombreux exemples (1). Enfin, les faits décrits dans ce mémoire confirment à chaque instant ces variations. Il n'a donc pas pu entrer dans ma pensée de déclarer ce nombre invariable pour chaque espèce, comme on me le fait dire. Il est vrai que, par une erreur de copie, il s'est glissé dans mon résumé un terme qui peut porter à confusion : « La jeune racine, y est-il dit, contient un nombre déterminé de faisceaux de deux sortes », quand c'est : « contient un certain nombre de faisceaux de deux sortes » qu'il fallait écrire. C'est de ce mot malencontreux que l'on s'est emparé pour m'attribuer une opinion grossièrement erronée, et se donner ensuite le facile plaisir de la combattre.

2° « Les racines de tous les végétaux vasculaires n'ont pas l'organisation fondamentale que leur attribue M. Van Tieghem, puisqu'il en est qui ne possèdent qu'un seul faisceau vasculaire central (racine primaire et premières racines adventives des *Nuphar*, *Nymphœa*, *Victoria*, etc.), et d'autres qui n'ont même pas du tout de vaisseaux (*Elodea*). » (P. 517.)

Nous avons vu que, dans un grand nombre de racines, le cylindre central est assez grêle pour que les lames vasculaires partant de la membrane rhizogène viennent bientôt se toucher au centre en formant une étoile. Dans les radicelles successives et de plus en plus grêles que portent ces racines, le nombre des vaisseaux de chaque lame confluente diminue progressivement jusqu'à ce qu'il se réduise à l'unité. Alors le cylindre ne possède qu'un paquet central formé d'autant de vaisseaux étroits qu'il y a de lames vasculaires représentées. La même réduction s'opérant en même temps dans les faisceaux libériens, ceux-ci ne sont représentés finalement que par une seule cellule étroite comprise dans les angles des vaisseaux. De leur côté, les cellules conjonctives se sont réduites à leur minimum, ou même ont disparu totalement. Cette réduction finale se présente avec tous les degrés intermédiaires dans les radicelles les plus ténues d'un grand nombre de plantes tant Cryptogames vasculaires que Monocotylédones et Dicotylédones, notamment, comme

____

(1) *Ann. des sc. nat.*, 5e série, t. VI, 1866.

nous l'avons vu à la page 271, dans les radicelles grêles des Nymphéacées, et aussi, suivant M. Trécul, dans le pivot et dans les premières racines adventives de ces plantes, qu'il ne m'a pas été donné d'observer. Ces premières racines ne présentent donc pas une exception à l'organisation fondamentale de la racine ; elles ne révèlent pas un type nouveau différent de celui dont nous avons établi la généralité ; elles offrent seulement une dégradation de ce type produite par l'excessive ténuité du cylindre central, dégradation que la même cause amène chez beaucoup d'autres plantes.

En ce qui concerne les racines de l'*Elodea*, que M. Trécul déclare, après M. Caspary, entièrement privées de vaisseaux, nous avons vu ce qu'il en est à la page 168. Sous la membrane protectrice, ces racines ont une membrane périphérique, des vaisseaux spiralés, des cellules libériennes, des éléments conjonctifs, et, sauf le faible épaississement des parois vasculaires et la prompte résorption du vaisseau central, elles possèdent tous les caractères ordinaires (voy. pl. VI, fig. 39 et 40).

Quant aux racines plus simples, réellement privées de vaisseaux, ou du moins dans lesquelles je n'ai pu en découvrir jusqu'à présent, nous avons expliqué (pages 169 et 177) qu'elles résultent, soit d'une absence de différenciation des cellules de la partie du cylindre central, intérieure à la membrane périphérique (*Najas*), soit même d'une absence de formation des cellules cambiales de cette partie interne qui se trouve réduite à sa cellule-mère et de bonne heure transformée en lacune (Vallisnérie, Lemnacées). Ces racines dérivent donc du type général par un arrêt de développement plus ou moins précoce, signe d'une dégradation profonde en rapport avec la vie aquatique, elles ne réalisent nullement un type nouveau d'organisation.

3° « Les racines secondaires et la racine principale n'ont pas nécessairement la même organisation, c'est-à-dire que, si la principale a plusieurs faisceaux disposés en cercle, la racine secondaire peut n'avoir qu'un seul faisceau central. » (P. 518.)

4° « Il n'est pas non plus exact de dire que les racines normales et les racines adventives d'une même plante aient toujours la même structure. Dans les Nymphéacées la racine primaire et les premières racines adventives n'ont qu'un seul fascicule vasculaire central, tandis que les racines adventives de la plante adulte ont un cercle de cinq à douze faisceaux ou plus. » (P. 518.)

La même réponse s'applique à ces deux objections. Quand j'ai dit que la racine, qu'elle soit principale ou secondaire, normale ou adventive, a la même organisation, j'ai eu soin d'ajouter le mot *fondamentale* pour montrer que je n'entendais pas parler des variations secondaires tenant au plus ou moins grand diamètre du cylindre central qui existent souvent dans la même plante entre la racine principale et ses radicelles successives, entre les divers ordres de ces dernières, entre les diverses branches de la racine normale et les racines adventives de même génération, entre ces dernières elles-mêmes suivant l'âge de la tige où elles se développent, etc.; variations qui se retrouvent avec les mêmes caractères entre les racines principales, ou les radicelles de même ordre, ou les racines adventives de même génération de plantes différentes. L'analyse de ces variations secondaires, ni même leur simple indication, ne pouvait trouver place dans le court résumé que je présentais à l'Académie, et qui avait pour but d'affirmer l'existence d'un type général de structure pour toutes les racines et d'en donner les caractères. Elles se trouvent longuement détaillées dans le mémoire actuel, dont les éléments étaient dès lors presque tous réunis. Or, les deux objections précédentes ne font que signaler une de ces différences secondaires. En effet, nous venons de dire que dans le cas d'un seul faisceau vasculaire central apparent, il faut voir en réalité plusieurs lames vasculaires rayonnantes réduites à leurs premiers vaisseaux, et ayant acquis plus tard dans leurs angles, s'il s'agit d'une Dicotylédone, quelques vaisseaux nouveaux, premières traces des productions secondaires; qu'ainsi ce cas n'est qu'une simple réduction de celui où les lames confluentes sont bien développées suivant le rayon, et que ce dernier n'est lui-même qu'une modification peu importante du cas des grosses racines où les lames vasculaires sont fort espacées et disposées à la périphérie d'un large tissu conjonctif.

5° « Il n'est pas davantage conforme à la vérité de prétendre que les jeunes racines aient, dans tous les végétaux vasculaires, deux sortes de faisceaux, les uns exclusivement libériens, les autres exclusivement vasculaires. Cette assertion est fautive pour trois raisons : A. parce que certaines racines ne possèdent, comme on le voit par ce qui précède, qu'un petit groupe vasculaire central ; B. parce que dans un grand nombre de plantes ce n'est pas un faisceau exclusivement libérien qui existe, mais le rudiment d'un faisceau ou d'un arc fibro-vasculaire qui détermine l'accroissement en diamètre ; C. parce que dans certains végétaux, quand plusieurs faisceaux primitifs sont en cercle, il n'existe pas de faisceau libérien alternant avec eux (*Nuphar lutea, Nymphœa alba, Menyanthes trifoliata, Richardia africana*, etc.). Tout ce que l'on peut dire à cet égard, c'est que si la théorie les indique, l'expérience est quelquefois impuissante à les démontrer. »

A. J'ai déjà dit à plusieurs reprises que ce cas n'est qu'une dégradation du cas normal où des faisceaux vasculaires rayonnants alternent avec des faisceaux libériens bien développés. Ici les faisceaux libériens sont réduits comme les vasculaires à leurs cellules externes, quelquefois même à un seul élément, et cette seule cellule libérienne, logée dans l'angle qui sépare l'un de l'autre les trois ou quatre vaisseaux en contact au centre, alterne encore avec eux, et par conséquent démontre la permanence du type au milieu de sa dégradation. Tout réduit qu'il est à quelques cellules, le cylindre central se différencie encore suivant la même loi, et la racine a toujours ses filets liquides ascendants alternes avec ses filets descendants.

B. Le faisceau alterne aux lames vasculaires, considéré avant l'apparition de l'arc générateur sur son bord interne, est toujours de nature exclusivement libérienne au sens le plus étendu de ce mot. Dans sa structure la plus complète, il aurait en dehors un arc fibreux, puis des cellules étroites à paroi mince, puis des cellules larges et grillagées, enfin des laticifères latéraux. Mais nous n'avons pas rencontré d'exemples où ce faisceau soit aussi complet ; il y manque toujours une ou plusieurs espèces d'éléments, tantôt les unes, tantôt les autres. Ici il y a des cellules étroites et minces en dehors, des cellules grillagées en dedans ; c'est un cas fréquent dans les racines monocotylédones bien développées (ex. Monstérinées, Pandanées, Palmiers, etc.), rare chez les Dicotylédones (ex. *Cucurbita*). Là il y a un arc fibreux libérien en dehors et des cellules minces étroites en dedans (ex. Papilionacées). Là encore il n'y a que des cellules étroites à paroi mince, mais elles sont bordées de luticifères latéraux (exemple : Colocasiées). Là, enfin, et c'est de beaucoup le cas le plus général, ce faisceau est constitué exclusivement par des cellules étroites et longues, à paroi brillante, mince ou légèrement épaissie, qui ne manquent dans aucun cas. Ainsi, la composition est variable, mais la nature libérienne est constante et l'élément fixe, essentiel de ce liber, ce sont les cellules étroites, à paroi peu épaissie et brillante, toujours nettement distinctes du tissu conjonctif.

Plus tard, quand la racine s'épaissit, ce sont non pas les cellules les plus internes de ce faisceau libérien, mais les cellules conjonctives qui le bordent, qui se développent dans le sens horizontal, et qui se divisent par des cloisons tangentielles, de manière à former des cellules nouvelles qui se différencient ensuite pour donner : les externes, de nouveaux éléments libériens d'une ou de plusieurs sortes ; les internes, de gros vaisseaux mêlés de cellules ligneuses ; c'est-à-dire pour former le faisceau libéro-ligneux secondaire superposé au faisceau libérien primitif et qui le refoule en dehors.

Il nous semble donc impossible de regarder ce faisceau de cellules douées des caractères définitifs des éléments libériens, comme le rudiment du faisceau double qui se développera plus tard derrière lui et dont il formera la partie externe. C'est l'arc générateur d'origine conjonctive qui borde ce faisceau libérien qui est le rudiment du faisceau secondaire, et c'est le faisceau libérien qui fournit à cet arc générateur les principes nutritifs nécessaires à son développement. Nous nous rangeons ainsi à l'opinion professée, à l'égard du même tissu dans les tiges, par M. Mohl (voy. p. 37), et contre l'avis de Schacht, qui l'appelle cambium permanent (*Dauercambium*), et de M. Nægeli, qui,

dans son mémoire de 1858, l'appelle cambium chez les Dicotylédones, cambiforme chez les Monocotylédones, mais qui plus
tard, en 1868, n'hésite plus à y voir, au moins dans les Cryptogames vasculaires, un tissu libérien (voy. p. 53).

C. Dans certains végétaux, et principalement lorsque ce faisceau libérien ne possède que des cellules étroites et longues
toutes semblables, il peut être en effet assez difficile à distinguer
dans le très-jeune âge au milieu des cellules conjonctives qui le
relient aux lames vasculaires. Mais avec un peu d'attention et
quelquefois en s'aidant de réactifs, on réussit toujours à le
mettre en évidence, surtout si l'on s'adresse à des régions
moyennement âgées. Ainsi, pour reprendre les exemples mêmes
cités par M. Trécul, les faisceaux libériens se distinguent facilement dans le cylindre central des Nymphéacées, du *Menyanthes
trifoliata*, du *Richardia africana*, et la limite qui les sépare des
cellules conjonctives y est fort nette. Je ne comprends donc pas
qu'ils aient échappé à un observateur aussi habile, et je dois tenir
pour erronée, au moins dans tous les cas qui me sont connus,
l'assertion que « si la théorie les indique, l'expérience est quelquefois impuissante à les distinguer ».

Il résulte de l'examen de ces diverses objections, que je me
vois dans la nécessité de maintenir toutes les assertions générales
que j'ai posées dans ma communication à l'Académie, au sujet
des caractères anatomiques fondamentaux de la racine, et dont
les preuves se trouvent longuement exposées dans le cours de ce
mémoire, en même temps que les modifications secondaires que
le type général peut revêtir y sont mises en évidence.

Je crois n'avoir laissé sans réponse décisive aucune des objections que, sur la publication d'un résumé nécessairement trop
succinct, M. Trécul a cru devoir adresser à cette partie de mon
travail, en donnant pour motif de cette attaque précipitée que
« les bases mêmes de l'anatomie comparée des plantes se trou-
vaient par là mises en question » (p. 514). Il est de mon devoir
d'examiner maintenant, à mon tour, quelques opinions émises
par ce botaniste au sujet de l'insertion des radicelles sur la ra-

cine, et de relever les erreurs où il me paraît s'être laissé entraîner. Le mémoire en question (1) a pour objet principal l'étude
du mode d'insertion des racines adventives sur la tige, sujet sur
lequel nous aurons à revenir plus tard en traitant des insertions
des organes différents les uns sur les autres. Mais il contient aussi
plusieurs affirmations relatives à l'insertion des radicelles sur la
racine, qui ne me paraissent point exactes et qui se trouvent
infirméespar tous les faits exposés dans mon travail.

Ainsi, on lit à la page 342 : « Les radicelles (il s'agit ici du
Valeriana Phu) naissent sur les racines de la même manière
que celles-ci sur la tige. » Or, sur la tige la racine naît en face
d'un rayon médullaire, c'est-à-dire de la portion du parenchyme
fondamental qui sépare deux faisceaux libéro-ligneux primaires
voisins; elle insère ses vaisseaux primitifs à droite et à gauche
sur les pointes trachéennes de ces faisceaux voisins. Au contraire,
sur la racine principale, la radicelle naît en face d'une lame vasculaire primitive et y insère directement ses vaisseaux. Plus tard,
quand, dans cette racine principale, des faisceaux secondaires
libéro-ligneux se sont formés en dedans des faisceaux libériens
primordiaux, et des rayons parenchymateux secondaires en
dehors des lames vasculaires primitives, comme nous l'avons
expliqué à la page 241, les radicelles répondent en effet à ces
rayons secondaires. L'insertion des racines adventives sur la tige
et celle des radicelles sur la racine sont donc bien différentes,
comme le sont elles-mêmes l'organisation primaire de la tige et
celle de la racine. Tout ce qu'on peut dire à cet égard, c'est que par
rapport aux faisceaux libériens de la tige et de la racine mère, la
position des racines produites est la même et alterne avec ces
faisceaux, tandis que par rapport aux faisceaux vasculaires primitifs des deux organes, elle est essentiellement différente, alterne
dans la tige, superposée dans la racine mère. Et de même qu'il
y a quelques plantes où, contrairement à la règle ordinaire, les
radicelles naissent en superposition avec le faisceau libérien de

<hr>

(1) Trécul, Extrait d'un mémoire intitulé : *Recherches sur l'origine des racines*
(*Ann. des sc. nat.*, 3ᵉ série, 1846, t. V, p. 340).— *Recherches sur l'origine des racines*
(*Ib.*, t. VI, p. 303).

la racine (Graminées, Ombellifères), de même il y en a quelques-unes où la racine adventive naît en face d'un faisceau libérien de la tige, c'est-à-dire au contact de la région dorsale d'un de ses faisceaux libéro-vasculaires (*Lamium*, par exemple).

Il est vrai que M. Trécul, dans sa critique des conclusions de mon travail, rappelle en termes quelque peu différents le résultat de ses recherches antérieures : « En ce qui concerne, dit-il, l'insertion des racines secondaires sur les principales, je crois devoir rappeler que j'ai dit autrefois qu'elle est analogue à celle des racines adventives sur les tiges. » C'est précisément l'erreur que nous venons de combattre ; mais l'auteur ajoute ces mots : « et que toujours leurs vaisseaux naissent au contact de ceux qui préexistent dans la racine mère » (p. 519). Ces mots à double entente pourraient, à la rigueur, tout arranger ; mais je ferai remarquer qu'ils ne se trouvent pas dans le mémoire ancien, et qu'ils ne pouvaient s'y trouver, vu la conviction que l'on avait alors de l'identité de structure de la tige et de la racine, et l'ignorance où l'on était qu'il préexistât dans la racine des vaisseaux occupant une tout autre position que les premiers vaisseaux des tiges.

A cette première erreur M. Trécul en ajoute une autre plus grave en énonçant la règle générale suivante : « En général, le cylindre central de la racine est de même nature que le tissu sur lequel il s'appuie. » (P. 345.) Je ne discuterai pas ici la valeur de cette règle, en tant qu'elle s'applique à l'insertion de la racine sur la tige, je me bornerai à en faire voir l'inexactitude en ce qui concerne l'insertion des radicelles sur la racine (1).

(1) Dans son mémoire détaillé, l'auteur, en formulant cette proposition, la limite à la tige : «Nous verrons, dit-il, par les exemples suivants, comme on peut le reconnaître déjà par ceux qui précèdent, que lorsqu'une racine repose sur un tissu purement ligneux, son cylindre central est formé de fibres ligneuses entièrement sem. blables. Ce fait peut même être érigé en loi générale formulée ainsi : Le cylindre central d'une racine est toujours de la même nature que le tissu de la tige sur lequel il s'appuie, à la base de l'organe au moins.» (*Loc. cit.*, p. 326.) Sans entrer ici dans une discussion qui trouvera sa place plus tard, je ferai observer seulement que cette prétendue loi générale n'est pas plus vraie pour l'insertion de la racine sur la tige que pour celle de la radicelle sur la racine. Trois exemples suffiront. La racine

Il a été établi, dans notre mémoire, que chez tous les végétaux vasculaires, si l'on met à part les Graminées chez les Monocotylédones, ainsi que les Ombellifères, les Araliacées, et peut-être quelques autres plantes chez les Dicotylédones, la radicelle se produit en face d'une lame vasculaire primitive et appuie son centre sur cette lame. Sa région centrale devrait donc toujours, d'après la règle précédente, être vasculaire. Or, nous savons, par de nombreux exemples, qu'il n'en est rien, et que les radicelles ont souvent sur la même plante et suivant leur propre diamètre, tantôt un large tissu conjonctif central, soit parenchymateux et d'apparence médullaire, soit fibreux, tantôt des lames vasculaires confluentes, avec tous les degrés possibles de transition entre ces deux états.

NOTE B.

Sur quelques expériences anciennes ayant pour but de déterminer les voies de la séve.

On a beaucoup discuté depuis plus de deux siècles pour savoir si c'est par les vaisseaux ou par les fibres du bois, ou encore par ces deux tissus à la fois que les liquides du sol, une fois introduits dans la plante vers la pointe des racines, s'y élèvent depuis la radicelle la plus profonde jusqu'à la feuille la plus haute. Sans faire ici l'histoire complète des opinions contradictoires qui se partagent encore aujourd'hui l'assentiment des botanistes, je veux simplement remonter à des sources trop oubliées, et rappeler les résultats parfaitement concordants auxquels sont arrivés les deux physiologistes qui ont les premiers traité cette question au

---

adventive grêle de Gratiole, de Ficaire, etc., naît en face d'un rayon médullaire, et elle a dès son insertion quatre ou trois lames vasculaires qui se touchent au centre ; le tissu sur lequel elle s'appuie est cellulaire, son centre est vasculaire. Cela arrive très-fréquemment dans les racines adventives grêles. La racine adventive du Lamier s'appuie sur la partie dorsale, libérienne, d'un faisceau de la tige ; le centre de son cylindre central est occupé, au voisinage de l'insertion, par un tissu conjonctif parenchymateux et plus loin par les lames vasculaires confluentes. Enfin, la racine adventive du Nénufar, d'après M. Trécul lui-même, s'insère sur le sommet d'un faisceau fibro-vasculaire de la tige dévié vers l'extérieur, et son centre se trouve occupé par un large tissu conjonctif médullaire.

moyen d'expériences bien faites et guidées par une méthode sûre : La Baisse, à Bordeaux, en 1733, et Reichel, en Allemagne, en 1758.

— La Baisse (1) fait tremper la partie inférieure de la plante entière ou de la partie de plante soumise à l'expérience dans de l'eau rougie par du suc de Phytolacca. Ce liquide pénètre dans le végétal, s'y élève sous l'influence de l'aspiration produite par la transpiration des feuilles, et parvient jusqu'à son extrémité supérieure. L'analyse anatomique du sujet n'est pas faite au microscope, mais seulement à la loupe. Voici les principales questions résolues.

1. Par où le liquide pénètre-t-il dans la plante ? « L'écorce est la voie principale et naturelle par laquelle les racines tirent les sucs extérieurs dont les plantes se nourrissent. »

2. Quelle route tient le suc nourricier lorsqu'il est introduit dans la plante ? « Pour connaître les routes que le suc terrestre suit en montant ainsi dans le corps de la plante, j'ai mis tremper, à différents temps, plus de trente espèces de plantes différentes : les unes avec leurs racines, les autres coupées vers le pied de la tige ; quelques-unes dans une situation renversée, la plupart dans leur position naturelle. J'avais fait attention de mettre en même temps les doubles de chaque espèce de plante dans de l'eau naturelle et non colorée. » Dans ces expériences, le liquide est toujours parvenu jusqu'aux extrémités des feuilles en n'y colorant que les nervures, et jusque dans les pétales des fleurs blanches, en y dessinant d'élégantes veines rouges (Tubéreuse, *Antirrhinum*). Si l'on trempe les feuilles, non plus par leur pétiole, mais par leur pointe, le suc monte encore quelque peu dans les nervures, mais fort lentement.

3. En quelle partie de la plante sont situés les premiers canaux par où monte la nourriture ? On dissèque les tiges de Figuier, Pêcher, Ormeau, Tilleul, Marronnier d'Inde, etc., soumises à l'expérience précédente. La moelle et l'écorce sont inco-

____

(1) *Dissertation sur la circulation de la séve dans les plantes,* par M. de la Baisse (*Recueil des dissertations qui ont remporté le prix à l'Académie royale des belleslettres, sciences et arts de Bordeaux,* t. IV, 1733).

lores. Dans la substance du bois, on voit des filets rouges isolés ou des amas de filets rouges accumulés surtout contre la moelle, plus ramassés et plus foncés en couleur vers la naissance des feuilles et des branches. Dans un bois âgé de Tilleul, les filets rouges forment des cercles qui alternent avec des cercles blancs. La connaissance que nous avons de la structure de ces tiges nous permet déjà de conclure du mode de répartition des filets rouges observés par La Baisse, que le liquide coloré n'est monté que par les vaisseaux du bois, et nullement par la masse de ses fibres. Mais notre auteur, peu au courant, à ce qu'il paraît, de la structure élémentaire des végétaux, déjà bien connue de son temps, depuis les travaux de Malpighi, de Grew et de leurs successeurs, ne fait pas de distinction entre vaisseaux et fibres, et il formule sa conclusion dans les termes suivants : « Les canaux qui conduisent la séve sont situés dans la substance ligneuse des plantes, ou, pour parler encore avec plus d'exactitude, ces canaux sont de véritables fibres ligneuses (1), renfermées entre la moelle et l'écorce, qui tirent leur origine des racines, et s'étendent en montant dans toutes les productions de la plante. »

4. La Baisse étudie ensuite la distribution des sucs dans les fleurs, et cet article est fort intéressant, parce qu'il montre d'une manière plus frappante encore que le précédent que le liquide coloré traverse tout d'abord la tige en suivant quelques canaux assez isolés et assez ténus pour échapper facilement à l'œil armé d'une simple loupe. Des pieds fleuris de Tubéreuse et d'*Antirrhinum* plongent dans la liqueur. Après cinq heures, la corolle des fleurs acquiert de très-jolies veines rouges, tandis que la dissection de la tige ne montre de filets rouges en aucun point. « Il suit de ces observations que le suc monte fort vite et fort aisément jusqu'au sommet des tiges, puisqu'on l'y reconnaît avant même de pouvoir reconnaître les traces qu'il a suivies pour y arriver ; mais que ce suc se trouve arrêté aux plis et extrémités des fleurs, puisque c'est par là que la liqueur dont elles se nour-

---

(1) Le mot « fibres ligneuses » signifie évidemment pour La Baisse ce que l'on appelle aujourd'hui les faisceaux ligneux ou fibro-vasculaires.

rissent a commencé de manifester sa couleur (p. 27). » Peu à peu
la couleur se propage dans tout le tissu des pétales. « Je ne crois
pas qu'il soit besoin d'un long raisonnement pour conclure de
cette dernière observation que dans les fleurs le suc passe, en se
filtrant, des premiers canaux dans les parties charnues (p. 28). »

5. Dans les feuilles comme dans les pétales des fleurs, les
premiers canaux de la séve sont contenus dans les nervures « et
ne sont que des fibres tirées de la substance ligneuse de la tige. »
Le suc passe de ces tuyaux dans la partie charnue de la feuille;
c'est par côté que les chairs tirent leur nourriture des canaux
adjacents.

6. De même, quand il a imbibé tout le bois, le suc coloré
passe latéralement, d'une part, dans les utricules de l'écorce,
et d'autre part, dans celles de la moelle jeune.

7. Enfin, après avoir donné les raisons qui le portent à admettre un suc descendant, l'auteur cherche à savoir s'il y a communication entre le courant ascendant et le courant descendant.
Il regarde cette communication comme démontrée par l'observation suivante. Quand une tige de Grande-Éclaire a trempé par
sa base dans la liqueur rouge de Phytolacca, le suc qui s'écoule
par les lésions de la région supérieure n'est plus jaune, mais
rouge. Dans les mêmes circonstances le suc blanc du Tithymale
devient violacé.

Cette remarquable expérience établit, en réalité, qu'il existe
une communication entre les vaisseaux ligneux, que nous savons
être le siége du courant ascendant, et les laticifères. Il était ré-
servé à M. Trécul de découvrir, en 1857, la manière dont s'opère
anatomiquement cette communication des deux appareils, dont
l'expérience de La Baisse démontrait l'existence. J'ajouterai
qu'une pareille communication a également lieu quand les laticifères sont dépourvus de parois propres. J'ai vu, en effet, sur
un plant d'*Hydrocleis Humboldtii* dont les racines coupées trem-
paient dans une dissolution de fuchsine, le suc des canaux laticifères de la tige et des feuilles se colorer en rouge vif. M. Trécul a d'ailleurs indiqué en 1865 (*Comptes rendus*, t. LX, p. 81)
que, dans la feuille du *Calophyllum Calaba*, les trachées qui

avoisinent les canaux laticifères sont souvent remplies par une matière brune analogue au latex, observation qui permet de croire à une communication entre ces deux espèces d'organes.

— Reichel (1), dans une série d'expériences indépendantes de celles de La Baisse, se place à un autre point de vue. Il veut décider la question de savoir si les vaisseaux spiralés des plantes transportent de l'air, comme le croyait Malpighi et comme, après lui, Niewentyt, Thummig, Wolf, Hales et Gesner, se sont efforcés de le démontrer avec l'aide de la pompe pneumatique, ou bien si, aucontraire, comme c'était l'avis de Ray, ils transportent les sucs nutritifs. Dans ce but il fait aspirer par la plante une décoction de bois de Fernambouc; après quoi il pratique, dans ses divers organes des sections transversales et longitudinales qu'il étudie soigneusement avec un bon microscope de Lieberkühn.

Dans un rameau de Vigne examiné tout d'abord, il constate que les vaisseaux seuls sont colorés en jaune orangé, non-seulement la paroi, mais aussi le liquide intérieur. Dans un rameau coupé de Balsamine, la marche du liquide rouge dans les trachées seules est suivie jusque dans les feuilles. Dans le Noisetier, le Rosier, le Mûrier, etc., on réussit en disséquant les coupes longitudinales à isoler les vaisseaux, seuls organes remplis du liquide rouge. Dans l'*Elaterium*, le *Cucumis*, on suit la coloration rouge dans les vaisseaux des fruits et jusque dans les trachées qui se perdent dans la pulpe.

Un plant entier de Balsamine avec racines intactes a trempé dans la décoction; les coupes transversales et longitudinales permettent de suivre les vaisseaux colorés jusque dans les capsules séminifères.—Un plant de Stramoine, portant fleurs et fruits, et muni de toutes ses racines, a trempé dans la liqueur. Après huit jours, des veines rouges s'aperçoivent sur la corolle. Le suc coloré a pénétré jusque dans le style et les étamines, jusque dans la paroi des fruits, et toujours exclusivement par les trachées. Le même résultat s'obtient avec des plantes à végétation aquatique (*Arundo*, *Butomus*) ou aérienne (Ficoïde, Cierge).

<hr>

(1) Reichel, *De vasis plantarum spiralibus*, thèse dédiée à Ludwig. Leipzig, 1758.

Enfin, l'auteur fait germer des graines de Haricot et de Lupin sur le liquide coloré, et il trouve dans les nervures des cotylédons des points rouges indiquant la position des premiers vaisseaux formés, et qui descendent jusque dans la tigelle.

De toutes ces expériences, Reichel conclut que les vaisseaux spiralés sont dans toutes les plantes les organes principaux de la transmission des liquides. « Quis autem est, qui non clarè videat, » dum has nostras perlustravit observationes, vasa spiralia nu- » tritionis plantarum primaria esse organa. » (P. 39.)

— En ce qui concerne le fait de l'ascension des liquides colorés dans la plante par les faisceaux ligneux, et jusqu'au sommet des fleurs, les expériences de Reichel viennent simplement confirmer celles de La Baisse. Elles sont même, à de certains égards, moins complètes et moins instructives que celles du physiologiste français. Mais leur supériorité et leur intérêt résident dans l'analyse microscopique et élémentaire des résultats, qui manquait aux premières. Elles viennent ainsi les compléter en un point essentiel et leur donner leur véritable signification. Cette analyse montre, en effet, avec évidence ce qu'on pouvait déjà conclure avec quelque certitude de l'interprétation des faits observés à la loupe par La Baisse, c'est-à-dire que, des fibres et des vaisseaux dont le mélange constitue le bois, c'est par les vaisseaux seuls que les liquides du sol s'élèvent dans la plante, depuis la radicelle la plus profonde jusqu'à la feuille ou la fleur la plus haute. On se rappelle que c'est précisément le résultat principal auquel je suis arrivé de mon côté, dans le courant de ce travail, en prenant pour sujet d'expériences et de dissections la racine aux différentes périodes de son développement, et chez les différentes plantes qui en possèdent, c'est-à-dire un organe sur lequel les investigations de ce genre n'avaient pas encore été faites jusqu'à présent.

Est-ce à dire que les fibres ligneuses qui entourent les vaisseaux n'ont aucun rôle à jouer dans l'ascension de la séve? En aucune façon. Ce rôle des fibres n'a pas, il est vrai, été déterminé par Reichel, mais on pouvait déjà le déduire des expériences de La Baisse, où se trouve établi le transport latéral de la séve, des canaux où elle monte directement, dans les tissus voisins, transport latéral qui contribue à amener de nouveaux liquides dans ces canaux. J'ai fait voir, dans le cours de ce mémoire, que, tant qu'elles conservent leurs parois minces, les cellules conjonctives de la racine de toutes les plantes vasculaires, ainsi que les cellules ligneuses secondaires exclusivement propres à la racine des Dicotylédones, ne soutirent rien des vaisseaux où le liquide demeure absolument confiné. Mais, dès que ces éléments se transforment en fibres, ils exercent une attraction latérale sur le liquide des vaisseaux et s'en imbibent par irradiation, de manière à paraître, au premier abord, au même titre que les vaisseaux eux-mêmes, traversés par le courant ascendant.

De son côté, M. Herbert Spencer a fait, à ce sujet, il y a peu d'années (1), une série d'expériences sur les tiges et les feuilles, où il s'est, comme nous, appliqué à séparer le résultat principal des effets secondaires, et à écarter toute objection tirée du mode d'introduction des liquides colorés dans l'enceinte végétale. Ces liquides colorés étaient une décoction simple ou aluminée de bois de Campêche, et une dissolution étendue de magenta, employées tantôt séparément, tantôt ensemble et successivement. Quand la décoction de bois de Campêche est employée pure, ce qui permet de la faire absorber directement par les racines intactes de la plante (Haricot, Chrysanthème), on traite les sections par le chlorure d'étain, qui révèle par une belle couleur pourpre la présence du liquide dans les éléments où il se trouve. Ces expériences conduisent M. Herbert Spencer au résultat formulé, il y a plus d'un siècle, par Reichel, mais en outre elles lui permettent de mieux préciser le rôle des cellules et des fibres qui entourent les vaisseaux. Sur de jeunes branches prises avant la formation des productions secondaires, ou sur les pétioles tendres, les vaisseaux seuls contiennent la matière colorante. Plus tard, le confinement du liquide coloré est d'autant plus absolu, que le tissu ambiant est moins fibreux, et il dure indéfiniment dans les

_____

(1) Herbert Spencer, *On Circulation and the formation of wood in Plants* (*Transactions of the Linnæan Society*, mars 1866, vol. XXV, p. 404).

végétaux charnus où la fibrication ne s'opère pas. Même quand ce
tissu est fibreux, si l'on examine une section pratiquée à la hauteur où le liquide vient d'arriver, on le trouve localisé dans les
vaisseaux, mais un peu plus tard il se répand dans les fibres ambiantes par irradiation latérale. Ce transport latéral dépend donc,
non de l'âge du vaisseau lui-même, mais de l'action attractive
qu'exerce sur le liquide qu'il renferme la matière qui épaissit les
fibres. L'auteur part de ce fait pour exposer ensuite une ingé-
nieuse théorie sur la formation du bois.

Est-ce à dire encore que les vaisseaux seront toujours et à toute
époque entièrement remplis de liquide? On sait bien qu'ils renferment souvent de l'air ; mais cette présence de l'air n'infirme
en rien les conclusions précédentes, et je ne saurais mieux terminer cet exposé qu'en citant textuellement ce que dit à ce sujet
M. Herbert Spencer. « La présence habituelle de l'air dans les
canaux qui traversent le bois peut à peine être considérée comme
anomale, si leur fonction cesse quand le bois est formé. Les canaux qui se ramifient dans le bois d'un cerf, contiennent de l'air
après que le bois du cerf est entièrement développé, mais il n'en
est pas moins vrai que c'est la fonction des artères de contenir
du sang. D'autre part, on ne trouvera pas étonnant de rencontrer
souvent de l'air même dans les vaisseaux des pétioles et des feuilles, si l'on réfléchit aux conditions extérieures auxquelles la
feuille est soumise. Elle est le siége de l'évaporation. Les liquides
plus légers, renfermés dans les vaisseaux, passent par osmose
dans les tissus qui contiennent les liquides épaissis par cette évaporation. Et comme les vaisseaux sont ainsi continuellement
drainés, il se fait un appel du liquide contenu dans la tige et dans
les racines. Supposons que cet appel soit trop grand, ou qu'il
n'existe pas autour des racines une quantité suffisante d'humi-
dité, il en résultera un état de tension capillaire, c'est-à-dire une
tendance du liquide à passer dans les feuilles, contrebalancée en
bas par sa cohésion. Dans ces conditions, si les vaisseaux avaient
des parois imperméables, leurs extrémités supérieures seules se
videraient lentement. Mais leurs parois, comme celles de tous les
tissus environnants, sont perméables à l'air. Donc, dans cet état

de tension capillaire, l'air entrera; et comme les extrémités supérieures des tubes, plus étroites et moins poreuses que les inférieures, retiendront les liquides avec une plus grande ténacité, l'air entrera dans les tubes plus larges et plus poreux de la région inférieure, c'est-à-dire dans les canaux de la tige et des branches. Ainsi, l'entrée de l'air ne prouve pas que les vaisseaux ne sont pas les conduits de la séve ; pas plus que la vacuité des lits des rivières tropicales, pendant la saison sèche, ne prouve que ces lits de rivière ne sont pas destinés à conduire de l'eau.

« Il y a cependant une difficulté qui paraît plus sérieuse. On dit que la présence de l'air dans ces canaux étroits doit être un grand obstacle au mouvement de la séve qu'ils contiennent. Les recherches de **M.** Jamin ont montré, en effet, que des bulles d'air enfermées dans un tube capillaire résistent au passage des liquides, et que cette résistance devient très-grande si les bulles sont nombreuses, puisqu'elle atteint dans certaines expériences jusqu'à trois atmosphères. Cependant, je crois qu'il est inexact d'en conclure que quelque résistance pareille est offerte dans les vaisseaux d'une plante par les bulles d'air qui s'y trouvent. Ce qui arrive dans les tubes capillaires à paroi imperméable, avec lesquels ces expériences ont été faites, n'arrivera, en aucune façon, dans un tube capillaire à paroi perméable. Toute pression exercée sur la colonne liquide contenue dans le vaisseau poreux d'une plante doit aussitôt expulser une des bulles d'air qu'il contient à travers les petites ouvertures de la paroi. La plus grande mobilité moléculaire des gaz implique que l'air sortira beaucoup plus vite que la séve. Par conséquent, puisqu'une légère tension de la colonne de séve la force à se séparer et l'air à entrer, une légère pression sur elle expulsera l'air et réunira les parties séparées de la colonne (p. 405). »

EXPLICATION DES PLANCHES.

PLANCHE 3.

Comparaison de la structure de la racine dans les trois embranchements.

Fig. 1. Coupe transversale du cylindre central de la racine du *Cyathea medullaris.* — *c*, avant-dernière assise du parenchyme cortical; *p*, membrane protectrice, dernière assise du parenchyme cortical ; les faces latérales de ses éléments portent les marques noires, indicatrices de leurs plissements échelonnés ; r, r, deux cellules rhizogènes situées en face des vaisseaux faisant partie de la membrane protectrice, mais plus larges que ses autres éléments ; m, membrane périphérique du cylindre central ; ses cellules sont simples devant les vaisseaux et au milieu des arcs libériens, mais dans les intervalles m', elles sont dédoublées ; v, bande vasculaire formée de deux faisceaux centripètes qui sont venus se rejoindre au centre ; l, l, deux arcs de cellules libériennes étroites à paroi brillante, terminés de chaque côté par une cellule plus large ; c, cellules conjonctives unissant les deux arcs libériens l aux deux faisceaux vasculaires v.

Fig. 2. Coupe transversale du cylindre central du pivot de l'*Allium Cepa*. — e, avant-dernière assise du parenchyme cortical ; p, membrane exclusivement protectrice, dernière assise du parenchyme cortical ; ce sont ses cellules qui plus tard s'épaississent beaucoup excepté sur la face externe ; m, membrane périphérique du cylindre central ; les cellules r, de cette membrane, situées devant les vaisseaux, sont les cellules rhizogènes, ce qui nous permet de donner à cette assise le nom de membrane rhizogène ; v, bande vasculaire formée de deux faisceaux centripètes qui sont venus se rejoindre au centre ; l, les deux arcs libériens de cellules étroites et longues à paroi brillante et un peu épaissie ; c, cellules conjonctives à paroi terne et mince qui réunissent l à v.

Fig. 3. Coupe transversale du pivot jeune du *Taxus baccata*, avant l'apparition des productions secondaires. — c, avant-dernière assise corticale ; les éléments sont munis au milieu de leurs faces latérales et transverses d'une bande d'épaississement qui forme autour de la cellule un cadre rigide ; tous ces cadres se correspondent ; p, membrane protectrice, dernière assise du parenchyme cortical. Dans le jeune âge de la racine, ses cellules sont incolores et les plissements échelonnés sur leurs faces latérales et transverses se distinguent nettement. Un peu plus tard les parois se colorent en rouge vif, excepté dans les éléments en regard des vaisseaux, et les plissements sont moins nets. Les deux faisceaux vasculaires commencent par des vaisseaux étroits à paroi sombre, annelés, spiralés et réticulés, v, et se continuent par des vaisseaux plus larges à paroi plus épaisse et brillante, ponctués, v', jusqu'à venir se toucher au centre ; l, deux arcs libériens de cellules larges, à paroi brillante et flasque ; c, cellules conjonctives unissant l à v ; la plus externe de ces deux assises, g, divisera plus tard ses éléments, et formera un arc générateur.

Fig. 4. Coupe transversale du pivot jeune de *Beta vulgaris*. — Mêmes lettres. La plus externe des deux rangées conjonctives, g, a dédoublé toutes ses cellules par une cloison tangentielle ; c'est le début de l'arc générateur.

Fig. 5. Section longitudinale tangentielle à travers le parenchyme cortical d'une racine de Fougère, rencontrant une radicelle. La bande vasculaire de la radicelle est perpendiculaire à l'axe de la racine. Il en est ainsi chez toutes les Cryptogames vasculaires.

Fig. 6. Section longitudinale tangentielle à travers le parenchyme cortical d'une racine de Lupin. La bande vasculaire de la radicelle passe par l'axe de la racine. Il en est ainsi chez toutes les Phanérogames.

Fig. 7. Coupe transversale d'une racine de *Taxus baccata* vers le milieu de sa première année. — L'écorce primitive e est brune et va s'exfolier ; p, membrane protectrice rouge ; l, arc libérien primaire à cellules repliées ; v, bande vasculaire

primitive; *c*, tissu conjonctif; *l'*, liber secondaire; *v'* bois secondaire. Il ne s'est
rien fait encore en face de *v*, mais les arcs générateurs vont s'y rejoindre.

Fig. 8. Coupe transversale d'une racine de *Taxus baccata* à la fin de sa seconde
année. — *s*, couche subéreuse rouge formée par les divisions centripètes du bord
externe de *m*; *m'*, parenchyme cortical secondaire formé par les divisions centrifuges du bord interne de *m*; *l*, arc libérien primaire réduit à un mince feuillet
solide stratifié; *l'*, *l''*, liber secondaire de première et de seconde année; *v'*, anneau
ligneux de première année résultant de l'union en face de *v*, des deux faisceaux
intralibériens primitifs; *v''*, anneau ligneux de seconde année.

Fig. 9. Disposition alternante des éléments tabulaires du liber secondaire dans les
séries radiales qu'ils constituent. — *a*, cellule à paroi mince pleine de grains très-
sombres, non amylacés. Ce sont ces cellules qui dans le *Thuia* s'épaississent en
fibres; *b*, cellule ovoïde gonflée d'amidon; *c*, cellule à paroi brillante un peu
épaissie, flasque, grillagée sur les faces latérales. L'ordre de succession est *acbca*.....

Fig. 10. Section transversale du pivot du *Centranthus ruber*. — *e*, parenchyme cortical primitif; *m'*, parenchyme secondaire résultant du développement de *m*; *l*, arc
libérien primitif; *v*, bande vasculaire primitive; *v'*, bois secondaire où les vaisseaux
se succèdent en quatre rayons divergents, séparés par des rayons celluleux; *l'*, liber
secondaire. En face de *v*, il ne s'est formé que de larges rayons celluleux, *r'*, provenant du développement des cellules rhizogènes *r*. En sorte que les deux faisceaux
secondaires, *l' v'*, superposés à *l*, sont complétement distincts, et n'ont leur pointe
interne séparée de la lame *v*, que par un ou deux rangs de cellules conjonctives.

La comparaison des figures 1, 2, 3 et 4, montre sur le type deux, l'identité de
structure du cylindre central d'un Cryptogame vasculaire, d'une Monocotylédone,
d'une Dicotylédone gymnosperme et d'une Dicotylédone angiosperme. Le caractère
différentiel entre la première et toutes les autres résulte de la situation des cellules
rhizogènes *r*, dans la membrane protectrice *p*, et non dans la membrane périphérique
m, et aussi de l'insertion transversale des vaisseaux de la radicelle (fig. 5). Le caractère
différentiel des deux dernières par rapport à la seconde, réside dans la formation des
productions libérovasculaires secondaires attestée par les fig. 7, 8 et 10. Enfin le
caractère différentiel de la troisième par rapport à la quatrième consiste dans l'absence
de fibres conjonctives mêlées aux vaisseaux dans le bois secondaire.

PLANCHE 4.

Suite de la comparaison de la structure de la racine dans les trois embranchements.

Fig. 11. Section transversale d'une racine de *Marattia lœvis*, à 6 centimètres de son
extrémité. — *e*, avant-dernière assise corticale; *p*, membrane protectrice contenant
vis-à-vis des lames vasculaires les cellules rhizogènes *r*, çà et là dédoublées;
m, membrane périphérique du cylindre central; *v*, lames vasculaires; *l*, faisceaux
libériens; *c*, tissu conjonctif.

Fig. 12. Coupe transversale de la racine adventive du *Colocasia antiquorum*. —
Mêmes lettres que fig. 11, mais les cellules rhizogènes *r* font partie de la membrane
périphérique du cylindre central. Pour ne pas gêner par un accident particulier la
comparaison de cette figure avec la précédente et les suivantes, on n'y a pas marqué
la position et la marche des laticifères dans le cylindre central.

Fig. 13. Coupe transversale du jeune pivot du *Pinus Pinea*.— *e*, avant-dernière assise
du parenchyme cortical; *p*, membrane protectrice; *m*, épaisse membrane périphé-

rique du cylindre central, contenant vis-à-vis des vaisseaux les cellules rhizogènes *r*; *v*, lames vasculaires bifurquées enserrant un canal résinifère *h*. Les vaisseaux externes *v* sont spiro-annelés; les internes *v'* ponctués aréolés; *l*, arcs libériens, *c*, tissu conjonctif. L'assise conjonctive qui borde le faisceau libérien a formé l'arc générateur *g*.

Fig. 14. Coupe transversale d'une jeune racine adventive d'*Artanthe elongata*. — Mêmes lettres.

Fig. 15. Coupe transversale d'un pivot de *Pinus Pinea* à la fin de sa première année de végétation. — *s*, couche subéreuse centripète issue du bord externe de la membrane rhizogène; *e'*, parenchyme cortical secondaire centrifuge issu de la région interne de la membrane rhizogène; *v*, lames vasculaires primitives; *c*, tissu conjonctif; *h*, canaux résinifères primaires; *l*, arcs libériens primitifs réduits à des feuillets serrés; *v'*, bois secondaire renfermant des canaux résinifères *h'*; *l'*, liber secondaire. Les faisceaux libéroligneux secondaires, d'abord distincts, se sont réunis en un anneau continu en dehors des canaux résinifères primitifs.

Fig. 16, Coupe transversale d'une racine âgée d'*Artanthe elongata*.— Mêmes lettres que fig. 14. En outre : *v'*, bois secondaire; *l'*, liber secondaire. Les faisceaux secondaires ainsi développés sur le bord interne des faisceaux libériens primaires *l*, sont séparés par de larges rayons parenchymateux *r'*, issus de la division des cellules rhizogènes *r*, appartenant à la membrane périphérique *m* du cylindre central. Le tissu conjonctif central *c* est formé de larges cellules amylifères.

La comparaison des figures 11, 12, 13 et 14 montre, avec un nombre considérable et variable de faisceaux libériens et vasculaires, l'identité de structure du cylindre central de la racine d'une Cryptogame vasculaire, d'une Monocotylédone, d'une Dicotylédone gymnosperme et d'une Dicotylédone angiosperme. On pourrait établir la même comparaison sur des racines ternaires, quaternaires, etc. Le caractère différentiel entre la figure 11 et les autres résulte de la situation des cellules rhizogènes *r* dans la membrane protectrice *p*, et non dans la membrane périphérique du cylindre central *m*. Le caractère différentiel des deux dernières, par rapport à la seconde, réside dans la formation de productions libéroligneuses secondaires attestée par les figures 15 et 16. Enfin, le caractère différentiel de la quatrième, par rapport à la troisième, résulte de la nature de ces productions secondaires, c'est-à-dire de la présence de fibres mêlées aux vaisseaux dans le bois secondaire.

On voit par ces deux planches que les caractères différentiels des embranchements sont tirés non de l'organisation primaire elle-même qui demeure constante partout, mais du mode suivant lequel s'opèrent les développements ultérieurs.

PLANCHE 5.

Racine des Cryptogames vasculaires.

Fig. 17. Coupe transversale de la racine de l'*Adiantum Moritzianum*. — *a*, épiderme ; *b, b*, deux assises provenant du dédoublement de la rangée sous-épidermique; *d*, rangée de cellules étroites; *e*, larges cellules de l'avant-dernière assise corticale; *p*, membrane protectrice ayant six éléments tabulaires, dont les deux *r*, superposés aux lames vasculaires, sont rhizogènes; *m*, membrane périphérique du prisme central; *v*, deux lames vasculaires se touchant au centre; *l*, deux arcs libériens unisériés; *c*, une simple assise de cellules conjonctives.

Fig. 18. Coupe transversale de la racine du *Lastræa Thelipteris*.— Mêmes lettres. ...
membrane périphérique *m* est dédoublée de chaque côté des arcs libériens. Les deux
lames vasculaires ne se rejoignent pas tout à fait au centre où les larges vaisseaux
sont séparés par deux rangs de cellules conjonctives *c*.

Fig. 19. Coupe transversale de la racine du *Polypodium irioides*. — Mêmes lettres.
Les assises internes de l'écorce *e*, extérieures à la membrane protectrice *p*, se sont
subdivisées en cellules plus étroites qui se sont de bonne heure fortement épaissies;
mais cet anneau solide est interrompu en face des cellules rhizogènes *r*, où les
cellules de l'avant-dernière assise *e'* ont conservé leur grand diamètre et leur paroi
mince.

Fig. 20. Cellules de la zone corticale interne de la racine de l'*Hemitelia horrida*,
épaissies sur leur face interne seulement.

Fig. 21. Coupe transversale de la racine du *Scolopendrium officinarum*. Mêmes lettres.
Les cellules de l'écorce interne *e*, excepté celles de la membrane protectrice et
rhizogène *p*, s'épaississent énormément, sauf sur le milieu de leur face externe.
L'anneau solide est aminci en *e'*, en face des lames vasculaires. Il manque tout à
fait devant les cellules rhizogènes.

Fig. 22. Section transversale de la racine de l'*Equisetum arvense*. — *a*, épiderme;
b, assise sous-jacente; *d*, grandes cellules carrées. Quand il y en a plusieurs
assises, elles sont superposées en séries radiales; *p*, avant-dernière rangée de
l'écorce; c'est elle, et non plus la dernière, qui porte les plissements *i* et qui est la
membrane protectrice; *q*, dernière assise corticale; c'est elle qui, en l'absence d'une
membrane périphérique du cylindre central *m*, contient les cellules rhizogènes *r* en
face des vaisseaux; *v*, lames vasculaires; *l*, arcs libériens; *c*, arcs conjonctifs.

Fig. 23. Coupe transversale d'une racine de *Marsilea quadrifolia*. Les cellules de la
zone interne de l'écorce *e* sont disposées en cercles concentriques et en séries
radiales, et laissent entre elles des méats en forme de losange. Le reste comme dans
les figures 17 et 18.

Fig. 24. Section transversale d'une entrefouche de la racine de *Selaginella cuspidata*,
en son milieu. — *e*, assises internes de l'écorce; *p*, membrane protectrice;
m, membrane périphérique du cylindre central; *v*, un seul faisceau vasculaire centripète cunéiforme; *l*, un seul arc de cellules libériennes diamétralement opposé;
c, cellules conjonctives. L'orientation de la figure est celle du tronc principal et des
branches inférieures de toutes les dichotomies de rang pair.

Fig. 25 et 26. Comment, quand on s'approche d'une bifurcation, le faisceau vasculaire et le faisceau libérien se dédoublent, et tournent leurs moitiés de 90 degrés, de
manière que les deux cylindres centraux se présentent leurs pointes vasculaires avant
de se rendre dans les deux branches.

Fig. 27. Section transversale de la racine du *Botrychium Lunaria*.— Mêmes lettres
que plus haut. Les cellules de la membrane protectrice *p* se remplissent d'amidon
comme les autres. La membrane périphérique du cylindre central *m* n'existe qu'en
dehors des deux faisceaux vasculaires, et encore pas dans tous les points.

Fig. 28. Coupe transversale d'une racine d'*Ophioglossum vulgatum*. — Mêmes lettres.
Un seul faisceau vasculaire *v*, un seul arc libérien *l*. La membrane périphérique *m*
n'existe que devant les vaisseaux.

PLANCHE 6.

Racine des Monocotylédones.

Fig. 29. Section transversale de la racine principale d'une plantule de Blé (*Triticum sativum*). — *a*, épiderme; *b*, assise sous-jacente; *d*, zone interne à séries radiales et à méats; *e*, avant-dernière rangée; *p*, dernière assise, membrane protectrice, s'épaississant un peu sur la face interne; *m*, membrane périphérique interrompue en dehors des vaisseaux; les larges cellules rhizogènes *r* qu'elle renferme correspondent aux groupes libériens; *v*, lames vasculaires de deux ou trois vaisseaux; *v'*, vaisseau central; *l*, groupes libériens de trois ou quatre cellules; *c*, cellules conjonctives.

Fig. 30. Portion d'une coupe transversale de la racine principale du Maïs (*Zea Mays*). — Mêmes lettres. Les groupes libériens ont cinq à six cellules dont les deux plus internes sont plus larges.

Fig. 31. Fragment d'une coupe transversale d'une racine adventive de *Paspalum Michauxianum*. — Mêmes lettres. Les éléments conjonctifs sont épaissis en fibres.

Fig. 32. Fragment d'une section transversale d'une racine adventive de *Carex brizoides*. — *e*, cellules fibreuses de la zone interne de l'écorce; *p*, membrane protectrice; *m*, membrane périphérique du cylindre central, continue et contenant, vis-à-vis des lames vasculaires, les cellules rhizogènes *r*.

Fig. 33. Section transversale d'une racine de *Triglochin maritimum*. — *e*, avant-dernière assise corticale; *p*, membrane protectrice à cellules épaissies, sauf sur la face externe; *m*, membrane périphérique contenant devant les vaisseaux les cellules rhizogènes *r*; *v*, lames vasculaires; *l*, faisceaux libériens unicellulaires; *c*, cellules conjonctives.

Fig. 34. Fragment d'une coupe transversale d'une racine adventive de *Pontederia crassipes*. — Mêmes lettres. Entre deux lames vasculaires, il y a tantôt trois cellules libériennes, tantôt une seule, suivant la largeur de l'intervalle.

Fig. 35. Coupe transversale d'une racine d'*Aponogeton distachyum*. — Mêmes lettres. Une seule large cellule libérienne *l* remplace le faisceau ordinaire. C'est de la division d'une cellule pentagonale semblable par des cloisons parallèles à ses faces que naissent les trois ou quatre petites cellules libériennes du Blé (fig. 29).

Fig. 36. Section transversale d'une racine d'*Hydrocleis Humboldtii*. — Mêmes lettres.

Fig. 37. Section transversale d'une racine de *Potamogeton lucens*. — Mêmes lettres.

Fig. 38. Section transversale d'une racine d'*Hydrocharis Morsus-Ranæ*. — Mêmes lettres. Le faisceau vasculaire est réduit à un seul vaisseau spiralé à paroi mince et flasque; mais le faisceau libérien *l* est composé de plusieurs cellules. Le tissu conjonctif *c* sépare les deux vaisseaux au centre de l'organe.

Fig. 39. Section transversale d'une racine adventive d'*Elodea canadensis*, prise sur la plante en fleurs au mois de septembre. — Mêmes lettres. *l*, cinq faisceaux libériens réduits à un seul élément pentagonal; *v*, cinq faisceaux vasculaires réduits à un seul vaisseau spiralé, à paroi mince et flasque; *v'*, large vaisseau central, également spiralé, à paroi fort mince se résorbant d'assez bonne heure pour former une lacune; *c*, cellules conjonctives. Comparer avec la figure 36, où les vaisseaux sont tous fort épaissis.

Fig. 40. Section longitudinale de cette racine d'*Elodea canadensis*, passant par un vaisseau externe et par l'axe du vaisseau central. — *p*, cellules protectrices ; *m*, éléments de la membrane périphérique ; *v*, vaisseau spiralé externe, formé de cellules terminées en sifflet ; *c*, cellule conjonctive ; *v'*, large vaisseau spiralé central, à paroi extrêmement mince, et munie d'une spiricule très-délicate.

Fig. 41. Section transversale de la racine du *Najas major*. — *e*, avant-dernière assise corticale ; *p*, membrane protectrice ; *m*, membrane périphérique et rhizogène du cylindre central ; *n*, assise dont font partie ordinairement les premiers vaisseaux, les premiers éléments libériens et les premières cellules conjonctives, mais où je n'ai pas réussi, jusqu'à présent, à découvrir cette différenciation ; *v*, lacune centrale ayant probablement la valeur du vaisseau central de l'*Elodea canadensis*.

Fig. 42. Section transversale d'une racine de *Vallisneria spiralis*. — *a*, épiderme ; *b*, écorce externe ; *d, d*, zone interne à séries radiales ; *e*, avant-dernière assise ; *p*, dernière rangée formant la membrane protectrice ; *m*, membrane périphérique du cylindre central, ordinairement rhizogène ; *o*, lacune centrale provenant de la résorption de la cellule-mère de la région interne du cylindre central.

Fig. 43. Section transversale de la racine du *Lemna minor*. — Mêmes lettres. La cellule centrale *o* ne paraît pas avoir toujours sa paroi résorbée ; cela dépend sans doute de l'âge de la racine.

PLANCHE 7.

Racine des Dicotylédones.

Fig. 44. Section transversale d'une jeune racine adventive de *Cucurbita maxima*, avant le début des formations secondaires. — *e*, avant-dernière assise du parenchyme cortical ; *p*, membrane protectrice ; *m*, membrane périphérique du cylindre central contenant, en *r*, devant les vaisseaux, les cellules rhizogènes ; *v*, lames vasculaires ; *l*, arcs libériens ; *c*, tissu conjonctif central s'insinuant en forme de lames entre les faisceaux vasculaires et libériens jusqu'au contact de la membrane rhizogène. Le rang *g*, en contact avec le groupe libérien, donnera l'arc générateur.

Fig. 45. Section d'une racine plus âgée de la même plante, montrant les faisceaux secondaires bien développés. — Mêmes lettres. *v'*, vaisseaux et bois secondaires ; *l'*, liber secondaire ; *r'*, rayons celluleux formés devant *v* par les cellules *r* de la membrane rhizogène qui a produit, en dehors des arcs libériens primitifs, une écorce secondaire *e* et une couche subéreuse *s*. Le parenchyme primaire est exfolié.

Fig. 46. Organisation primaire du pivot du *Cucurbita maxima*. — Mêmes lettres.

Fig. 47. Section transversale du même pivot après la formation des quatre faisceaux secondaires. — Mêmes lettres.

Fig. 48. Section transversale du jeune pivot du Haricot (*Phaseolus vulgaris*), avant la formation des productions secondaires. — Mêmes lettres. Sous l'assise protectrice *p*, la membrane périphérique du cylindre central a une seule rangée en dehors des faisceaux libériens en *m*, et trois en dehors des lames vasculaires en *r*.

Fig. 49. Section du même pivot dans une région plus âgée, montrant le début des formations secondaires. — Mêmes lettres. En outre : *l'*, liber secondaire ; *g*, arc générateur en activité ; *v'*, premier vaisseau secondaire.

Fig. 50. Moitié de la section du corps central, à un grossissement plus fort. — Mêmes lettres. Le groupe externe du liber primaire *l* est formé de fibres blanches très-épaissies.

Fig. 51. Section transversale du pivot très-jeune du *Pisum sativum*. — Mêmes lettres. Exemple d'une organisation primaire sur le type trois.

Fig. 52. Section transversale du pivot du Cerfeuil (*Anthriscus Cerefolium*), avant l'apparition des productions secondaires. Mêmes lettres. Les cellules rhizogènes sont en *r*; *q*, les quatre cellules de la membrane périphérique qui bordent le canal oléo-résineux *o*.

Fig. 53. Section d'un jeune pivot de Panais (*Pastinaca sativa*) passant par l'insertion de deux radicelles.

Fig. 54. Section du corps central d'une jeune racine adventive de Lierre (*Hedera Helix*) avant l'apparition des productions secondaires. — *e*, avant-dernière assise corticale; *p*, membrane protectrice; *m*, membrane périphérique du prisme central contenant, en *r*, les cellules rhizogènes, et creusée devant les lames vasculaires *v* d'un canal oléo-résineux *o* entouré par quatre grandes cellules *q*; *l*, faisceaux libériens primitifs; *c*, prisme conjonctif fibreux; *c' g*, deux assises de cellules conjonctives à paroi mince; l'arc le plus externe *g* deviendra l'arc générateur.

Fig. 55. Canal oléo-résineux superposé à chaque lame vasculaire dans la jeune racine de l'*Aralia edulis*. — La figure montre comment les cellules extérieures *q'* se divisent pour donner la couche subéreuse centripète *s*, tandis que les intérieures *q*, dédoublées, donneront par leurs moitiés internes génératrices *ε*, l'écorce secondaire centrifuge; *p*, membrane protectrice.

Fig. 56. Section transversale du cylindre central d'un jeune pivot de *Tagetes erecta* avant l'apparition des formations secondaires. — *e*, avant-dernière assise corticale; *p*, membrane protectrice. Les cinq cellules situées de chaque côté, en face des faisceaux vasculaires, sont simples. Les cinq éléments qui correspondent aux faisceaux libériens sont dédoublés, *p'*, *p''*, et laissent, entre leurs coins arrondis, d'étroits canaux oléorésineux *o*. Çà et là on trouve aussi de l'huile dans les méats *o'* situés entre *p''* et *e*; *m*, membrane périphérique du cylindre central contenant en *r* les cellules rhizogènes; *v*, lames vasculaires; *l*, arcs libériens; *c*, assise conjonctive; *g*, futur arc générateur.

Fig. 57. Section d'une racine adventive de *Tropæolum majus* avant l'apparition des productions secondaires.

Fig. 58. Section de cette même racine après la formation des deux faisceaux secondaires.

Fig. 59. Organisation primaire du pivot du *Convolvulus tricolor*.

Fig. 60. Structure de ce pivot après la formation des faisceaux secondaires, qui demeurent séparés par des rayons parenchymateux.

PLANCHE 8.

Suite de la racine des Dicotylédones.

Fig. 61. Section transversale d'une racine aérienne de *Cereus grandiflorus*. — Mêmes lettres que précédemment.

Fig. 62. Coupe transversale de la même racine après le développement des faisceaux libéroligneux secondaires, des rayons parenchymateux *r'* qui les séparent, du parenchyme cortical secondaire *c'* pourvu de chlorophylle, et enfin de la couche subéreuse *s*, divisée en deux zones par une assise péridermique; mais avant l'exfoliation complète de l'écorce primaire *e*, dont l'épiderme et les assises sous-jacentes ont seuls disparu. — Mêmes lettres.

Fig. 63. Section transversale du cylindre central de la racine adventive de l'*Asarum canadense* avant les formations secondaires qui s'y opèrent tardivement. — Mêmes lettres. En outre : *k*, vaisseaux laticifères intralibériens pleins d'un liquide vert brunâtre qui s'épanche sur les sections.

Fig. 64. Fragment d'une section transversale d'une racine aérienne assez âgée de *Peperomia maculosa* à sept lames primitives. — Mêmes lettres. L'arc générateur intralibérien *g* n'a pas encore formé de vaisseaux secondaires.

Fig. 65. Organisation d'une racine âgée de *Piper Cubeba*. Le tissu conjonctif est lignifié à sa périphérie; mais pas de faisceaux secondaires.

Fig. 66. Structure d'une autre racine, sans doute plus âgée. Il s'est formé, au bord interne de chaque faisceau libérien primitif, un arc de trois ou quatre vaisseaux secondaires.

Fig. 67. Section transversale d'une radicelle très-âgée de *Clusia flava* ; pas de formations secondaires.

Fig. 68. Section d'une racine adventive âgée du *Clusia Plumieri*, montrant les faisceaux libéroligneux secondaires bien développés.

Fig. 69. Organisation primaire de la racine adventive du *Mentha aquatica*. — Mêmes lettres. Le tissu conjonctif central est de très-bonne heure fibrifié.

Fig. 70. La même racine après qu'il s'y est développé quelques vaisseaux secondaires.

Fig. 71. Organisation primaire de la racine adventive de l'*Hippuris vulgaris*. Chacune des trois lames vasculaires est réduite à un seul vaisseau. D'autres fois, il y a quatre ou deux faisceaux vasculaires; dans ce dernier cas, l'organisation est pareille à celle de l'*Hydrocharis* (fig. 38).

Fig. 72. La même racine après le développement sur le bord interne des arcs libériens, de quelques vaisseaux secondaires qui se juxtaposent aux primaires dans les trois angles sans interposition de cellules conjonctives.

Fig. 73. Portion d'une section transversale de la racine adventive du *Nuphar luteum* dans toute son étendue libre. — Mêmes lettres que précédemment.

Fig. 74. Portion correspondante d'une coupe transversale dirigée à travers l'amorce adhérente d'une racine détruite de l'année précédente. Il s'est développé au bord interne de chaque faisceau libérien un groupe de vaisseaux secondaires, souvent subdivisé latéralement en deux moitiés.

Fig. 75. Portion correspondante d'une section transversale de la racine adventive du *Nymphæa alba*. — Mêmes lettres. Le tissu conjonctif central est beaucoup moins développé que dans le *Nuphar*. Il n'y a pas encore de vaisseaux secondaires.

Fig. 76. Section transversale d'une racine tuberculeuse de *Ficaria ranunculoides* dans sa région la plus âgée, c'est-à-dire au voisinage de l'insertion de la tige nouvelle qui se développe aux dépens de son bourgeon basilaire. Quelques vaisseaux secondaires se rencontrent au bord interne de chacun des groupes libériens primitifs.

TABLE DES MATIÈRES

PREMIÈRE PARTIE

DÉMONSTRATION DES CARACTÈRES DIFFÉRENTIELS DE LA RACINE, DE LA TIGE
ET DE LA FEUILLE;
DÉFINITION ANATOMIQUE DES TROIS ORGANES FONDAMENTAUX.

PREMIER MÉMOIRE

La racine

SON ORGANISATION DANS LES PRINCIPAUX GROUPES DES PLANTES VASCULAIRES.

FIN DE LA TABLE.

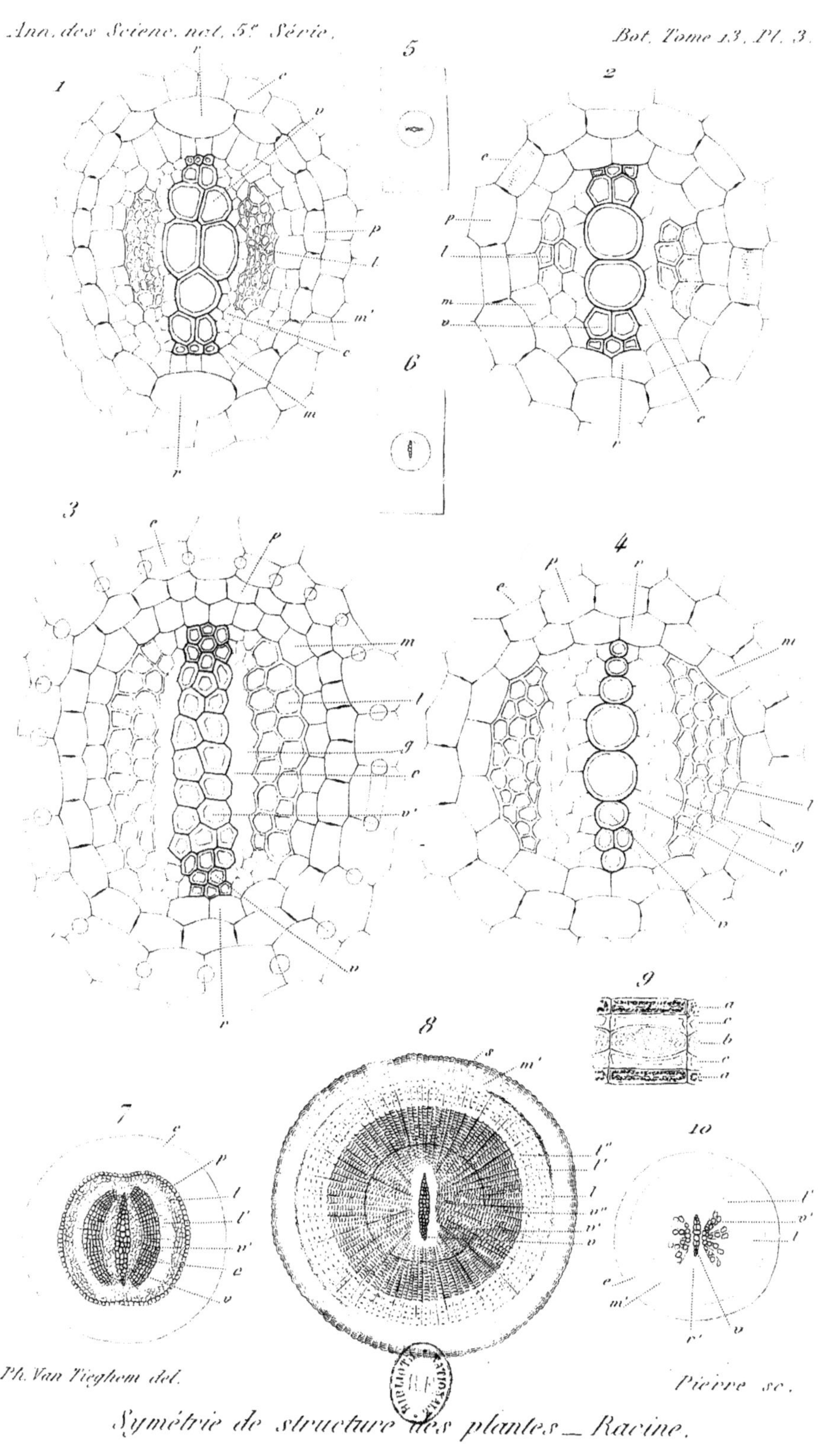

Ph. Van Tieghem del.

Pierre sc.

Symétrie de structure des plantes _ Racine.

Imp. A. Salmon, r. Vieille Estrapade, 15, Paris.

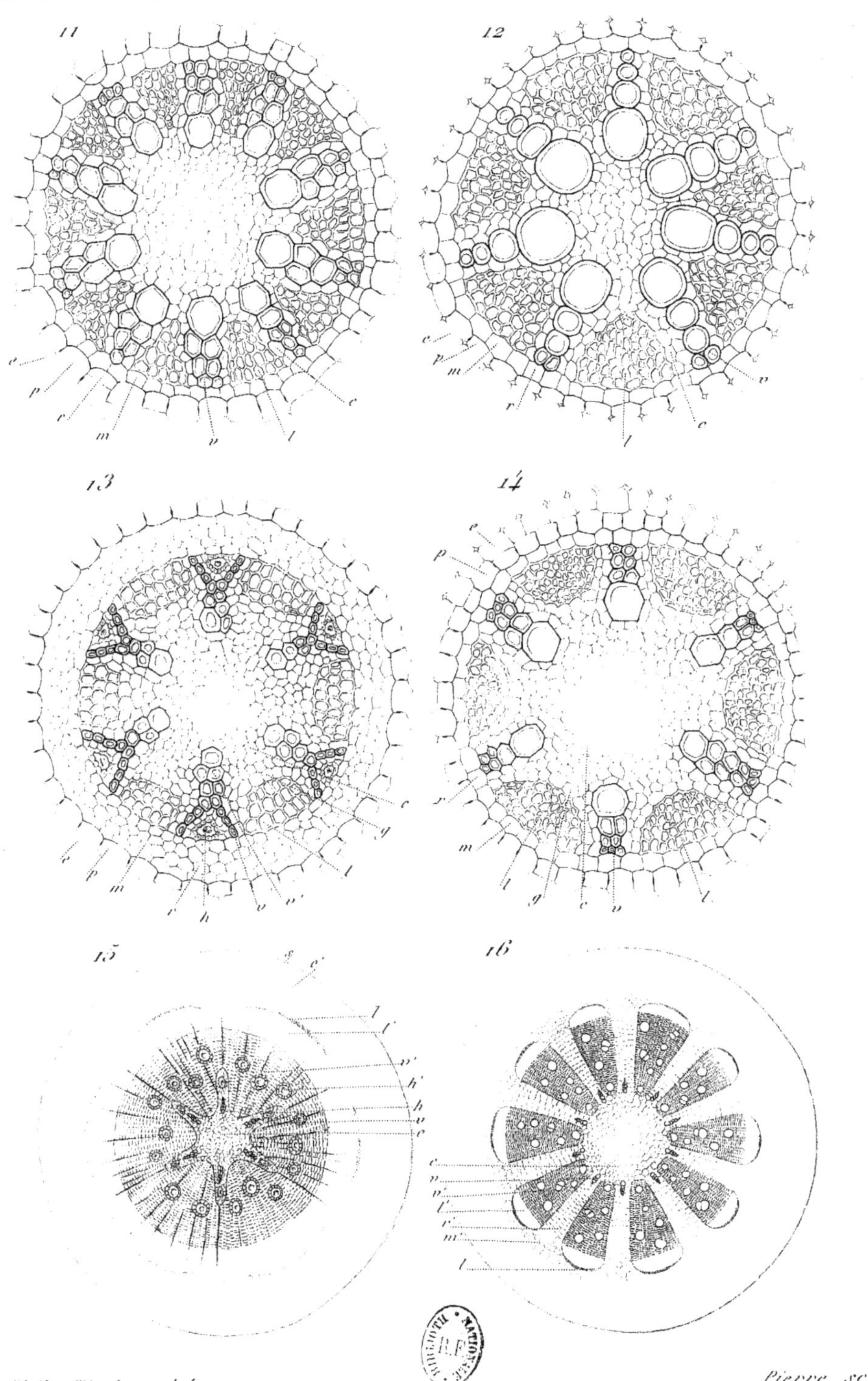

Ph. Van Tieghem del.

Pierre sc.

Symétrie de structure des plantes_Racine.

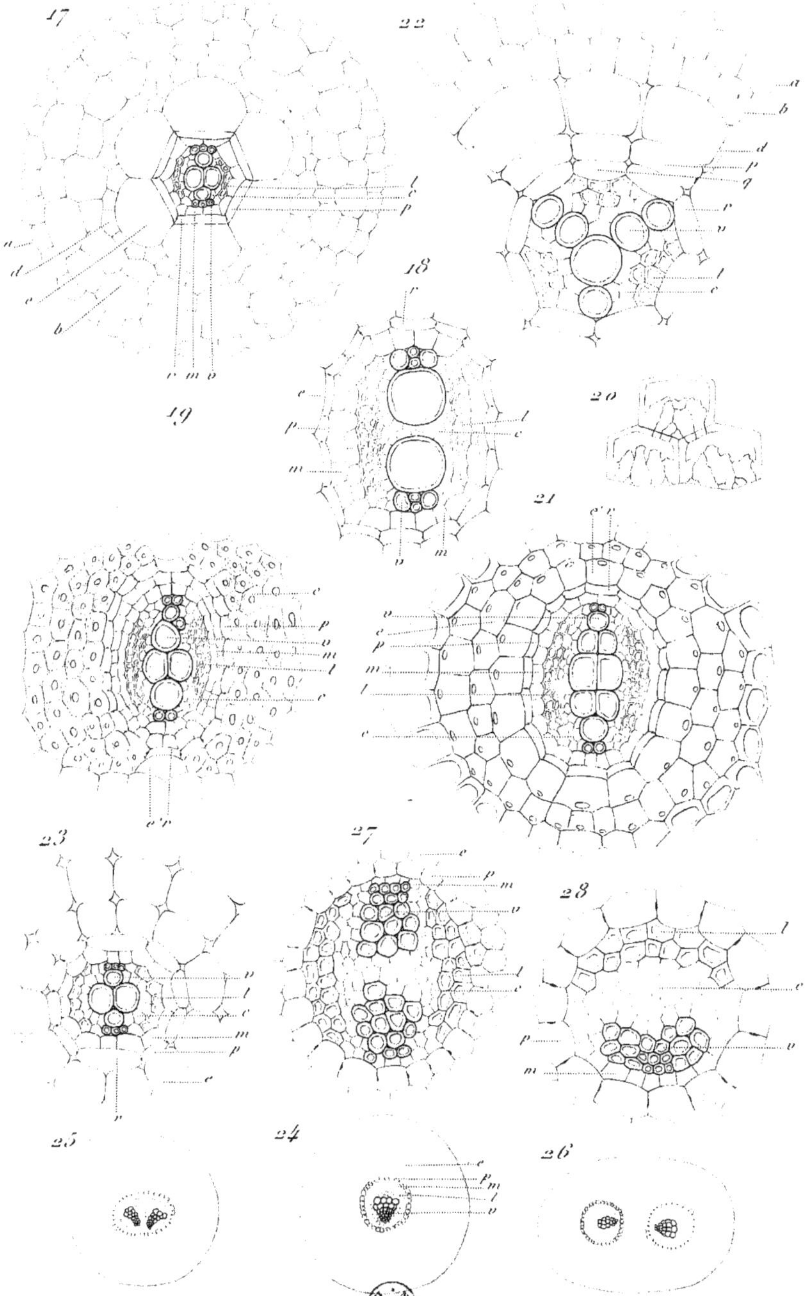

Ph. Van Tieghem del. Pierre sc.

Symétrie de structure des plantes _ Racine.

Imp. A. Salmon, r. Vieille Estrapade, 15, Paris.

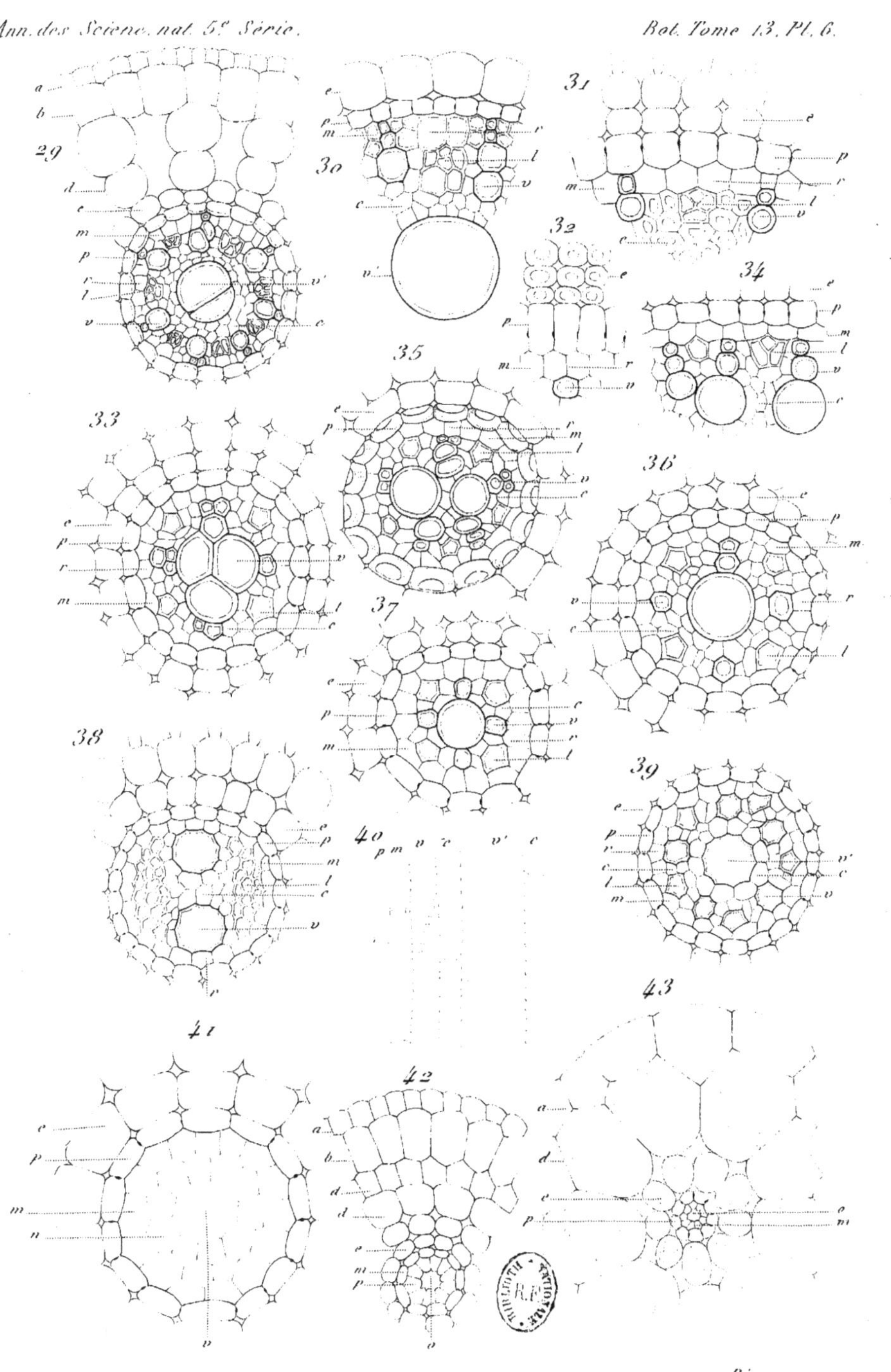

Symétrie de structure des plantes_Racine.

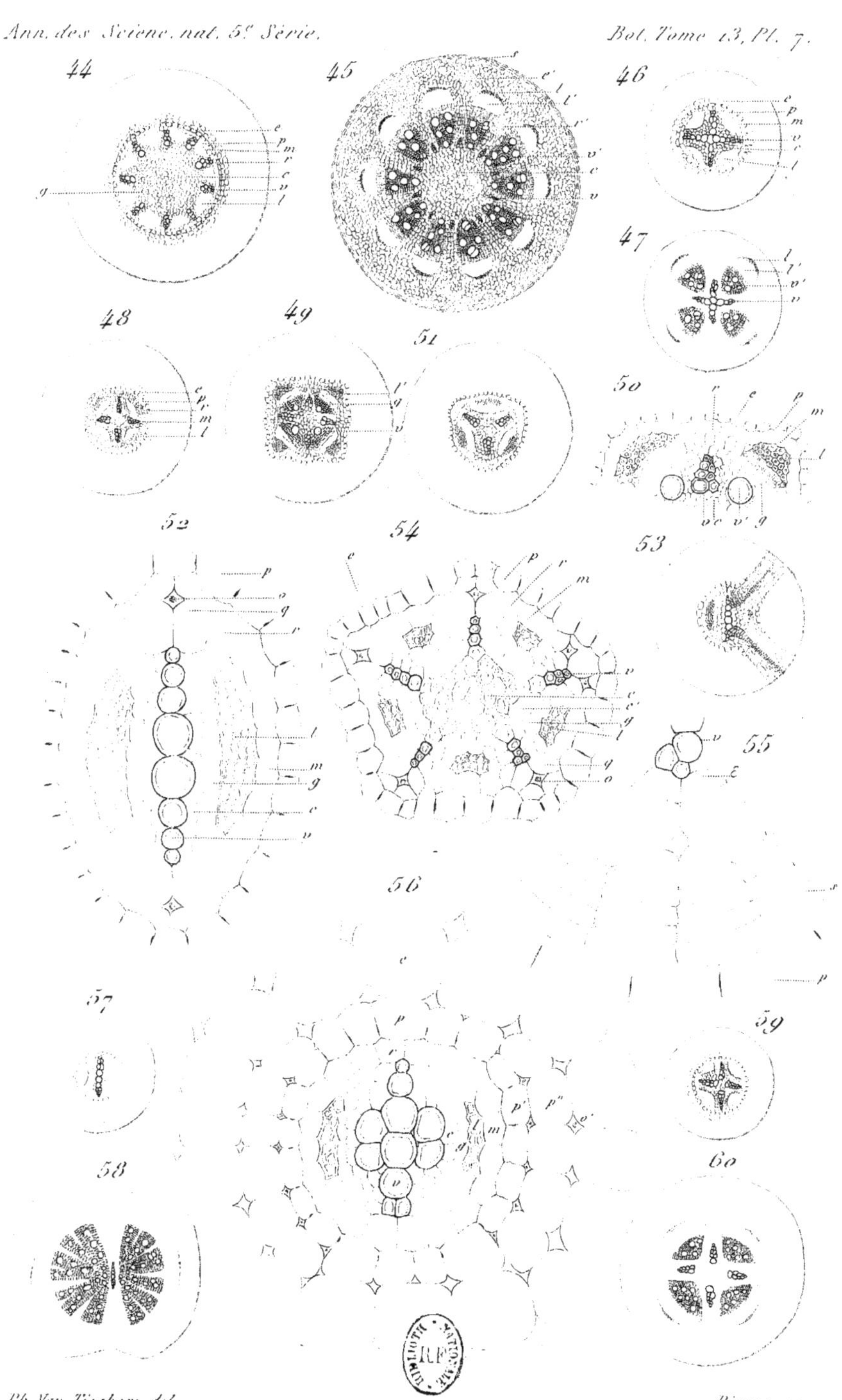

Ph. Van Tieghem del.   Pierre sc.

Symétrie de structure des plantes — Racine.

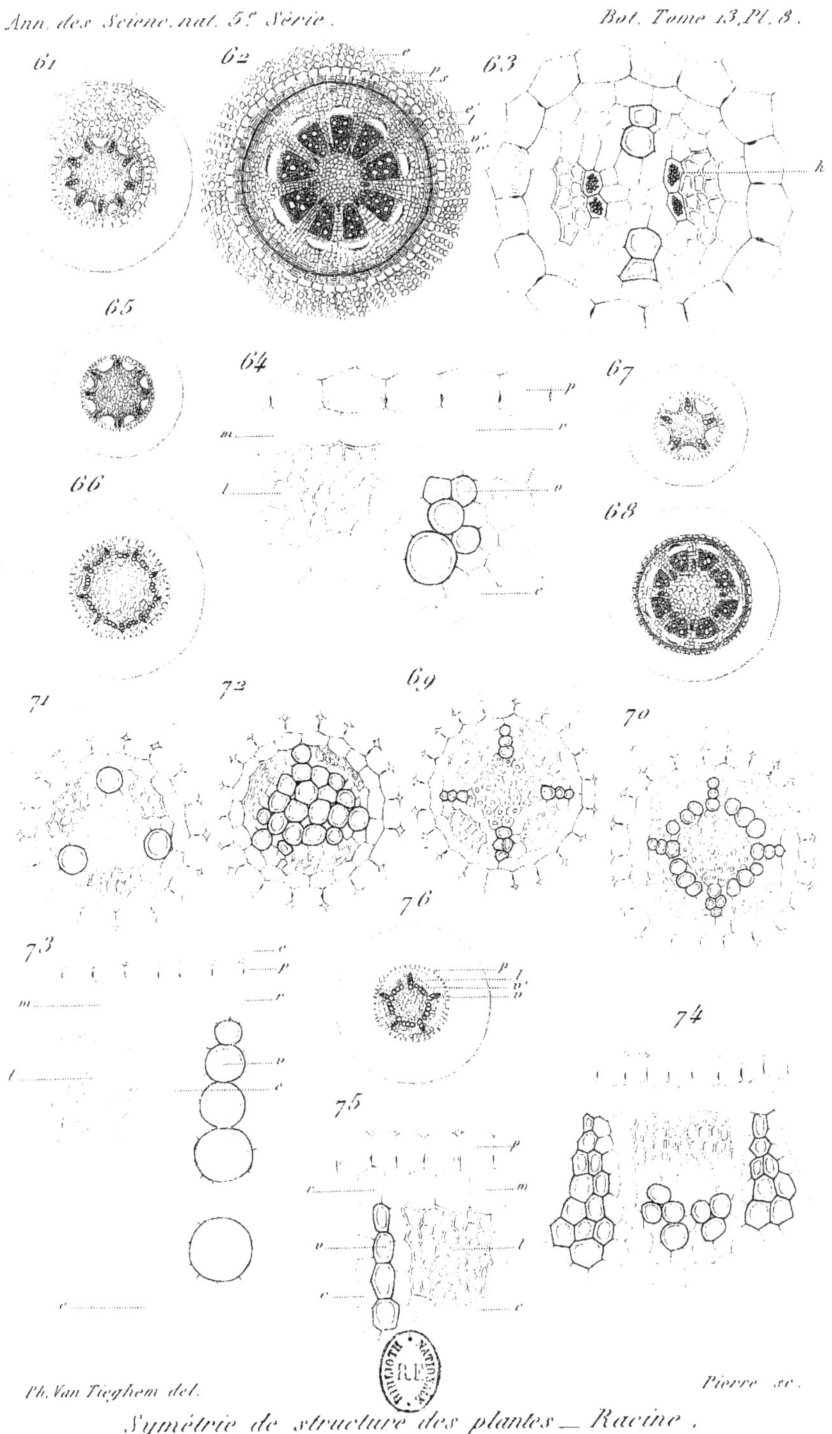

Symétrie de structure des plantes — Racine.